中国古代建筑文献集要

【清代】 下 （修订本）

程国政 编注　路秉杰 主审

同济大学出版社

内 容 提 要

本册选文对象为清代的建筑文献,分上、下两本,共选文约 160 篇,涵盖重要的历史事件、城池营造、园林营构、著名建筑、典章制度、水利工程和技术等方面,力求通过文章的遴选勾勒出清代建筑历史发展的轨迹。

全书文章编排按作者生卒年代顺序,兼顾当事之历史人物的时代顺序;作者生卒年等不详的文献按照事件发生的年代等线索酌定编排顺序;单篇篇目按照提要、正文、作者简介与注释进行编排。本书为建筑文献读本,适合广大建筑专业的师生和古建筑工作者以及爱好者阅读、收藏。

图书在版编目(CIP)数据

中国古代建筑文献集要.清代.下/程国政编注.--修订本.
--上海:同济大学出版社,2016.8
ISBN 978 - 7 - 5608 - 6517 - 1

Ⅰ.①中…　Ⅱ.①程…　Ⅲ.①建筑学－古籍－中国－
清代　Ⅳ.①TU－092.2

中国版本图书馆 CIP 数据核字(2016)第 208860 号

上海市"十二五"重点图书
上海文化发展基金会图书出版专项基金项目

中国古代建筑文献集要　清代 下(修订本)
程国政　编注　路秉杰　主审
责任编辑　封 云　　责任校对　徐春莲　　封面设计　陈益平

出版发行	同济大学出版社　　www.tongjipress.com.cn	
	(地址:上海市四平路 1239 号　邮编:200092　电话:021－65985622)	
经　销	全国各地新华书店	
印　刷	浙江广育爱多印务有限公司	
开　本	787mm×1092mm　1/16	
印　张	154.75	
字　数	3 863 000	
版　次	2016 年 10 月第 1 版　　2016 年 10 月第 1 次印刷	
书　号	ISBN 978 - 7 - 5608 - 6517 - 1	
定　价	980.00 元(全 8 册)	

目　录

清　代　下

清　代　下

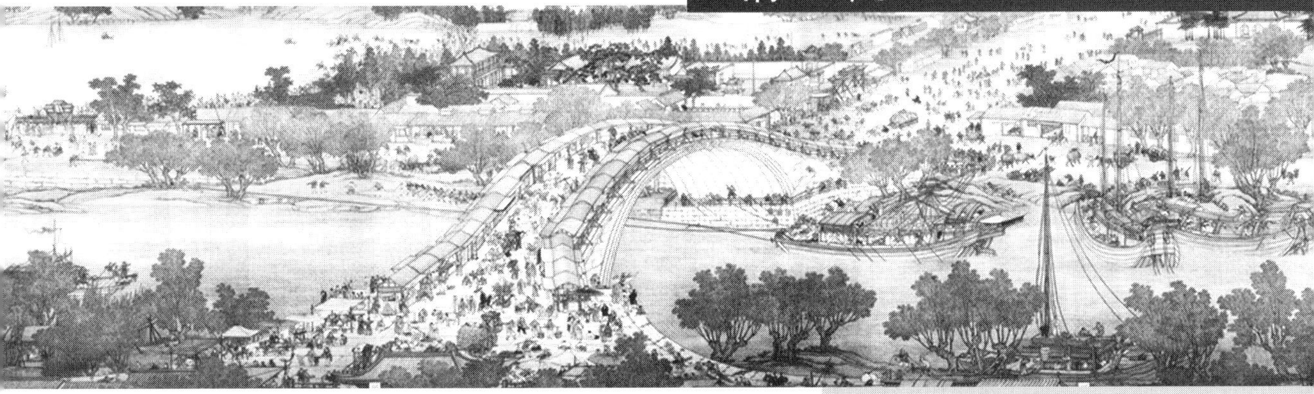

宸垣识略(节选)

清·吴长元

【提要】

本文选自《宸垣识略》(北京古籍出版社 1983 年版)。

吴长元编写的《宸垣识略》是记载北京史地沿革和名胜古迹之书,书是在《日下旧闻》和《日下旧闻考》两书基础上提要钩玄、去芜存菁编撰而成的。分为:卷一,天文、形胜、水利、建置;卷二,大内;卷三、卷四,皇城;卷五至卷八,内城;卷九、卷十,外城;卷十一,苑囿;卷十二至卷十五,郊垌;卷十六,识余。

全书记录了北京城(包括大内宫苑、皇城、内城、外城)及近郊区的史地人文情况。书中罗列城市,条析坊巷,杂载寺观,间征轶事,收录诗歌,一一述说源流,详考景物风土。吴长元久居北京,他根据自己的实地考查与史籍、碑碣相印证,对所据底本疏略未尽之处予以增补,错误不实之处予以纠正质疑。书中考证的文字,原为《日下旧闻》中的加"原按",补遗的文字加"补按",《日下旧闻考》中的加"考按",作者自己考证的加"长元按"。

不仅如此,本书前冠有 18 幅地图(城池、大内皇城、八旗界址、西山园囿等),可谓是北京历史上最早的旅游地图。因载录了北京的历史沿革、名胜古迹、衙署府邸、名人故居、州县会馆等情况,本书具有较高的史料价值。

天 文

京师北极高三十九度五十五分。夏至昼,冬至夜,五十九刻五分。冬至昼,夏至夜,三十六刻十分。节气时刻,依中星推算[1]。

北斗七星,是谓帝车,运乎中央而临制四方。六曰开阳[2],亦曰应星,主木主燕。

刘向[3]言地分:燕地,箕尾之分野也。自危四度至斗六度,谓之析木之次,燕之分也。

尾箕:星曰析木,宫曰人马,时曰寅,州曰幽。

析木之津,刘炫[4]谓是天汉,即天河也,在箕斗二星之间。箕在东方木位,斗在北方水位。分析水木,以箕星为隔,隔河须津梁以渡,故谓此次为析木之津也。

星度分野十二次,东西南北相反者四,疑似者七。所可据者,其惟析木乎?其宿尾箕亦艮之维[5],燕可以言东北也。

辰星主幽州[6]。

燕齐之疆,候辰星占虚危[7]。

玉衡第八星主幽州,常以五寅日候之。

景星见箕尾而慕容德复燕[8],此分野之验也。

长元按:星土之文,见于《周礼》,杂出于内外传诸书,其说茫昧不可究穷[9]。本朝所用西历,专测北极高度、偏度,以推昼夜长短、节气早迟,其分野占候[10],斥而不讲。今谨录京师北极高度于首,而旧闻所引各书星土之文,撮举大略,以资数典而已[11]。

【作者简介】

吴长元,生卒年月不详。字太初,浙江仁和人。约生活在乾隆时期。

【注释】

[1]中星:二十八宿分布四方,按一定轨道运转,依次每月行至中天南方的星叫中星。观察中星可确定四时。

[2]开阳:北斗七星,从柄数起的第二颗称为开阳。

[3]刘向(前77—前6):字子政,沛县(今属江苏)人。西汉经学家、目录学家、文学家。有《说苑》《新序》等。

[4]刘炫(约546—613):字光伯,隋河间景城(今河北献县东北)人。开皇中,奉敕修史。

[5]尾箕:尾宿和箕宿的并称。艮:东北方。

[6]辰星:水星。

[7]虚危:北方玄武七宿之二星。

[8]慕容德(336—405):十六国时南燕的创建者。先徙滑台(今河南滑县东),后夺青州。400年,称帝。

[9]茫昧:模糊不清。

[10]占候:视天象变化以附会人事,预言吉凶。

[11]数典:历举典故。

形　胜

燕亦勃碣之间一都会也。南通齐赵,东北边上谷[1],至辽东,北邻乌桓、夫余[2],东绾秽貊、朝鲜、真番之利。

冀都山脉从云中发来。前则黄河环绕。泰山耸左为龙,华山耸右为虎。嵩为前案,淮南诸山为第二重案,江南五岭诸山为第三重案。故古今建都之地,莫过于冀,所谓无风以散之,有水以界之也。

范镇之赋幽州也[3],曰:绳直砥平,形胜爽垲。木华黎之传幽燕也[4],曰:虎踞龙盘,形势雄伟。以今考之,是邦之地,左环沧海,右拥太行,北枕居庸,南襟河济,形胜甲于天下,诚天府之国也。究其沿革,唐虞则为幽都[5],夏殷皆入于冀地,周封尧后于蓟,封召公于燕,正此地也。厥后汉曰广阳,晋曰范阳,宋曰燕山,元曰大兴,明初谓之北平,而为燕府龙潜之地,寻建为北京,而谓之顺天焉。

太行自西来,演迤而北[6],绵亘魏、晋、燕、赵之境,东极于医巫闾。重冈叠阜,拥护而围绕之,不知其几千里也。其东则汪洋大海,稍北乃古碣石,稍南则九河故道[7]。浴日月而浸乾坤,所以界之者又如此其直截而广大也。况居直北之地,上应天垣之紫微[8]。其对面之案[9],以地度之,则泰岱万山之宗,正当其前。夫天之象以北为极,则地之势亦当以北为极。易曰:艮者,东北之卦也,万物之所成终而成始也。离,万物皆相见,南方之卦也。圣人南面而听,天下向明而治。孔子曰:为政以德,譬如北辰,居其所而众星共之。今之京师,居乎艮位成始成终之地,介乎震坎之间。出乎震而劳乎坎,以受万物之所归;体乎北极之尊,向乎离明之光,使万物之广,亿兆之多[10],莫不面焉以相见,则凡舟车所至,人力所通者,莫不在照临之下。自古建都之地,上得天时,下得地势,中得人心,未有过于此者也。

北京青龙水为白河[11],出密云,南流至通州城。白虎水为玉河,出玉泉山,经大内,出都城,注入惠河,与白河合。朱雀水为卢沟河[12],出大同桑干,入宛平界。玄武水为湿余,高梁、黄花、镇川、榆河,俱绕京师之北,而东与白河合。

西山,神京右臂,太行山第八径,图经亦名小清凉也[13]。

太行首于三危[14],伏于河,折北而尊为恒山,支峦复冈,毕赴于燕,秩秩然复绵属以东数十百里,入于海上。土人以其西来,号曰西山。

　　　　长元按:此海上指城西海淀。

西山内接太行,外属诸边,磅礴数千里,林麓苍莽,溪涧镂错[15],其物产甚饶,古称神皋奥区也[16]。卢沟、琉璃、胡良三河,山水所泄,多归其中。其水皆藻绿异常,风日荡漾,水叶递映,倚阑流览,令人欣然欲赋。

京师形胜,以堪舆家论之:玉河之水,当直出会南海子[17],从天地坛前转东入潞河,方为自然,崇文门外闸河宜塞之,庶几左臂不断。此乃帝王建都万代之计也。

京师前抱九河,后拱万山,正中表宅,水随龙下,自辛而庚,环注皇城,绕巽而出[18],天造地设。

元郝经《入燕行》:南风绿尽燕南草,一桁青山翠如扫。骊珠昼擘沧海门,王气夜寒居庸道。鱼龙万里入都会,颒洞合沓何扰扰[19]?黄金台边布衣客,拊髀激叹肝胆裂[20]。尘埃满面人不识,肮脏偃蹇虹蜺结[21]。九原唤起燕太子,一樽快与浇明月。英雄岂以成败论?千古志士推奇节。荆卿虽云事不就[22],气压咸阳与俱灭。何如石晋割燕云,呼人作父为人臣!偷生一时快一己,遂使王气南北分。天王几度作降虏,祸乱衮衮开其源。谁能倒挽析津水,与洗当世晋人耻?昆仑直上寻田畴,漠漠丹霄跨箕尾。

明吴国伦《燕京篇》:拟赋燕京胜,三都未足夸[23]。霸图雄雁塞,古戍扼龙沙。北谷回阳令,西山拥帝家。天平恒岳迥,地险蓟门赊[24]。秦楚惭鸡口,侯王属犬牙。重城开御气,双阙倚明霞。芳树华阳馆[25],高台易水涯。谈天曾碣石,望海即琅琊[26]。带甲环三辅,梯航走八遐[27]。风云森剑佩,雨露足桑麻。紫陌新丰酒,红楼宛洛花[28]。轻尘飞白练,旭日丽青骢[29]。雪色并儿剑,星杓汉使槎[30]。羽林矜节侠,戚里竞纷奢[31]。接轸趋长乐,扬鞭过狭斜[32]。悲歌逢击筑,斥堠警鸣笳[33]。七校传清跸,诸陵望翠华[34]。竖儒何寂寞?抱影独长嗟。

明孟思诗:箕尾分星野,轩辕肇帝墟。燕山蟠王气,瀛海带宸居。西北饶兵马,东南富国储[35]。太平兹乐土,非梦亦华胥[36]。

　　　　长元按:朱子论燕都形势[37],以泰华二山为龙虎,似矣。然泰山之脉,倘如前人所云,自函谷西来,尽于东海,则山水俱顺,其气不能凝聚。伏读圣祖文集言[38]:泰山脉络自盛京长白山分支至金州之旅顺口入海[39]。海中矶岛十数,皆其发露处[40]。至山东登州之福山、丹崖山起陆,西南行八百余里,结而为泰山,穹崇盘屈,为五岳首云云。则济水顺趋,岱脉逆峙,磅礴乎青、徐二州[41],与华山支脉相接,中原之形势团结甚固,而燕都包藏右山左海之间,更为奥区矣[42]。此朱子之所未知者,因恭录于此。

【注释】

[1] 上谷:又称上谷郡。今河北怀来县有其郡治遗址。

[2] 乌桓:在今内蒙古赤峰及辽西一带。夫余:指今吉林扶余。

[3] 范镇(1007—1087):字景仁,华阳(今属成都双流县)人。举进士第一。后为翰林学士,论新法,与王安石不合,致仕。哲宗即位,起为端明殿学士。累封蜀郡公。晚使辽。

[4] 木华黎(1170—1223):又作木合里、摩和赍等,元朝开国功臣。以沉毅多智、雄勇善战著称,四十年间追随铁木真,无役不从。初随从统一蒙古,屡立战功。成吉思汗六年(1211),随从征金,大败金兵于野狐岭(今张家口西北)、会河堡(今河北怀安县东)等地,尽歼金军精锐,进逼中都(今北京)。九年(1214),从成吉思汗围攻中都,迫金帝献女请和。后受命统军攻辽东、辽西。次年,平东京(今辽阳),陷北京(今内蒙古宁城县西),继取锦州等城。十二年(1217),封太师、国王,受命全权经略中原,总太行以南军政事宜,连年进攻河北、山东、山西各地,并下令"禁无剽掠,所获老稚,悉遣还田里"。

[5] 唐虞:唐尧与虞舜的并称。亦指尧与舜的时代。

[6] 演迤:绵延不绝貌。

[7] 九河:说法不一。《书·禹贡》:九河既道。《尔雅·释水》:徒骇、太史、马颊、覆融、胡苏、简、洁、钩盘、鬲津。一说其流域在德州、河间、棣州之地。

[8] 天垣:犹天墙。天垣包括紫微垣、太微垣和天市垣。紫微垣包括北天极附近的天区,大体相当于拱极星区。

[9] 案:案台。

[10] 亿兆:指庶民百姓。

[11] 青龙水:古时所谓好风水:左青龙,右白虎,有水在怀中。

[12] 朱雀水:南为朱雀。卢沟河在北京城南面。

[13] 图经:附有图画、地图的书籍或地理志。

[14] 三危:古代西部边疆山名。其位置说法不一,言在甘肃者较多。

[15] 镂错:雕刻涂饰。此指溪涧在山间的纵横穿插。

[16] 神皋奥区:神明所聚之地。典出张衡《西京赋》:实为地之奥区神皋。

[17] 南海子:在今北京城南大兴区。曾为"燕京十景"之一的"南囿秋风"。北京市现正在该地区建设该市最大的湿地公园。

[18] 巽:东南方。

[19] 颍洞:声势浩荡汹涌貌。多指水。颍,音 hòng。

[20] 拊髀:以手拍股。表示激动、赞赏之情。

[21]虹蜺:常作"虹霓"。即蝃蝀。为雨后或日出、日落之际天空中所现的七色圆弧。虹蜺常有内环二环,内环称虹,也称正虹、雄虹;外环称蜺,也称副虹、雌虹或雌蜺。

[22]荆卿:即荆轲。《战国策》载,荆轲将为燕太子丹往刺秦王,丹在易水(今河北易县境,近京畿)边为其饯行。高渐离击筑,荆轲和而歌曰:"风萧萧兮易水寒,壮士一去兮不复还!"后人称为《易水歌》。

[23]三都:即魏、蜀、吴三都。西晋左思曾写《三都赋》,以赋三国概况。

[24]迥、赊:远。

[25]华阳馆:谓华丽庄严的宫院。道教宫观常以"华阳"命名。

[26]碣石:山名。在今河北昌黎县北。碣石山余脉的柱状石亦称碣石,该石汉末起已渐没沉海中。琅琊:山名。在今山东诸城东南海滨。

[27]三辅:泛指京城附近的地区。梯航:登山渡水的工具。此指水陆交通。八遐:犹八极。

[28]新丰酒:汉代名酒。产自今西安临潼。汉刘邦定都长安后,尊其父为太上皇。但其父在皇城中思念故乡风物,于是刘邦让人仿老家丰里造城,名曰"新丰";太公想喝家乡的酒,刘邦将家乡酿酒匠迁至此,从此新丰酒风靡一时。宛洛花:指南阳、洛阳的牡丹。

[29]白练:白色熟绢。青骊:青色黑嘴的马。骊:音guā,黑嘴的黄马。

[30]槎:音chá,用竹木编成的筏子。

[31]羽林:禁军。戚里:帝王外戚聚居的地方。纷奢:繁华奢侈。

[32]接轸:车辆相衔接而行。形容其多。狭斜:小街曲巷。多指妓院。沈约《丽人赋》:狭斜才女,铜街丽人。

[33]斥堠:常作"斥候"。侦察,候望。

[34]七校:指汉代中垒、屯骑、步兵、越骑、长水、射声、虎贲七校尉。后泛称各军将领。清跸:旧时谓帝王出行,清除道路,禁止行人。翠华:天子仪仗中以翠羽为饰的旗帜或车盖。此指皇城。

[35]国储:国家的储蓄。

[36]华胥:指理想的安乐和平之境。典出《列子》。

[37]朱子:即朱熹。他曾对燕冀风水形胜发表看法。《朱子语类辑略》卷一:冀都是天地中间好个风水,山脉从云中发来,云中止。高脊处,自脊以西之水,则西流入于龙门、西河;自脊以东之水,则东流入于海。前面一条黄河环绕,右畔是华山,耸立为虎。自华山东来为嵩山,是为前案。遂过去为泰山,耸于左是为龙。淮南诸山是第二重案,江南诸山及五岭,又为第三、四重案。朱熹此番论述被后来的风水术士奉为圭臬至言。

[38]圣祖:指康熙。

[39]盛京:今辽宁沈阳。

[40]发露:显示,流露。

[41]青:《禹贡》九州之一。指泰山以东至渤海的一片区域。徐:亦《禹贡》九州之一。以今江苏徐州为中心的鲁、豫、皖交汇地带。

[42]奥区:腹地。

建　　置

京城周四十里[1],高三丈五尺五寸。门九:南曰正阳,南之左曰崇文,南之右曰宣武,北之东曰安定,北之西曰德胜,东之北曰东直,东之南曰朝阳,西之北曰西直，西之南曰阜成。明永乐七年为北京城，十九年乃拓其城。本朝鼎建以来[2]，修整壮丽，其九门之名，则仍旧焉。

外城包京城南面，抱东西角楼，计长二十八里，高二丈，亦曰外罗城。门七：南曰永定，南之东曰左安，南之西曰右安，东曰广渠，西曰广宁，在东北隅者曰东便，在西北隅者曰西便，皆北向。

辽太宗会同元年，以幽州为南京析津府。城方三十六里，崇三丈，衡广一丈五尺，敌楼战橹具[3]。八门：东曰安东、迎春，南曰开阳、丹凤，西曰显西、清普，北曰通天、拱辰。大内在西南隅。皇城内有景宗、圣宗御容殿[4]。殿东曰宣和，南曰大内。内门曰宣教。外三门，曰：南端、左掖、右掖[5]。门有楼阁，球场在其南。东为永平馆[6]。皇城西门曰显西，设而不开。北曰子北。西城巅有凉殿，东北隅有燕角楼。度卢沟河六十里至幽州，号燕京子城，就罗郭西南为之。正南曰启夏门，内有元和殿。东门曰宣和。城中坊闬皆有楼。

宋燕山府城周回二十七里，楼台高四十尺，楼计九百一十座，池堑三重，城开八门。

> 考按：此条燕京旧城周二十七里，至金天德三年展筑三里，见《析津志》所引金蔡珪《大觉寺记》，合计之共周三十里。此皆指都城言之。至大金国志所称之七十五里者，则指外郭而言，犹今外城之制也。

> 长元按：燕山府之名，系宋宣和五年金人来归燕京六州时所改[7]。辽析津府城三十六里，此云二十七里，岂去其西南之大内而言耶？辽城门八，又大内门三，今只言八门，其无大内可知。

金贞元四年[8]，金主亮幸燕，遂以为中都，府曰大兴，定京邑焉。都城周围凡七十五里。城门十二，每一面分三门，其正门两旁又设两门，正东曰宣曜、阳春、施仁，正西曰灏华、丽泽、彰义，正南曰丰宜、景风、端礼，正北曰通元、会城、崇智，此四城十二门也。其正门常不开，出入悉由旁两门。内城门曰左掖、右掖，宣阳又在外焉。

> 原按：《金史》：城门十三，北有四门，一曰光泰。当以史为正。

> 考按：光泰或会城、崇智之别称。《析津志》又有清怡门，在南城，疑即通元别称。《大金国志》《金国图经》俱十二门也。

金忠献王粘罕有志都燕，因辽人宫阙，于内城外筑四城，每城各三里，前后各一门，楼橹池堑，一如边城。每城之内，立仓廒甲仗库[9]，各穿复道，与内城通。时陈王兀室[10]，将军韩常、娄宿，皆笑其过计。忠献曰：百年间当以吾言为信。及海陵炀王定都[11]，既营宫室，欲撤其城。翟天祺曰：忠献开国元勋，措置必有说。乃止。

燕展筑南城，系金海陵天德二年[12]。

入丰宜门，过龙津桥。桥分三道，通用夺玉石扶阑，上琢为婴儿，状极工巧。

宫城四围，凡九里三十步。自天津桥之北曰宣阳门，内城之南门也。门分三，中绘龙，两偏绘凤。中常不开，惟车驾出入。两边分双只日开。两楼曰文，曰武。自文转东曰来宁馆，自武转西曰会同馆，皆为宋使设。正北曰千步廊。东西对两廊之半，各有偏门，向东曰太庙，向西曰尚书省。又北曰应天门[13]。观高八丈，朱门五，饰以金钉。东西相去里余，又设二门，左曰左掖，右曰右掖。内城之正东曰宣华,西曰玉华,北曰拱辰。门内殿凡九重,殿三十有六门,阁倍之。正中位曰皇帝正位,后曰皇后正位。位之东曰内省,西曰十六位,乃妃嫔所居之地也。西出玉华门,为同乐园,瑶池、蓬瀛、柳庄、杏村,尽在于是。

金正殿曰大安,常朝殿曰仁政[14],曰元和,曰神龙,曰泰和,曰常武,皆召见奏事、锡宴观射之所。

宋范成大《龙津桥》诗:燕石扶阑玉雪堆,柳塘南北抱城回。西山剩放龙津水[15],留待官军饮马来。

金元好问《丽泽门》诗:双凤箫声隔彩霞,宫莺催赏玉溪花。谁怜丽泽门边柳,瘦倚东风望翠华。

金师拓《同乐园》诗:晴日明华构,繁阴荡绿波。蓬丘沧海近,春色上林多。流水时虽逝,迁莺暖自歌。可怜欢乐地,钲鼓散云和。

金元好问《出都作》:汉宫曾动伯鸾歌[16],事去英雄可奈何!但见觚棱上金爵[17],岂知荆棘卧铜驼[18]!神仙不到秋风客,富贵空悲春梦婆。行过卢沟重回首,凤城平日五云多[19]。历历兴亡败局棋,登临疑梦复疑非。断霞落日天无尽,老树遗台秋更悲。沧海忽惊龙穴露,广寒犹想凤笙归[20]。从教划尽琼华了,遥望西山尽泪垂。

元世祖至元四年[21],始定鼎于中都之北三里,筑城围六十里,九年改为大都。京城方六十里,里二百四十步。分十一门:正南曰丽正,左曰文明,右曰顺承,正东曰崇仁,东之南曰齐化,东之北曰光熙,正西曰和义,西之南曰平则,西之北曰肃清,北之西曰健德,北之东曰安贞。九年二月,建钟鼓楼于城中。

南城在今城西南,唐幽州藩镇城及金辽故都城也。隋之天宁寺旧在城中[22],今在城外矣。悯忠寺有唐景福元年《重藏舍利记》[23],其铭曰:大燕城内地东南隅有悯忠寺,门临康衢。悯忠寺旧在城中,今在城外僻境矣。

原按:隋之幽州洪业寺在城内,唐之悯忠寺在城东南隅,辽之南京因之。康熙辛酉[24],西安门内有中官治宅掘地[25],得卞氏墓志,刻十二辰相,皆兽首人身,题曰:大唐故濮阳卞氏墓志。文曰:贞元十五年岁次己卯七月[26],夫人卒于幽州蓟县蓟北坊,以其年权窆于幽州幽都东北五里礼贤乡之平原[27]。是今之西安门,去唐幽州城东北五里而遥矣。金拓南城时,妆台在城之东北[28]。至于元之中都,则今德胜、安定、东直三门外,皆城中地,而白马庙、琼华岛、妆台、太液池、柴市、悯忠寺、大悲阁,咸在南城。迨徐武宁又改筑[29],缩其北五里,废光熙、肃清二门,规制差隘[30]。永乐中重拓南城,然悯忠寺、大悲阁,仍限门外。盖都城凡数徙,坊市变置[31],代有不同。今博访金元之遗迹,遂多湮没而无征矣。

考按:朱称琼华岛、太液池在南城者,乃指金时七十五里之外城,非金都三十里之内城也。元改建开都城去都东北三里,则指金之内城东北;若外城之琼华岛、太液池,元人即于此营建大内,并未尝全弃其地。

考又按:辽金故都在今都城南面,元代尚有遗址,当时谓之南城,而称新都为北城。自明嘉靖间兴筑外罗城[32],而故迹遂湮废,其四至已不可辨[33]。

今即前人志乘[34]、文集、碑刻所记,准以现在地面,参稽互审,如悯忠寺、昊天寺在今宣武门南,与广宁门相近,而元人皆称为南城古迹。又今城外白云观西南有广恩寺,即辽金奉福寺,距西便门尚远,而金泰和中曹谦碑记谓寺在都城内[35]。又金天王寺即今天宁,在广宁门外稍北,而元《一统志》谓在旧城延庆坊内。又今琉璃厂在正阳门外,而近得辽时墓碑,称其地为燕京东门外之海王村。又今黑窑厂在永定门内先农坛西,而其地有辽寿昌中慈智大师石幢[36],亦称为京东。又图经、志书载,都土地庙在旧城通元门内路西。通元乃金都城北门,而都土地庙今在宣武门外西南土地庙斜街。由是观之,则辽金故都,当在今外城迤西以至郊外之地,其东北隅约当与今都城西南隅相接。又考元王恽《中堂事记》载[37]:"中统元年赴开平[38],三月五日发燕京,宿通元北郭,六日午憩海店,距京城廿里。"海店即今海淀。据恽所言,以道里核计,则金时外郭七十五里之方位,不难约略而知之矣。

考又按:元张养浩登《悯忠寺阁》诗注云[39],"阁北三十里为元大内",与《析津志》《北京志》及元李洧孙《大都赋》所记皆不合[40]。此三十里当是三里之讹耳。据唐景福中《重藏舍利记》[41],燕城东南隅为悯忠寺。又《北京志》,至元四年始定鼎于中都之东北三里。夫中都本唐旧城,辽金展拓不过数里,见金蔡珪《大觉寺记》[42],当时悯忠寺之在城东南隅如故也。元都城周六十里,以围三径一衡之,城中南北相直应二十里,加以新旧都城相去三里,则悯忠寺距元之安贞门不过二十三里,焉有大内而转远隔三十里者乎?且夫大内在太液池东,为金万宁宫苑地,此外更别无大内。李洧孙赋曰,"揭五云于春路,迓万宝于秋方。"则崇天门外东西坊也。曰山万岁之嶙峋,冠广寒之峥嵘,池太液之浩荡。此则琼华岛也。曰丽正之所包罗,崇仁之所联络。则指都城各门也。合城坊门围以观,则元大内即近液池益信。而揆以悯忠阁北三里,约略相符矣。李洧孙赋,彝尊未之见[43],今从《永乐大典》录出,载形胜门。

元宋本《燕都》诗[44]:

抛却渔竿沧海边,拂衣来看九重天。画阑几曲桥如月,绿树千门雨似烟。南国佳人王幼玉,中州才子杜樊川[45]。紫云楼上如渑酒[46],孤负春风二十年。

绣错繁华遍九衢,上林初赋汉西都[47]。朱门细婢金条脱,紫禁材官玉辘轳[48]。

万里星辰开上界,四朝冠盖翊皇图[49]。东邻白面生纨绮,笑杀扬雄卧一区[50]。

卢沟晓月堕苍烟,十二门开日色鲜。海上神山无弱水,人间平地有钧天[51]。

宝幢珠络瞿昙寺,豪竹哀丝玳瑁筵。春雨如膏三万里,尽将嵩呼祝尧年[52]。

形势全燕拥地灵,梯航万国走王城[53]。狗屠已仕明天子,牛相宁知别太平[54]?元武钩陈腾王气,白麟赤雁入新声[55]。近来朝报多如雨,不见河南召贾生[56]。

元宋褧《燕都》诗：

万户千门气郁葱[57]，汉家城阙画图中。九关上彻星辰界，三市横陈锦绣丛。玉碗金杯丞相府，珠幢宝刹梵王宫。远人纵睹争修贡，不用雕戈塞徼通[58]。

豪杰纷纷白玉京[59]，汗颜血指战功名。九重见帝多因鬼，万里封侯不用兵。肥马尘深心独苦，鲋鱼波涸事难平[60]。西山小隐烟萝暗[61]，依旧春犁趁雨耕。

风物鲜妍饰禁城，豪家戚里竞留情。花围锦幄清明宴，香拥珠楼乞巧棚[62]。叱拨马摇金辔具，骈阗车飐绣帘旌[63]。

他年定拟持铅椠，细数繁华纪太平[64]。流珠声调锦琵琶，韦曲池台似馆娃[65]。罗袖舞低杨柳月，玉笙吹绽牡丹芽。龙头泻酒红云艳，象口吹香绿雾斜。却笑西邻蠹书客，牙签缃帙费年华[66]。

宫城周九里三十步，砖甃。分六门：正南曰崇天门，崇天之左曰星拱门，右曰云从门，东曰东华，西曰西华，北曰厚载。崇天门内有白玉石桥三虹，中为御道。星拱门南有拱宸堂，为百官会集之所。崇天门内曰大明门，大明殿之正门也。旁建掖门，绕为长庑，与左右文武楼相接。大明门左曰日精门，右曰月华门。大明殿十一间，高九十尺；柱廊七间，高五十尺；寝室五间，东西夹六间，后连香阁三间，高七十尺。中设七宝云龙御榻，并设后位。寝室后为宝云殿。东庑中曰凤仪门，西庑中曰麟瑞门，周庑一百二十间。宝云殿后曰延春门，内为延春阁。阁左曰懿范门，右曰嘉则门。延春阁九间，后寝殿七间，东西夹四间，后香阁一间。大明寝殿东曰文思殿，西曰紫檀殿。慈福殿在寝殿东，明仁殿在寝殿西。左庑中曰景耀门，南为钟楼；右庑中曰清灏门，南为鼓楼。玉德殿在清灏门外，东西有香殿。宸庆殿在玉德殿后，左右有更衣殿。

隆福殿在大内之西，兴圣之前。南红门三，东西红门宫各一，缭以砖垣。南红门一，东红门一，后红门一。光天殿前为光天门，左为崇华门，右为膺福门。殿后寝殿五间，左青阳门，右明晖门。青阳门南为翥凤楼，明晖门南为骖龙楼。寝殿东曰寿昌殿，西曰嘉禧殿。针线殿在寝殿后，周庑一百七十二间。后侍女直庐五所及左右浴室。文德殿在明晖门外，又曰楠木殿。盝顶殿在光天殿西北，香殿在宫垣西北隅，前后有寝殿。文宸库在宫垣西南隅，酒房在宫垣东南隅。

兴圣宫在大内西北万寿山之正西，周以砖垣。南红门三，东西北红门各一。兴圣门内为兴圣殿，七间。左明华门，右肃章门，寝殿五间，后香阁三间。东庑中弘庆门，西庑中宣则门。凝晖楼在弘庆南，延影楼在宣则南。嘉德殿在寝殿东，宝慈殿在寝殿西。兴圣宫后为延华阁，阁右为畏吾儿殿，后为妃嫔院。

奎章阁在兴圣殿西廊，至正间改为宣文阁，后又改为端本堂，为皇子肄学之所[67]，旁有秘密室。

元宋褧《晚晴出丽正门》诗：

团团碧树压宫城，白凤门楣淡日明。回首琼华仙岛上，片云犹欲妒新晴。

元欧阳原功诗：

丽正门当千步街，九重深处五云开。鸡人三唱万官集，应制须迎学士来。

明周宪王《元宫词》：

> 雨润风调四海宁,丹墀大乐列优伶[68]。年年正旦将朝会,殿内先观玉海青[69]。
> 健儿千队足如飞,随从南郊露未晞[70]。鼓吹声中春日晓,御前咸着只孙衣[71]。
> 盝顶殿中逢七夕,遥瞻牛女列珍羞。明朝看巧开金合,喜得蛛丝笑未休。
> 兴圣宫中侍太皇,十三初到捧炉香。如今白发成衰老,四十年如梦一场。
> 奎章阁下文辞盛,太液池边游幸多。南国女官能翰墨,外间抄得竹枝歌。
> 安息薰坛建众魔,听传秘密许宫娥。自从受得毗卢咒,日日持珠念那摩。
> 瑞气氤氲万岁山,碧池一带水潺潺。殿旁种得青青豆,要识民生稼穑难。
> 月宫小殿赏中秋,玉宇银蟾素色浮。宫里犹思旧风俗,鹧鸪长笛序梁州[72]。
> 合香殿倚翠峰头,太液波澄暑雨收。两岸垂杨千百尺,荷花深处戏龙舟。
> 棕殿巍巍西内中,御筵箫鼓奏薰风[73]。诸王驸马咸称寿,满酌葡萄献玉钟[74]。

长元按：金元宫室与今大内不同,因节大概录于城郭之后,其题咏亦惟典实者采焉[75]。

明洪武初,改大都路为北平府,缩其城之北五里,废东西之北光熙、肃清二门,其九门俱仍旧。

旧土城一座,周六十里。克复后,以城围太广,乃减其东西迤北之半,创包砖甓,周围四十里。其东南西三面各高三丈有余,上阔二丈；北面高四丈有奇,阔五丈。濠池各深阔不等,深至一丈有奇,阔至十八丈有奇。为门九。

大将军徐达命指挥华云龙经理故元都[76],新筑城垣,南北取径直东西长一千八百九十丈；又令指挥张焕计度故元皇城,周围一千二百六丈；又令指挥叶国珍计度南城,周围凡五千三百二十八丈。

南城故金时旧基也。改故元都安贞门为安定门,健德门为德胜门。

永乐中定都北京,改北平为顺天府。建筑京城,周围四十里。为九门：南曰丽正、文明、顺承,东曰齐化、东直,西曰平则、西直,北曰安定、德胜。正统初更名丽正为正阳,文明为崇文,顺承为宣武,齐化为朝阳,平则为阜成,余四门仍旧。城南一面长一千二百九十五丈九尺三寸,北一千二百三十二丈四尺五寸,东一千七百八十六丈九尺三寸,西一千五百六十四丈五尺二寸,高三丈五尺五寸,垛口五尺八寸[77],基厚六丈二尺,顶收五丈。

考按：元时都城本广六十里,明初徐达营建北平,乃减其东西迤北之半,故今德胜门外土城关一带,高阜联属,皆元代北城故址也。至城南一面,史传不言有所更改。然考元《一统志》《析津志》,皆谓元城京师有司,定基正直庆寿寺海云、可庵二师塔[78],敕命远三十步,许环而筑之。庆寿寺今为双塔寺,二塔屹然尚存,在西长安街之北,距宣武门几及二里。由是核之,则今都城南面,亦与元时旧基不甚相合。盖明初既缩其北面,故又稍廓其南面耳。

长元按：元吴师道《城外纪游》诗考之,观象台、泡子河俱在文明门外,则元时南面城根去东西长安街不远,是可以证；今宣武门距双塔寺约二里,盖永乐十七年拓北京南城计二千七百余丈,又非徐武宁之旧也。

嘉靖二十三年[79],筑重城包京城南面,转抱东西角楼,止长二十八里。为七门:南曰永定、左安、右安,东曰广渠、东便,西曰广宁、西便。城南一面长二千四百五十四丈四尺七寸,东一千八十五丈一尺,西一千九十三丈二尺,各高二丈,垛口四尺,基厚二丈,顶收一丈四尺。四十二年,增修各门瓮城。

嘉靖三十二年,给事中朱伯辰言:城外居民繁夥,不宜无以围之。臣尝履行四郊,咸有土城故址,环绕如规,周可百二十余里。若仍其旧贯,增卑补薄,培缺续断,可事半而功倍。乃命兵部尚书聂豹等相度京城外四面宜筑外城约七十余里,自正阳门外东马道口起,经天坛南墙外及李兴、王金箔等园地,至荫水庵墙东止,约计九里;转北经神木厂、獐鹿房、小窑口等处,斜接土城旧广禧门基止,约计一十八里。自广禧门起,转北而西,至土城小西门旧基,约计一十九里。自小西门起,经三虎桥村、东马家庙等处,接土城旧基,包过彰义门,至西南直对新堡北墙止,约计一十五里。自西南旧土城转东,由新堡及黑窑厂,经神只坛南墙外,至正阳门外西马道口止,约计九里。大约南一面计一十八里,东一面计一十七里,北一面势如倚屏,计一十八里,西一面计一十七里,周围共计七十余里。内有旧址堪因者约二十二里,无旧址应新筑者约四十八里。其规制俱有成议,因经费不敷,事遂寝。

考按:金都外郭在今城西南,凡七十五里,元徙而东北,凡六十里,共应周一百三十五里。今朱伯辰仅云百二十余里,则所缩者约十五里,准以围三径一,南北相直,约缩五里。此五里即金元城界交会互入之处。金之外城包入元城内约有五里,从可推也。

明程文德《登五凤楼》诗:

六月六日天晶明,九重广内暴干旌[80]。金锁朱扉开凤阁,禁御偶随仙侣行。复道峣峣登且止,俯视怳入青冥里。金钟鼍鼓大十围,震击元来闻百里。紫电清霜森武库,高幢大纛纷无数。中有神祖手执戈,摩挲黯黯生云雾。赤缨玉勒间驼鞍,岁久神物何婆珊!传是文皇渡江日,万斛载宝来长安。祖宗英谟久不灭,辉煌重器遗宫阙[81]。千秋万代付神孙,张皇庙算恢光烈。平生浪说骑凤游,吾今真上凤皇楼[82]。直须彤管纪胜事,天风吹骨寒于秋[83]。

明陆粲《内阁芍药》诗:

金门柳色蒙深绿,上苑春余杂花扑。夭桃已歇秾李衰,红药翻阶正芬郁。此花初种自宣皇[84],百曲雕阑七宝妆。融光窈窕昭阳殿,暖日轻盈白玉堂。玉堂学士看花早,赋成芸阁留诗草。卷幔频看碧雾流,挥毫正耐红云绕。忆昨宣皇居法宫,太平乐事君臣同。宸游每出濯龙里,曲宴偏临翔凤中。沉吟此事六十载,当日繁华宛然在。绀帱金舆绝幸临,黄扉紫禁留风采[85]。不羡扬州宝带围,长安红紫竞芳菲。五侯七贵同邀赏,宝马香车疾若飞。争似名花出天上,雾阁芸窗俨相向。浪蝶游蜂未许窥,酒徒词客空惆怅。江南三月足豪华,绣幕围香富贵家。亦有幽姿在空谷,风雨憔悴天之涯。燕山游子江南客,独对名花感今昔。草木何知人自怜,逢时亦复升沉隔。世间荣辱偶然事,不独此花堪叹息。

国家定鼎燕京,分列八旗,拱卫皇居。镶黄旗居安定门内,正黄旗居德胜门内,并在北方。正白旗居东直门内,镶白旗居朝阳门内,并在东方。正红旗居西直门内,镶红旗居阜成门内,并在西方。正蓝旗居崇文门内,镶蓝旗居宣武门内,并在南方。盖八旗方位相胜之义[86]。

京师虽设顺天府,大兴、宛平两县,而地方分属五城,每城有坊。中城曰南薰坊、澄清坊、仁寿坊、明照坊、保泰坊、大时雍坊、小时雍坊、安福坊、积庆坊。东城曰明时坊、黄华坊、思诚坊、居贤坊、朝阳坊。南城曰正东坊、正西坊、正南坊、宣南坊、宣北坊、崇南坊、崇北坊。西城曰阜财坊、金城坊、鸣玉坊、朝天坊、河漕西坊、关外坊。北城曰崇教坊、昭回坊、靖恭坊、灵椿坊、发祥坊、金台坊、教忠坊、日中坊、关外坊。每城设御史巡视,所辖有兵马使指挥、副指挥、吏目。昔宋以四厢都指挥巡警京城,民间谓之都厢[87],元设巡警院,分领坊市民事,即今巡城察院也。

> 长元按:此五城分坊,系明旧制。明时内城隶中、东、西、北四城,外城隶南城。本朝五城,合内外城通分。内城割中城之东长安街迤南,沿城至西长安街路南,割东城之泡子街迤南,沿城至王府大街路东,割西城之抱子街迤南,西至城隍庙城根,隶南城。割中城之东单牌楼西至长安街,北沿王府大街至崇文街,割北城之东四牌楼路西至东直门大街交道口以南,隶东城。割北城之护国寺街路北至德胜门街西城墙止,隶西城。外城割南城之东河沿萧公堂起,出南北芦草园、三里河桥以西至猪市口,绕先农坛,北经石头胡同至西河沿万寿关庙止,隶中城。崇文门外大街迤东,出蒜市口,东南至左安门,转广渠门、东便门,隶东城。西河沿关帝庙起,至宣武门大街路东,经菜市口,出横街中南抵城墙,北转石头胡同西,隶北城。宣武门外大街迤西南至横街,西抵右安门,转广宁门、西便门,隶西城。其萧公堂东至崇文门外大街路西,南绕天坛、永定门,北转三里河桥东,仍隶南城。其坊巷间有两城所共,不能明晰也。

【注释】

[1]京城:原按,吴长元约1770年前后在世,生活在乾隆时期。

[2]鼎建:营建。

[3]敌楼:城墙上御敌的城楼。也叫谯楼。战橹:一种侦察或攻防用的高台。

[4]景宗:即辽景宗耶律贤(948—982),字贤宁。969年,辽穆宗逝世,耶律贤被推举为帝,尊号天赞皇帝,改元为保宁。在位期间,他重用汉族官员,整顿吏治,推行经济改革,辽国渐渐强盛。圣宗:即辽圣宗耶律隆绪(972—1031)。小字文殊奴。景宗长子。景宗病死后继位,年号统和。他即位时,年方12岁,太后萧绰执政。萧太后执政期间,辽国继续改革,励精图治,注重农桑,兴修水利,减少赋税,整顿吏治,训练军队,辽国百姓富裕,国势强盛。1009年圣宗亲政后,辽国已入鼎盛。在位期间四方征战,进入辽国疆域的顶峰。晚年迷信佛教,穷奢极欲,辽国势掉头向下。

[5]原注:圣宗统和中,改宣教门为元和,左掖门为万春,右掖门为千秋。

[6]永平馆:澶渊之盟后,宋辽间开始了120年的"贺正旦使""贺生辰使"等往来。永平馆为宋辽使者驿舍中的第五座。

[7]宣和:北宋徽宗第六个年号,1119—1125年。

[8]贞元:金海陵王完颜亮第二个年号。贞元四年,1156年。

[9]仓廒:储藏粮食的仓库。

[10]兀室:即完颜希尹(?—1140),女真名谷神,又译作悟室、骨舍等。金朝大臣,女真文

字的创制者。随金太祖完颜旻兴兵,参预攻辽、建国等重大事件。女真原无文字,他受命创制女真字,依据契丹字、汉字制造新字,以拼写女真语言。天辅五年(1121),随金军大举灭辽。后任权西南、西北两路都统。金太宗天会三年(1125)十月,任元帅右监军,与宗翰等率军攻宋,金熙宗完颜亶时,为尚书左丞相兼侍中,加开府仪同三司,封陈王。他为相期间,倡导学习汉文化,协助熙宗改定礼仪、制度。天眷二年(1139),与完颜宗弼捕杀太师、领三省事完颜宗磐,太保、领三省事完颜宗隽。次年,因完颜宗弼奏请,完颜希尹遂以"奸状已萌,心在无君"罪名,被处死。后以"死非其罪"赠开府仪同三司、邢国公,改葬。天德三年(1151),追封豫王。

[11] 海陵炀王:即金废帝完颜亮(1122—1161)。

[12] 天德二年:1150 年。

[13] 按:原文下注:初名通天门。

[14] 按:原文下注:系辽旧殿。

[15] 龙津:龙池。

[16] 伯鸾:汉梁鸿的字。鸿家贫好学,不求仕进。与妻孟光共入霸陵山中,以耕织为业,夫妇相敬有礼。后因以"伯鸾"借指隐逸之人。曾作《五噫歌》:陟彼北芒兮,噫! 顾览帝京兮,噫! 宫室崔嵬兮,噫! 人之劬劳兮,噫! 辽辽未央兮,噫!

[17] 觚棱:宫阙上转角处的瓦脊成方角棱瓣之形。亦借指宫阙。班固《西都赋》:设璧门之凤阙,上觚棱而栖金爵。吕向注:觚棱,阙角也。

[18] 铜驼:铜铸的骆驼。多置于宫门寝殿前。晋陆翙《邺中记》:二铜驼如马形,长一丈,高一丈,尾长三尺,脊如马鞍,在中阳门外,夹道相向。后又借指京城、宫廷。

[19] 五云:指皇帝所在地。

[20] 凤笙:《风俗通·笙》:"长四寸、十二簧、像凤之身,正月之音也。"后因称笙为"凤笙"。

[21] 至元四年:1267 年。

[22] 天宁寺:北京天宁寺初建于北魏孝文帝时期(471—499),辽时建造的天宁寺宝塔为60 米的密檐式塔。2008 年奥运会前夕,千年古刹天宁寺修缮一新。

[23] 悯忠寺:现名法源寺。位于北京宣武门外教子胡同南端的法源寺前街。为中国佛教协会、中国佛教图书馆的所在地。唐贞观十九年(645)唐太宗李世民为纪念跨海东征中死难的将士,在幽州(今北京)城内建一座寺庙。寺未建成,李世民去世。经高宗李治、武则天多次降诏后,寺于武后万岁通天元年(696)建成,命名为"悯忠寺"。历经 51 年建成的悯忠寺规模宏大,寺内有一座高阁,名为悯忠阁,有谚语"悯忠高阁,去天一握"摹其高大。唐武宗全国范围开展兴道灭佛的运动,悯忠寺依仗太宗高宗开国建业悯缅忠烈的初衷幸免。但僖宗中和二年(882)的一场大火,烧毁了悯忠寺内的所有建筑。唐景福元年(892)、乾宁四年(897)重修时,建观音殿和塔以求恢复旧规制。辽时,悯忠寺又历天灾人祸多次毁圮、多次整修,辽道宗大安十年(1094)进行了一次大规模的重建,奠定了今天寺庙的基础。明正统三年(1438),司礼太监宋文毅等巨阉牵头出资重建了寺院。清顺治年间增建了戒坛,康熙年间重修了藏经阁。雍正年间大修后改名为"法源寺",定为律宗寺庙,是专司传戒授法的皇家古刹。

[24] 康熙辛酉:1681 年。

[25] 中官:此指宦官。

[26] 贞元:唐德宗李适年号,785—805 年。

[27] 窆:音 biǎn,下葬。

[28] 妆台:妇女梳妆用的镜台。亦借指闺房。

[29] 徐武宁:即徐达(1332—1385),字天德,濠州钟离(今安徽凤阳东北)人,明朝开国军

事统帅。初,朱元璋为郭子兴部将,往归之。从南略定远,取和州。渡江攻城拔寨,皆为军锋之冠,后为大将,统兵征战,在平定陈友谅、张士诚战事中立下赫赫战功。后又与常遇春一起,统兵北上与元军作战。洪武初,累官至中书省右丞相,封魏国公。洪武四年(1371),镇守北平,练军马,修城池,总领北方军事。六年,复率诸将出征,败北元军于答刺海(今内蒙古达来诺尔湖)。还军北平,戍守边防。徐达一生刚毅武勇,持重有谋,纪律严明,屡统大军,转战南北,功高不矜,被朱元璋誉为"万里长城"(《明太祖实录》卷一七一)。死后,谥曰"武宁",追封为"中山王"。

[30]规制:此指建筑物的规模形制。

[31]变置:改立,另行设立。

[32]罗城:城墙外另修的环墙。

[33]四至:指四周的界限。

[34]志乘:志书。

[35]泰和:金章宗完颜璟的第三个年号,1201—1208年。

[36]寿昌:辽道宗耶律洪基年号,1095—1101年。

[37]王恽(1227—1304):字仲谋,号秋涧,卫州路汲县(今河南卫辉)人,元朝著名学者。诗人、政治家。一生仕宦,刚直不阿,清贫守职,好学善文。为元世祖忽必烈、裕宗皇太子真金和成宗铁木真三朝谏臣。有《中堂事记》《秋涧先生大全集》。

[38]中统元年:1260年。

[39]张养浩(1269—1329):字希孟,号云庄,山东济南人。元代文学家。诗文兼擅,以散曲著称。

[40]李洧孙(1242—1325):字山甫,宁海(今属浙江)人。大德二年(1298)抵京师,以《大都赋》献。六年,除杭州路儒学教授,后聘浙江同考试官。

[41]景福:唐昭宗李晔年号,892—893年。

[42]蔡珪(?—1174):字正甫,真定(今河北正定县)人。海陵王天德三年(1151)进士,入为翰林修撰,同知制诰。改户部员外郎兼太常丞。朝廷制度损益,多所裁定。官至礼部郎中,封真定县男,因风疾而失音,改为潍州刺史。未赴疾卒。以文名世,被称为"金朝文派开山"。

[43]彝尊:姓朱。字锡鬯,号竹垞。清秀水(今浙江嘉兴)人。清代著名学者。

[44]宋本(1281—1334):字诚夫,大都人。至治元年(1321)策士,赐进士第一,授翰林修撰。泰定元年(1324),除监察御史,以敢言称。

[45]杜樊川:即杜牧(803—852),字牧之,号樊川居士,京兆万年人,晚唐著名诗人,与李商隐并称"李杜"。晚年居长安南樊川别墅,后世称"杜樊川"。

[46]渑酒:渑池所产的美酒。《史记》:秦昭王、赵惠文王会于渑,席间捧酿醴泉佳酿。后世文人多以此为题咏诵吟唱。

[47]绣错:色彩错杂如绣。汉西都:即长安。

[48]细婢:小婢。材官:主管工匠、土木之事的官署。

[49]上界:犹天界。道教、佛教称仙佛所居之地。翊:音yì,辅佐,帮助。皇图:指皇位。

[50]白面:指面色白皙之人。纨绮:精美的丝织品。引申为富贵安乐的家境。

[51]钧天:指帝王。

[52]尧年:谓长寿。相传帝尧寿160岁,因以之称长寿。

[53]梯航:梯与船。谓水陆交通。

[54]狗屠:以屠狗为业者。亦泛指从事卑贱职业者。

[55]元武:即玄武。古代神话中的北方之神。避玄烨讳,改。白麟:亦作"白骥"。白色的

麒麟。赤雁:赤色之雁。指瑞吉禽兽。

[56] 贾谊(前 200—前 168):西汉洛阳人,文学家。18 岁时即能写出奇文,闻名河南郡。时河南郡守吴公将他召入门下,传以学问。后来,吴公晋升廷尉,贾谊随之入朝廷为博士。时,贾谊 21 岁。文帝之问,贾谊皆娓娓道来。谊又被拔为太中大夫。朝臣尽妒之。

[57] 郁葱:指树林等茂盛。

[58] 修贡:献纳贡品。塞微:障塞,要塞。

[59] 白玉京:指天帝所居之所。

[60] 鲋鱼:即鲫鱼。《庄子》:"周顾视车辙中,有鲋鱼焉。"

[61] 烟萝:草树茂密,烟聚萝缠,谓之。

[62] 乞巧棚:自隋唐起,七月七日乞巧节时,贵家姑娘结乞巧楼(棚)。以芦获为骨架,糊以五色彩纸,刻塑织女像于其内,饰以金银缀物。

[63] 帡幪:音 píng méng,帐幕。

[64] 定拟:判决。犹拟定。铅椠:古人书写文字的工具。铅,铅粉笔;椠,木板片。

[65] 韦曲:地名。唐代位于长安城南郊,因韦氏世居于此得名。即今陕西长安县。其地北有凤栖原,南有潏水、神禾原,依山傍水,风景秀丽。《杜臆》:韦曲,在京城三十里,贵家园亭、侯王别墅,多在于此,乃行乐之胜地。馆娃:春秋时吴宫名。春秋吴王夫差为西施所造。在今江苏苏州西南灵岩山上,灵岩寺即其旧址。

[66] 蠹书客:喻死啃书本的人。牙签:用象牙制成的图书标签。借指书籍画卷。缃帙:浅黄色书套。亦泛指书籍、书卷。

[67] 肄学:指学习。

[68] 丹墀:宫殿前的红色台阶及台阶上的空地。优伶:指古时以乐舞、戏谑为业的艺人,后指戏曲演员。

[69] 玉海青:白鹰。

[70] 晞:音 xī,干,干燥。

[71] 只孙衣:蒙语。一色衣。只孙衣之制,始自成吉思汗时,最初为皇帝专用,后成百官、侍卫礼服。《元史·舆服志》载,元代皇帝、百官所服只孙衣各有制度,且品种、颜色繁多。明袭元制。

[72] 梁州:指南京。南京有梁洲,位于玄武湖北部,是湖心岛之一。因梁昭明太子在此建梁园,设读书台而得名。诗中"宫里"言宫人在北京思旧都时光,笛声哀怨。

[73] 棕殿:褐色的宫殿。薰风:常作"熏风"。和暖的南风或东南风。

[74] 葡萄:指美酒。玉钟:玉制的酒杯。

[75] 典实:典故,史实。

[76] 华云龙(1332—1374):定远(今属安徽)人。元末聚众起兵,后率众归附朱元璋。从渡江,破采石,下集庆(今江苏南京),克镇江。参加攻灭陈友谅、张士诚诸役。又从徐达攻克大都(今北京),总六卫兵,留守北平,兼北平行省参知政事。逾年,进都督同知兼燕王左相。封淮安侯。建燕王府。增筑北平城,皆其经营。洪武七年(1374),因据元相脱脱第宅,僭用故元宫中物,召还。卒于赴京途中。

[77] 堞口:女墙的凹形口。

[78] 正直:谓正好落在。直,通"值"。庆寿寺也叫双塔寺,在今北京西长安街上,即电报大楼西。该寺创建于金世宗大定二十六年(1186)。至元四年(1267)新建二塔,故又俗称双塔寺。《宸垣识略》载:双塔寺在小时雍坊西长安街,金世宗建,即元庆寿寺。有塔二:一九级,一七级。九级者额曰"特赠光天普照佛日圆明海云佐圣国师之塔",七级者额曰"佛日圆照大禅师

可庵之灵塔"。该寺元至元十二年(1275)重修,费时七年。修缮完毕后"完整雄壮,又为京师之冠"。明正统又重修,改名为大兴隆寺,或称慈恩寺。

[79]嘉靖二十三年:1544年。

[80]晶明:明亮耀眼。干旌:旌旗的一种。以五色鸟羽饰旗竿,树于车后,以为仪仗。

[81]英谟:英明的谋略。

[82]浪说:漫说,妄说。

[83]彤管:古代女史记事用的杆身涂朱的笔。《诗》:"静女其变,贻我彤管。"后因泛指笔。

[84]宣皇:即明宣宗朱瞻基(1398—1435)。

[85]绀幰:天青色车幔。黄扉:指宫门。

[86]原按:无黑旗,两蓝旗即黑旗也。其东方色则以汉兵绿旗补之。

[87]都厢:北宋时,首都东京开封府逐渐形成新的城市制度"厢坊制"。熙宁三年(1070),以京朝官四人"分治开封府新旧城的左、右厢",称都厢。相当于今日城市的四个区政府,分别管辖二或三个基层厢。绍圣元年(1094),又恢复为四个都厢。"都厢"公事所,可以处理杖罪六十以下的案件。

秋日泛舟濠上记

清·章学诚

【提要】

本文选自《章氏遗书》(商务印书馆1936年版)。

章学诚由毕沅安排主讲归德府(今河南商丘)文正书院期间(1788),"终日闭门作深山观",讲学诸书。

一日,有人相邀,登文雅台,"风佳日丽,相与扁舟,同泛于濠梁秋水","濠环城外,约十许里"。章学诚一次没有尽兴,九月初一又邀书院弟子,"买舟载酒,续前游"。文殊寺"后楼最高,与前殿碧瓦浮影秋空,深静如窥镜里"。接着游大王庙、开元寺,心满意足的章学诚说:"初游匆匆,此皆未笔录者,故胜地名区不厌往复,譬如好书不厌再三读也。"

还想再去文雅台,结果暝色催人,只好返棹东郭。

商丘古城又称归德府城,建于明正德六年(1511),距今已有500年的历史。古城由砖城、城湖、城廓三部分构成,呈外圆内方之形。空中俯瞰,古城为一巨大的古钱币造型,建筑形态十分独特,隐喻着商丘是中国商品、商业、商文化发祥地。

明弘治十六年(1503),商丘城破土动工,历时8年,正德六年(1511)基本竣工,之后又屡经修补完善,直至嘉靖十九年(1540)在城墙外约500米的环城圆周上筑起新的城郭,才形成城墙、城湖、城郭三位一体,形如古铜钱币外圆内方的独特格局。古城内的地势呈龟背形状,砖城面积1.13平方公里,共93条街道,把全城分割成200平方米见方的小块,格局如棋盘。此类古城在今天的世界上,绝无仅有。

商丘古城墙周长 3.6 公里,有东西南北四座城门。四门外原有四个瓮城,瓮城又各有一个扭头城门,所以商丘古城旧有"四门八开"之说。根据五行相生相克之说,为防金木相克,古城东西两门错开一条街,成为中国古城中的唯一样式。古城南门两侧建有两个水门,引水入护城河。护城河环绕全城,城南河面较宽,南北 500 多米,东西 1 300 多米,水下叠压着汉朝与唐朝的睢阳故城、宋朝南京城、元朝归德府城旧址。护城大堤距城墙约 500 米,周长 9 公里、基宽 20 米、顶宽 13 米、高 3.3 米。

1986 年,商丘古城成为全国第二批历史文化名城。1996 年,古城墙被国务院公布为全国重点文物保护单位。

下帷古宋州[1],屈指半载,拘挛坐书室[2],为蠹鱼穿穴[3],不得一散步郊坰[4],终日闭门作深山观也。仲秋下浣四日[5],翰林陈君春田相邀登文雅台。台在城东南,图志相传孔子过宋,与群弟子习礼树下,即此地。而梁孝王与邹、枚、司马诸人宴集赋诗[6],因有是台。追企前型[7],神旌先往[8]。其日秋阴破霁,晴晖娱人,陈君将车过邀,于时日躔丽天[9],陈君以为是游非偶然也。

此为梁、宋旧地,考之简策[10],前人名迹盖不可胜数,而陵谷之变至于如是[11],则高华胜地[12],安知后之不复如今日乎?抑故迹不存,而流连其地,犹有余思,岂不以人重哉?古人生平,见于纪载详矣,乃必藉夫壤土旧迹以为企慕,则以当日偶然寄托,精神流露,于是为真。而山林皋壤,又后人所以登临俯仰,发舒志意,斯见古今人情不甚远也。夫后人致思,皆出前人偶然寄托,则夫今日风佳日丽,相与扁舟,同泛于濠梁秋水之间,伊何人哉!

按府城正方,周匝九里三分有奇,濠环城外,约十许里。濠水无源,有时旱干,可徒步涉。然霖雨所积,又不及此。闻河涨于外,则濠水暗增,地脉或潜通云。时乾隆五十三年岁戊申也[13]。

【作者简介】

章学诚(1738—1801),字实斋,号少岩,绍兴会稽(今属上虞)人,后卜居城内塔山下。乾隆四十三年(1778)进士,官国子监典籍。曾主讲定州定武、保定莲池书院,并为南北方志馆主修地方志。倡"六经皆史"之论,治经史,有特色。所著《文史通义》,是清中叶著名的学术理论著作。遗稿由后人编为《章氏遗书》《实斋文集》。

【注释】

[1]下帷:放下室内悬挂的帷幕。指教书。
[2]拘挛:肌肉收缩,不能自如伸展。
[3]蠹鱼穿穴:指死啃书本之人。蠹鱼:虫名。即蟫。又称衣鱼。蛀蚀书籍、衣服。借指死啃书本的读书人。穿穴:犹钻研。
[4]郊坰:郊野。坰:音 jiōng,离城远的郊野。
[5]下浣:下旬。
[6]梁孝王:名刘武(前 184—前 144)。与兄长汉景帝同为窦太后所出,汉文帝次子。前

178 年封太原王,前 176 年改封为淮阳王,后又改封梁王,死后谥号为孝,故号梁孝王。前 161 年,刘武奉命从首都长安前往梁国都城睢阳(今河南商丘)。梁孝王虚怀若谷,门下聚集了司马相如、枚乘、邹阳等名士。

[7] 追企:追随仰望。

[8] 神旌:此谓彰表。

[9] 日躔:谓日行。躔:音 chán,天体的运行。

[10] 简策:古代连接成册的竹简。泛指书籍。

[11] 陵谷:丘陵和山谷。喻自然界或世事巨变。

[12] 高华:指典雅华美者。

[13] 乾隆五十三年:1788 年。

濠上后游记

清·章学诚

游兴未倦,越七日己未,是为九月之朔,邀书院弟子王生奉谧、宋生广启及其童弟广叙,与次子授史,买舟载酒,续前游也。

秋晴稍燠[1],时逗云阴,登舟,日在禺中[2]。由东门泛乎北郭,步自文殊之寺,门径荒芜,旧碑横卧,其文为康熙四年乡翰林百岁老人李目所撰[3]。正殿题额为康熙元年充祭告使光禄寺卿佟世器所书,而祭告之"告"作"诰","卿"作"正卿",俱非是,岂托名者欤?东庑倾颓,西庑亦荒废,多败灶,官赈饥民,藉作公所故也。后殿重楼三出,连亘九栋。左为藏经之楼,问其藏籍,犹完好也。寺僧迎款客堂[4],问寺中香火田,尚数顷,僧众十余,生计当不乏,而前殿芜废不葺,知其未勤业矣。水环其外,秋草翳之,小艇闲横,自足野趣。门外旷地方百步许,柱础离离[5],半蚀入土,当日故戏榭云[6]。东行稍远,回望寺中后楼最高,与前殿碧瓦浮影秋空,深静如窥镜里。

循东而北,访大王庙,河神祠也。中经逵市[7],碑揭道旁,曰"滕文公见孟子处[8]"。小屋数椽,曰"性善祠",中有孟子神主,存故迹而已。北尽东转,山门向南,大王庙也。滨河之区,水神祠宇有虔无怠,僧纲居之,香界亦自修洁[9]。规模不如文殊寺广大,则地逼市廛,无展处也。此间丛林梵刹,住僧多质鲁不文[10]。主僧款茶,少谈河神故事。

反舟,酌酒泛自西门,泊舟梁下,就市家借炊。酣饮既畅,乃游南湖。蒹葭疏阔,云水淳泓,斜阳逼下春矣[11]。

复游八关之亭,其地为唐开元寺。旁舍牗下有康熙十四年府通判陈昌国《与刘公戤考功小集南湖草堂赋诗》刻石,西壁又有《古井重开》律诗刻石,后题葵顾道人大足,又题壬子岁次,而无年号。按康熙十一年为壬子,若此诗与陈昌国诗先后刻石,当在是年,不知其是否也。王生云鲁公书石幢下正压古井,闻向者幢石趾有崩土,井气旁通,汲水清洌,不知当年复塞,则葵顾道人所咏当指此。但不知道人姓氏,大足何所取义,当考也。诗词俱平易,无甚佳处。又有明嘉靖年碑文,其字漫漶[12],不甚可辨。八关石刻见金石著录,故不复详。寺产凡四五处,强半陷入土中,高不容人,惟后楼为居人穿土出之,因以为家。既无周垣,旧日位置多不可考。初游匆匆,此皆未笔录者,故胜地名区不厌往复,譬如好书不厌再三读也。

　　于时欲重步文雅之台,暝色催人,阴云幕水面矣。乃由南门反棹东郭[13]。晚凉殊佳,云外秋曦,惜其不得稍驻。

【注释】

　　[1] 燠:音 yù,热。

　　[2] 禺中:将近午时。

　　[3] 康熙四年:1665 年。

　　[4] 迎款:迎接款待。

　　[5] 离离:隐约貌。

　　[6] 戏榭:戏台。榭:建筑在台上的房屋。

　　[7] 逵市:古代城郭内大道两旁的集市。

　　[8] 滕文公见孟子:《孟子》:滕文公为世子,将之楚,过宋而见孟子。孟子道性善,言必称尧舜……滕文公问曰:"滕,小国也,间于齐、楚。事齐乎? 事楚乎?"孟子对曰:"是谋非吾所能及也。无已,则有一焉:凿斯池也,筑斯城也,与民守之,效死而民弗去,则是可为也。"

　　[9] 僧纲:僧官名。香界:指佛寺。

　　[10] 质鲁:质朴鲁钝。

　　[11] 蒹葭:水草芦苇类。淳泓:深邃渺远貌。

　　[12] 漫漶:模糊不清。

　　[13] 反棹:即"返棹"。乘船返回。

游巩县石窟寺记

清·武 亿

【提要】

　　本文选自《授堂文钞》(商务印书馆 1935 年版)。

　　巩县石窟位于河南巩义市东北 9 公里大力山下。初建于北魏景明年间(500—503),东魏、西魏、北齐、隋、唐、宋各代相继凿窟造像,形成石窟群。石窟坐北向南,现存洞窟 5 个、千佛龛 1 个、摩崖造像 3 尊、摩崖造像龛 225 个、碑刻题记

256 方、佛像 7 743 尊。

巩县石窟在总体设计上,利用窟内外壁面上端宽大的二方连续形式的边饰,造成整体格局上的完整和宏丽基调。窟内雕像位置的安排,则以观者进门首先映入眼帘的一坐佛、二立佛为主,加上两壁整齐划一的小千佛,给人以繁盛崇高的审美感受。观者返身离开石窟面对大门内侧,又是场面肃穆的大幅礼佛图,尤能加深观者的虔敬礼佛之感。要而言之,巩县石窟造像中以《帝后礼佛图》最为珍贵、第 5 窟藻井浮雕最为精美。

石窟寺的 15 幅《帝后礼佛图》雕刻的是北魏孝文帝和文昭皇后的供养情形,构图严谨,技法娴熟,人物性格鲜明,可谓是佛教艺苑中的珍品。因洛阳龙门石窟的《帝后礼佛图》被盗往国外,石窟寺的《礼佛图》成为国内孤品,弥足珍贵。

第五窟突兀在壁面之外,是一平面正方形的小窟,窟高 3 米,四壁边长 2 米。外壁入口之左右安置金刚力士像。入口东方之侧壁已崩坏,西方壁上有小佛龛,刻唐延载元年(694)、久视元年(700)、咸通八年(867)等时期的铭文。中央有约高 3 米的方柱,四面各刻有大佛龛。窟内东西北三壁上,各开四佛龛,安置三尊佛,上部俱造千体佛。窟顶为方形藻井,藻井中心是一个特大的莲花,周围环绕六个凌空高翔的飞天,四角有图案化的化生佛,并间有忍冬(即金银花)。整个藻井以莲花为主题,构图匀称,美观大方。

巩义石窟是继洛阳龙门石窟之后开凿的,佛教艺术的外来影响同中原汉族艺术已经融为一体,北魏早期佛教造像深目高鼻、秀骨清瘦的特点已经褪去,塑造的佛像面貌方圆、神态安详。巩县佛教造像艺术是北朝向唐朝造像演变之路上的重要一环,在雕刻艺术史上占有重要的地位。

武亿乾隆丙午年(1786)三月二十八日匆匆写于石窟寺的这篇记,——记录了看到的造像竣工的日期,为何如此详细的记录?"史独不详此,或亦有所漏与?"因此有这篇记录文字。

余游石窟寺,得唐宋碑刻,年月书撰可识者凡五。最后迤殿之东偏,寻观石壁,又折而西。壁皆人力凿龛,洞然深越,其龛之大,以丈计者有三。傍崖稍用铲治,辄画区布界,地凿象者若干,题年月日者,又莫能殚记焉。其有题:"普泰元年[1],岁次淬亥,比丘某起造圣象。"普泰,魏节闵帝号也。"辛亥"字从水,当时伪体字如是,或亦因魏氏以水运兴故也。然帝以辛亥二月为尔朱兆所立[2],越明年而遂废矣。五月十四日造石像一区,东魏孝静帝建元天平也[3]。大统四年二月廿六日造石像一坯[4],则为文帝所改元也。又有天平三年不记月日者四。天平三年书三月壬寅朔三日者一。天统七年四月者一[5]。天统元年三月者一。天统,齐温公纬也。河清三年四月者一[6],齐世祖湛也。天保二年四月者有三[7];三月者一,题"许昌郡中正都督府长史"字可寻;又二月者一;六月者二;又九年六月者一。唐龙朔元年四月八日者一[8],下有"巩县河滨乡杨造石象"字;三年五月者一;二年岁次壬戌五月己丑廿八日景辰者一。乾符二年八月十日者一[9]。总章元年四月二日者一[10],下李光嗣名存。咸亨元年五月者一[11],三年十月者一。乾封三年者二[12]。久视元年六月者一[13]。延载元年八月者一[14]。咸通八年六月、二月者又各有一[15]。

往者余走四川,睹朝天关,下瞰江水,石壁崭立,积龛无数,皆雕镂佛象,形模大小[16],庄严悉备,于时舍陆就舟,水迅不得泊视为憾也。近复闻山西大同城西三十里云冈堡岩上亦刻佛像,与此窟略似。而洛阳伊阙,最为宇内巨观。以故崖间凡有昔之题记,往往为世所睹。今石窟寺僻远,人迹罕至寻历,而余以居闲无事,得寓目焉。又叹著录佚而不书,虽近如府县志亦失载,于以叹其久湮而迹不彰也。

《魏书》:宣武帝景明元年[17],诏大长秋白整准大京灵严寺石窟于洛南伊阙山[18],为高祖、文昭皇太后营石窟二所。考此石壁之西,金建某象塔记有洛阳郭仁文已云"自后魏宣帝景明开凿为窟,刻千万佛象",则信为宣武营治矣。然史独不详此,或亦有所漏与?

时与余偕者,杜君云乔、焦君万年,夜同宿寺僧舍,匆迫书之,时为丙午岁三月之廿八日也。

【作者简介】

武亿(1745—1799),字虚谷,一字小石,号半石山人,河南偃师人。乾隆四十五年(1780)进士。后知山东博山县,大学士和珅遣番役捕盗,横行州县,亿执而杖之,坐罢官。家贫,教授齐、鲁间以终。著有《授堂文钞》《偃师金石记》《安阳县金石录》等。

【注释】

[1] 普泰元年:531年。普泰:北魏节闵帝年号。

[2] 尔朱兆(? —533):字万仁。尔朱荣从子。尔朱荣被诛后,他起兵报仇,攻入洛阳,杀死北魏孝庄帝,遥控朝政。

[3] 东魏孝静帝:即元善见(524—551)。鲜卑族,北魏孝文帝曾孙。北魏孝武帝永熙三年(534)十月,权臣高欢和群僚商议后,立他为皇帝,即位于邺城东北,改元天平(534—537),东魏正式建立。当时元善见年仅11岁。

[4] 大统:西魏文帝元宝炬第一个年号(535—551),西魏使用这个年号历时17年。元宝炬(507—551),西魏开国君主,北魏孝文帝之孙。535年,他由宇文泰拥立为帝,改元大统,定都长安,史称西魏。坲:音ōu,同"区"。

[5] 天统:北齐后主高纬年号(565—569)。高纬(556—577),字仁纲,北齐第五位皇帝,565—576年在位。高纬被掳至长安后,北周武帝宇文邕封他为温公。

[6] 河清:北齐武成帝高湛年号(562—565)。高湛(537—569),小字步落稽,河北景县人,北齐第四任皇帝。

[7] 天保:北齐开国君主文宣帝高洋年号(550—559)。高洋(529—559),字子进,因生于晋阳,一名晋阳乐。他是东魏权臣、北齐神武皇帝高欢次子。

[8] 龙朔:唐高宗李治年号,661—663年。

[9] 乾符:唐僖宗李儇年号,874—879年。

[10] 总章:唐高宗李治年号,668—670年。

[11] 咸亨:唐高宗李治年号,670—674年。

[12] 乾封:唐高宗李治年号,666—668年。

[13] 久视:武则天年号,700—701年。

[14] 延载:武则天年号,694—694年。

[15]咸通:唐懿宗李漼年号,860—874年。

[16]形模:形状,样子。

[17]景明元年:500年。景明:北魏宣武帝元恪年号,500—504年。

[18]大长秋:宣达皇后旨意,管理宫中事宜,为皇后近侍官首领,多由宦官充任。

云 栖 寺

清·黄景仁

【提要】

本诗选自《两当轩集》(上海古籍出版社1983年版)。

"五云山耸行复低,纵横十八涧九溪",黄景仁说的是杭州西湖的云栖寺。云栖寺,位于杭州五云山之西的山坞内,相传飘过五云山的彩云常在这里栖留,故名。云栖寺始建于北宋乾德五年(967),是吴越王为伏虎志逢禅师兴建的三座寺院之一,北宋治平二年(1065),寺名改为"栖真"。此后寺院一直名声不著,至明弘治七年(1494),当地连降暴雨,山洪突发,寺院经像随水漂没,荡然无存。直到隆庆五年(1571),才由一代名僧莲池重建。

莲池,俗姓沈,名袾宏,字佛慧,明仁和(今杭州)人。未出家前是西湖一带极有文名的秀才,剃度后,遍游全国各地,最后回到杭州,见云栖山水岑寂,便在此结茅居住。莲池到云栖之后,寺院重又复兴,规模宏大,俨然成为一方大丛林,莲池也因此被称为云栖大师,附近名贤大儒纷纷前来就教,明孝定皇太后还将其绘像置于宫中,礼敬有加。莲池不但是华严宗的名僧,也是净土宗大师,被列为莲宗第八祖。一生著作丰富,主张儒、释、道三教合一,与真可、德清、智旭并称明代四大高僧。当时寺内建筑有山门、正殿、禅堂、法堂、祖堂、藏经阁、华严堂、大悲阁等数十幢建筑,金碧辉煌,装饰华丽,蔚为壮观。莲池大师圆寂后,葬云栖坞遇雨亭南侧,墓前香火极盛。清康熙、乾隆亦多次来此,并题"云栖""松云间"及"香门净土""悦性亭""修篁深竹""西方极乐世界安养道场"等额,康熙还写了不少诗篇。

黄景仁眼中的云栖寺同样景好斋好禅意浓,以至于游者不知不觉"沿缘复值径穷处",还想看,可"岭头尺五天抽梯"。

云栖寺,明代以来,题写楹联者众。略选备览:化域空三界,门徒落四禅(陈子龙);唼菭鱼策策,打瓴雨疏疏(桑调元);长此洗心历江海,偶逢行脚见云山(王凯泰);翠滴千竿遮径竹,寒生六月洗心泉(佚名);到此方知官是梦,前身安见我非僧(薛时雨);法云广荫无遮会,慧日高悬有相天(乾隆);剪半岑闲云补衲,留一窗明月谈经(佚名);岭复岗重灵木合,江回溪抱梵宫深(沈甲);路边竹密能消暑,亭下泉清自洗心(沈甲);水向石边流出冷,风从花里过来香(乾隆);说法平台,生公一语石一语;栖真斗室,老僧半间云半间(张岱)。

五云山蠢行复低,纵横十八涧九溪。何山不云此间好,入坞忽逢云所栖。
漫空绿雨竹千顷,入不辨出云俱迷。钟声道客出兰若[1],步担一二逢阇黎[2]。
莲池蜕迹此焉在[3],一草木意皆含西。岚形麀抱定光见,鲐皮如腊山肩齐[4]。
和南乍了嗒相对,师乎何语相提撕[5]?旃檀喷鼻和薝蔔[6],伊蒲果腹甘饧饴。
斋余寺后看岩洞,腰脚纵好须扶藜。薜阶四漫泉漍漍[7],藤壁独袤烟凄凄。
回峰闪绿埋倒景,急瀑挂练飞长霓。延缘复值径穷处,岭头尺五天抽梯。
飞空腾掷我无具,有不尽意输鼪鼷[8]。名山几处过如雾,眼膜欲刮无金篦。
今宵且可抱云宿,忍待日出穷攀跻[9]。

【作者简介】

黄景仁(1749—1783),字汉镛,一字仲则,号鹿菲子,江苏阳湖(今常州)人。四岁而孤,家境清贫,少年时即负诗名,为谋生计,曾四方奔波。乾隆四十年(1775),27岁时赴北京,次年应乾隆帝东巡召试取二等,授武英殿书签官。后入陕西巡抚毕沅幕府,毕沅替他捐补县丞。后为家债所迫客死他乡,年仅35岁。七言诗极有特色。有《两当轩集》。

【注释】

[1]兰若:寺庙。
[2]阇黎:佛家语。"阿阇黎"的略称,义为教育僧徒的轨范师,高僧。泛指僧。
[3]莲池:指莲池大师。
[4]鲐皮:代称老年人。鲐:音tái。一种生活在海中的回游性鱼类,身体呈纺锤形,背青蓝色,头顶青黑色。
[5]提撕:教导,提醒。
[6]旃檀:指檀香。薝蔔:花名。白色,类芦花。产于西域。
[7]漍漍:音guó guó,流水声。
[8]鼪:音shēng,黄鼠狼。鼷:音xī,小鼠。
[9]攀跻:亦作"攀隮"。犹攀登。

游歙西徐氏园记

清·王 灼

【提要】

本文选自《历代游记选》(湖南人民出版社1980年版)。

徐氏园,与明清时代的江南园林风格无异:构园材料石、水、花木;构园模式则"引溪水入焉","池之四周,皆累以危石","池上横石为桥","临以虚堂,堂半出水上"……最终在数十亩的范围内,营造出"墙阴古桂,交柯连阴,风动影碧,浮映衣袂"的园林来,这片园林与"田塍相错,烟墟远树,历历如画。而环歙百余里中,天都、云门、灵、金、黄、罗诸峰,浮青散紫,皆在几席"。

在教馆数年的王灼早就听闻徐氏园的名气,乾隆戊申年(1788)六月终与一行人游历此园:时天雨新霁,水汨汨循渠流。"予与二三子解衣击壶,俯绿阴,藉盘石,乘风乎高台,被除乎清流,灌嘻淋漓,诙嘲谈谑,及日已入,犹不欲归。"

名士风流,当与园品相偕。

歙西徐氏有园[1],曰"就园",方广可数十亩。其西北隅凿地为方池,引溪水入焉。池之四周,皆累以危石;池上横石为桥,以通往来。由池而西为亭,再西翼然而出者为楼;池之南端,临以虚堂,堂半出水上,前有横栏可俯;堂背为渠,溪水所从入池者也。循渠折而东行,皆长廊,中累层石为台,台高二寻,其上正平,可罗坐十余人[2],旁植梅桧竹柏石楠甚众。台下逶迤环以复壁[3],北复构堂三楹。堂之右侧,与前池通;由堂左折,循墙入重门,中敞以广庭,前缭以曲榭,繁葳翳生[4],而牡丹数十百本,环匝栏楯,花时尤绝盛。由庭东入,其间重阿曲房,周回复壁,窅然而深[5],洞然而明。墙阴古桂,交柯连阴,风动影碧,浮映衣袂。园之外,田塍相错,烟墟远树[6],历历如画,而环歙百余里中,天都、云门、灵、金、黄、罗诸峰,浮青散紫,皆在几席。盖池亭之胜,东西数州之地,未有若斯园者。

予馆于歙数年,尝一至焉。戊申六月[7],复集同人来游于此[8]。时天雨新霁,水汨汨循渠流,予与二三子解衣击壶,俯绿阴,藉盘石,乘风乎高台,被除乎清流[9],灌嘻淋漓,诙嘲谈谑,及日已入,犹不欲归。园者皆瞪目相顾,嗟愕怪骇。

既归,二三子各适其适[10],顾吾独悲园之朽蠹颓坏,已异于始至,则继此而游,木之蠹,石之泐[11],其又可问耶?且吾数人暂合于此,一日别去,将欲从数百里外,齐轨连辔[12],复为此穷日之游,其又可得邪?无以寓吾之思,因为之记,俾后之人知有斯园之胜,并知有斯园今日之游。

同游者三人:严州胡熙陈禹范[13]、常州赵彬沨如、张一鸣皋文。

【作者简介】

王灼(1752—1819),字明甫,一字悔生,号晴园,又号滨麓,今安徽枞阳石矶镇人。少从刘大櫆8年,大获教益。乾隆五十一年(1786)举人,先任祁门县训导,后任东流县教谕15年。辞官后,又主讲祁门东山书院,从学者达数百人之多。著有《悔生文钞》8卷、《诗钞》6卷、《枞阳诗选》20卷等。

【注释】

[1]歙:音 shè。歙县,在今安徽。

[2]罗坐:列坐。

[3]复壁:指假山下的廊道。

[4]繁葳翳生:谓草木浓郁地生长着。

[5]窅然:幽暗貌。窅:音 yǎo。

[6]墟:村落。

[7]戊申:乾隆五十三年(1788)。

[8]同人:志趣相同的人。

[9]祓除:除灾去邪之祭。常于春末在水边洗濯沐浴。

[10]各适其适:各自去做他们自己的事。

[11]泐:音 lè,石依纹理而裂开。

[12]齐轨连辔:谓并着车子前进。辔:音 pèi,驾驭牲口的嚼子和缰绳。

[13]严州:清代府名,治所在今浙江建德。

履园丛话(节选)

清·钱 泳

【提要】

本文选自《履园丛话》(中华书局 1979 年版)。

钱泳说造园,"造园如作诗文,必使曲折有法,前后呼应,最忌堆砌,最忌错杂,方称佳构"。也就是说,造园不可模仿,必须独出心裁,抄袭不可法;还须曲折有法,疏朗俊逸,前后呼应。更可慎重者,园子须与主人身份相配,风水位置须符合习惯。这样的园子才有可能成为"名园"。论者还说,"园亭不在宽广,不在华丽",跟着主人品位、气象走;园子须与他人同乐;家贫不能造园,可造"乌有园"。

再论造屋。"造屋必先看方向之利不利",择吉既定后,运土平基,再后来"画屋样";这还不够,还要"以纸骨按画,仿制屋几间、堂几进、巷几条、廊庑几处,谓之烫样",这样就可以"依样放线",动工作,断木料,可以省"许多经营,许多心力,许多钱财"。钱泳不主张屋内装修,门窗也忌雕花,他眼里的装修"要看主人之心思,工匠之巧妙"的;称"造屋之工,当以扬州为第一"。因为他们"如作文之有变换,无雷同,虽数间小筑,必使门窗轩豁,曲折得宜",正所谓"每一栋建筑都有思想"。

尤值一提的是,他的"旧屋改造"观:要将自己之心思而贯入彼之词句,俾得完善成篇,略无痕迹。即首先要尊重"旧屋",不可随意毁拆;再者,深刻理解"旧屋"的骨骼、血脉、气场乃至境界;其三,要不露痕迹地将自己的心思渗入"老屋"之中,与之结合成一个完善的整体。难! 所以他说"较造新屋者似易而实难"。不仅如此,钱泳还说,不是所有的"老屋"都能改造成功,比如"茅屋三间"。250 多年前钱泳的旧建筑改造观即使在今天仍然高屋建瓴。

至于刻碑,刻手的天分优劣是决定碑刻优劣的关键。他说:"刻手不可不知书法,又不可工于书法",他认为之所以如此,是因为如果刻工精于书法,"自然胸有成见,则恐其将他人之笔法,改成自己之面貌;如其人不能书,胸无成见,则又恐其依样葫芦,形同木偶"。

作者还对铸铜器历史、铜器品种，堆假山、装潢、雕工等等工艺，一一道出个中奥妙。

造　园

造园如作诗文，必使曲折有法，前后呼应，最忌堆砌，最忌错杂，方称佳构。园既成矣，而又要主人之相配，位置之得宜，不可使庸夫俗子驻足其中，方称名园。今常熟、吴江、昆山、嘉定、上海、无锡各县城隍庙俱有园亭，亦颇不俗。每当春秋令节，乡佣村妇，估客狂生[1]，杂遝欢呼[2]，说书弹唱，而亦可谓之名园乎？

吾乡有浣香园者，在啸傲泾，江阴李氏世居。康熙末年，布衣李芥轩先生所构，仅有堂三楹，曰：恕堂。堂下惟植桂树两三株而已。其前小室，即芥轩也。沈归愚尚书未第时[3]，尝与吴门韩补瓢、李客山辈往来赋诗于此，有《浣香园唱和集》，乃知园亭不在宽广，不在华丽，总视主人以传。

有友人购一园，经营构造，日夜不遑。余忽发议论曰："园亭不必自造。凡人之园亭，有一花一石者，吾来啸歌其中，即吾之园亭矣，不亦便哉！"友人曰："不然，譬如积赀巨万，买妾数人，吾自用之，岂可与他人同乐耶？"余驳之曰："大凡人作事，往往但顾眼前，傥有不测，一切功名富贵、狗马玩好之具，皆非吾之所有，况园亭耶？又安知不与他人同乐也"。

吴石林癖好园亭，而家奇贫，未能构筑，因撰《无是园记》，有《桃花源记》《小园赋》风格。江片石题其后云："万想何难幻作真，区区丘壑岂堪论。那知心亦为形役，怜尔饥躯画饼人"，"写尽苍茫半壁天，烟云几叠上蛮笺[4]。子孙翻得长相守，卖向人间不值钱"。余见前人有所谓乌有园、心园、意园者，皆石林之流亚也[5]。

【作者简介】

钱泳(1759—1844)，原名钱鹤，字立群，号台仙，一号梅溪，清代江苏金匮(今属无锡)人。出身名门望族，不事科举，长期做幕客，足迹遍及大江南北。工诗词、篆、隶，精镌碑版，善书画。有《履园丛话》《履园谭诗》《兰林集》《梅溪诗钞》等传世。

【注释】

[1] 估客：行商。
[2] 杂遝：众多杂乱貌。遝：音 tà。
[3] 沈归愚：沈德潜(1673—1769)，字确士，号归愚，江苏长洲(今苏州)人。乾隆四年(1739)中进士，曾任内阁学士兼礼部侍郎，加礼部尚书衔。
[4] 蛮笺：笺纸。产自蜀地。杨亿《谈苑》载韩浦寄弟诗云："十样蛮笺出益州，寄来新自浣花头。"
[5] 流亚：同一类的人或物。

营　造

凡造屋必先看方向之利不利,择吉既定,然后运土平基。基既平,当酌量该造屋几间、堂几进、巷几条、廊庑几处,然后定石脚[1],以夯石深、石脚平为主。基址既平,方知丈尺方圆,而始画屋样,要使尺幅中绘出阔狭浅深,高低尺寸。贴签注明,谓之图说。然图说者仅居一面,难于领略,而又必以纸骨按画,仿制屋几间、堂几进、巷几条、廊庑几处,谓之烫样[2]。苏、杭、扬人皆能为之,或烫样不合意,再为商改,然后令工依样放线,该用若干丈尺,若干高低,一目了然,始能断木料,动工作,则省许多经营、许多心力、许多钱财。余每见乡村富户,胸无成竹,不知造屋次序,但择日起工,一凭工匠随意建造,非高即低,非阔即狭。或主人之意不适,而又重拆,或工匠之见不定,而又添改,为主人者竟无一定主见。种种周章[3],比比皆是。玉屋未成而囊钱已罄,或屋既造而木料尚多,此皆不画图、不烫样之过也。

屋既成矣,必用装修,而门窗槅扇最忌雕花。古者在墙为牖,在屋为窗,不过浑边净素而已,如此做法,最为坚固。试看宋、元人图画宫室,并无有人物、龙凤、花卉、翎毛诸花样者。又吾乡造屋,大厅前必有门楼,砖上雕刻人马戏文,灵珑剔透,尤为可笑。此皆主人无成见,听凭工匠所为,而受其愚耳。

造屋之工,当以扬州为第一,如作文之有变换,无雷同,虽数间小筑,必使门窗轩豁[4],曲折得宜,此苏、杭工匠断断不能也。盖厅堂要整齐如台阁气象[5],书房密室要参错如园亭布置,兼而有之,方称妙手。今苏、杭庸工,皆不知此义,惟将砖瓦木料搭成空架子,千篇一律,既不明相题立局,亦不知随方逐圆,但以涂汰作生涯,雕花为能事,虽经主人指示,日日叫呼,而工匠自有一种老笔主意[6],总不能得心应手者也。

装修非难,位置为难,各有才情,各有天分,其中款奥[7],虽无宪法[8],总要看主人之心思,工匠之巧妙,不必拘于一格也。修改旧屋,如改学生课艺,要将自己之心思而贯入彼之词句,俾得完善成篇,略无痕迹,较造新屋者似易而实难。然亦要看学生之笔下何如,有改得出,有改不出。如仅茅屋三间,梁圮栋折,虽有善手,吾未如之何也已矣。汪春田观察有《重葺文园》诗云:"换却花篱补石栏,改园更比改诗难。果能字字吟来稳,小有亭台亦耐看。"

【注释】

[1]石脚:石砌的墙基。

[2]烫样:以纸张、秫秸和木头加工制作的立体模型。为我国古代建筑特有的产物。用纸多为元书纸、高丽纸、东昌纸等,木头多为质地松软、易于加工的红、白松之类。模型初成还需用小型烙铁熨烫以成型,故名。

[3]周章:周折。

[4]轩豁:敞亮。

[5]台阁:官府。

[6]老笔:谓陈旧的定势。

［7］款奥:样式奥妙。

［8］宪法:成法。

刻　碑

自汉、魏、六朝、唐、宋、元、明以来,碑板不下千万种,其书丹之人[1],有大家书,有名家书,亦有并不以书名而随手属笔者。总视刻人之优劣,以分书之高下,虽姿态如虞、褚[2],严劲如欧、颜[3],若刻手平常,遂成恶札。至如《唐骑都尉李文墓志》,其结体用笔,全与《砖塔铭》相似,王虚舟云必是敬客一手书[4],而刻手恶劣,较《砖塔铭》竟有天壤之隔。又《西平王李晟碑》[5],是裴晋公撰文[6],在柳诚悬当日书碑时[7],自然极力用意之作,乃如市侩村夫之笔,与《玄秘塔》截然两途,真不可解也。唐人碑版如此类者甚多,其实皆刻手优劣之故。

大凡刻手优劣,如作书作画,全仗天分。天分高则姿态横溢,如刘雨若之刻《快雪堂帖》[8],管一虬之刻《洛神十三行》是也[9]。

文氏《停云馆帖》[10],章简甫所刻也。然惟刻晋、唐小楷一卷最为得笔,其余皆俗工所为,了无意趣。

书法一道,一代有一代之名人,而刻碑者亦一时有一时之能手,需其人与书碑者日相往来,看其用笔,如为人写照,必亲见其人而后能肖其面目、精神,方称能事,所谓下真迹一等也。世所传两晋、六朝、唐、宋碑刻,其面目尚有存者,至于各种法帖,大率皆由拓本、赝本转转模勒,不特对照写照,且不知其所写何人,又乌能辨其面目、精神耶?吾故曰藏帖不如看碑,与其临帖之假精神,不如看碑之真面目。

刻手不可不知书法,又不可工于书法。假如其人能书,自然胸有成见,则恐其将他人之笔法,改成自己之面貌;如其人不能书,胸无成见,则又恐其依样胡芦,形同木偶,是与石工木匠雕刻花纹何异哉?

刻行楷书似难而实易,刻篆隶书似易而实难。盖刻人自幼先从行楷入手,未有先刻篆隶者,犹童蒙学书,自然先习行楷,行楷工深,再进篆隶。今人刻行楷尚不精,况篆隶乎?

【注释】

［1］书丹:刻碑前用朱笔在碑上书写文字,称之。

［2］虞、褚:即虞世南、褚遂良。虞世南(558—638),字伯施,余姚(今属浙江)人。由隋入唐后官秘书监、弘文馆学士等。唐太宗称其德行、忠直、博学、文词、书翰为五绝。褚遂良(596—659),字登善,钱塘(今浙江杭州)人。博涉经史,工于隶楷。其书外柔内刚,笔致圆通,与欧阳询、虞世南、薛稷并称初唐四家。

［3］欧、颜:即欧阳询、颜真卿。欧阳询(557—641),字信本,唐潭州临湘(今湖南长沙)人。隋时官太常博士,唐时封为太子率更令,也称"欧阳率更"。欧阳询楷书法度之严谨,笔力之险峻,世无所匹,被称之为唐人楷书第一。他与虞世南俱以书法驰名初唐,并称"欧虞",后人

以其书于平正中见险绝,最便初学,号为"欧体"。颜真卿(709—785),字清臣,唐京兆万年(今陕西西安)人。开元间进士。安史之乱,抗贼有功,入京历任吏部尚书、太子太师,封鲁郡开国公,故又世称颜鲁公。德宗时,李希烈叛乱,他以社稷为重,亲赴敌营,晓以大义,终为李希烈缢杀。德宗诏文曰:"器质天资,公忠杰出,出入四朝,坚贞一志。"在书法史上,他是继二王之后成就最高、影响最大的书法家。其书法广收博取,一变古法,自成方严正大、朴拙雄浑、大气磅礴的"颜体"。

[4]王虚舟:即王澍(1688—1743),字若霖、箬林,号虚舟,别号竹云,清江苏金坛人。累官至五经篆文馆总裁官。精楷书,兼工篆书,为早清一代篆书名手。

[5]李晟(727—793),字良器,唐洮州(今甘肃临潭)人。初为西北边镇裨将,从王忠嗣等作战有功。代宗时任右神策军都将。德宗时为神策先锋都知兵马使,率军讨伐藩镇田悦、朱滔、王武俊叛乱。建中四年(783)泾原兵变,朱泚率叛军占据京师长安,李晟指挥孤军力战,收复京师。先后任凤翔、陇右、泾原节度使,兼管内诸军及四镇、北庭行营兵马副元帅,封西平郡王。贞元三年(789)被解除兵权,官至太尉、中书令。

[6]裴晋公:即裴度(765—839),字中立,唐河东闻喜(今山西闻喜)人。贞元五年(789)进士。由监察御史,累迁起居舍人、中书舍人、御史中丞、刑部侍郎、门下侍郎、同中书门下平章事。20余年间,裴度在宪宗、穆宗、敬宗、文宗四朝历任显职。因"执生不回,忠于事业,时政或有所阙,靡不极言之",虽3次为相,5次被外放,却威望日隆。宪宗时,以讨平淮西割据者吴元济,封晋国公,世称裴晋公。

[7]柳诚悬:即柳公权(778—865),字诚悬,唐朝河东郡(今山西永济)人。柳公权封河东郡公,后亦称柳河东。官至太子少师,世称柳少师。他的书法初学王羲之,后吸取了颜、欧之长,自成一体,后世称"颜柳",成为历代书法楷模。

[8]《快雪堂帖》:清冯铨摹集,刘雨若刻。所收法书作品,自魏钟繇、晋王羲之至元赵孟頫止,首列王羲之《快雪时晴帖》,故名。王澍评谓:"刻法秀润,甚有名于当时,然乏晋人苍深之韵。"

[9]《洛神十三行》:东晋王献之的小楷书法代表作。所书《洛神赋》(十三行)体势秀逸,笔致洒脱。清杨宾《铁函斋书号》认为"字之秀劲圆润,行世小楷无出其右"。

[10]《停云馆帖》:明代文征明汇刻当朝名人笔迹成帖。选择精严,伪书独少,多以墨迹上石,较当时其他丛帖为优。刻者为铁笔名手章简甫,与《真赏斋帖》并为明代刻帖上品。

铜　匠

铸铜之法,三代已备,鼎钟彝器[1],制度各殊,汉、魏而下,铁木并用。至唐、宋始有磁器,磁器行而铜器废矣。鲍照诗云[2]:"洛阳名工铸为金博山,千斫复万镂,上刻秦女携手仙。"则知古人之精于此技者,代不乏人,如梁之开皇、唐之开元铸有造像[3],宋之宣和、明之宣德铸有炉瓶[4],则去古法渐远矣。近吴门有甘、王两姓,能仿造三代彝器,可以乱真。又嘉定有钱大田者,能仿造壶爵,与古无异;子秉田亦传其法,尝为吴盘斋大令铸祭器十种,为余铸金涂塔铁券[5]。又有江宁人冯锡与者,为余铸如意百柄、蟾镫一具,及带钩铜璧、灵钟清磬、铁箫、铁笛、书镇之属[6],亦能仿商、周之嵌金银,此又甘、王、钱三家所不及也。

自鸣钟表皆出于西洋,本朝康熙间始进中国,今士大夫家皆用之。案张鷟《朝野金载》言武后如意中海州进一匠[7],能造十二辰车,回辕正南则午门开,有一人骑马出,手持一牌,上书"午时"二字,如旋机玉衡十二时,循环不爽,则唐时已有之矣。近广州、江宁、苏州工匠亦能造,然较西法究隔一层。

测十二时者,古来惟有漏壶,而后世又作日晷、月晷,日晷用于日中,月晷用于夜中,然是日有风雨,则不可用矣。尝见京师天主堂又有寒暑表、阴晴表,其法不传于中国,惟自鸣钟表不论日夜风雨,皆可用。推此法而行之,故测天象又作浑天仪,以南北定极,众星旋转,玩二十八宿于股掌之间,法妙矣。而近时婺源齐梅麓员外又倩工作中星仪[8],外盘分天度为二十四气,每一气分十五日,内盘分十二时为三百六十刻,无论日夜,能知某时某刻某星在某度,毫发不爽,令天星旋转,时刻运行,一望而知,是开千古以来未有之能事,诚精微之极至矣。其法日间开钟对定时刻,然后移星盘之节气,线与时针切,如立春第一日,则将时针切立春第一线。则得真正中星;如夜间开钟对定中星,然后移时针与星盘之节气线切,则得真正时刻。

【注释】

[1]彝器:古代宗庙常用的青铜祭器总称。如钟、鼎、尊、罍、俎、豆等。

[2]鲍照(约415—470):字明远,东海(今属江苏)人。长于诗,其七言诗对唐诗歌的发展起到重要作用。其《拟行路难·洛阳名工铸为金博山》:洛阳名工铸为金博山,千斫复万镂,上刻秦女携手仙。承君清夜之欢娱,列置帏里明烛前。外发龙鳞之丹彩,内含麝芬之紫烟。如今君心一朝异,对此长叹终百年。

[3]开皇:隋文帝杨坚年号,581—600年。按:言"梁",误。

[4]宣和:宋徽宗赵佶年号,1119—1125年。宣德:明宣宗朱瞻基年号,1426—1435年。

[5]铁券:即铁契。《蓉匊编·铁券》:台州民钱允一,有家藏吴越王镠唐赐铁券。洪武初,太祖欲封功臣,遣使取其式而损益之。其制如瓦,第为七等。公二等(一高尺,广一尺六寸五分;一高九寸五分,广一尺六寸),侯三等(一高九寸,广一尺五寸五分;一高八寸五分,广一尺五寸;一高八寸,广一尺四寸五分),伯二等(一高七寸五分,广一尺三寸五分;一高六寸五分,广一尺二寸五分)。外刻历履恩数之详,以记其功;中镌免罪减禄之数,以防其过。字嵌以金。凡九十七副,各分左右。左颁功臣,右藏内府。有故,则合以取信。

[6]书镇:压书、纸的文具。

[7]张鷟:生卒年不详,字文成,深州深泽(今属河北)人。生活于唐武则天至玄宗前期,以词章知名。鷟:音zhuó,凤属,多用以喻贤士。如意:武则天年号,692年。海州:今属江苏。

[8]倩工:谓雇工。倩:音qìng,请,央求。

装　　潢

装潢以本朝为第一,各省之中以苏工为第一。然而虽有好手,亦要取料净,运帚匀,用浆宿[1],工夫深,方称善也。乾隆中,高宗深于赏鉴,凡海内得宋、元、明人书画者,必使苏工装潢。其时海内收藏家有毕秋帆尚书、陈望之中丞、吴杜村观察为之提奖[2],故秦长年、徐名扬、张子元、戴汇昌诸工,皆名噪一时。今书画久不行,不过好事士大夫家略有所藏,亦不精究装法,故工于此者日渐日少矣。

【注释】

[1] 宿:隔夜的,久放的。

[2] 毕秋帆:即毕沅(1730—1797),字攘蘅,号秋帆,镇洋(今江苏太仓)人。因从沈德潜学于灵岩山,自号灵岩山人。乾隆二十五年(1760)进士,廷试第一,状元及第,授翰林院编修。乾隆五十年(1785)累官至河南巡抚,第二年擢湖广总督。嘉庆元年(1796)赏轻车都尉世袭。病逝后,赠太子太保,赐祭葬。死后二年,因案牵连,被抄家,革世职。毕沅主持编写的有《湖广通志》《史籍考》《续资治通鉴》等,著有《山海经校注》《灵岩山人文集》等。

陈望之:即陈淮(1723—1810),字望之,号药洲,河南商丘人。由选拔贡生捐纳知府。乾隆四十三年(1778)升安徽按察使。旋因在浙江盐驿道任内,为陈辉祖贪赎案欺饰徇隐,革职往河南河工效力赎罪。四十九年补授山东青州知府,后擢湖北布政使,累官都察院右副都御史领江西巡抚。

吴杜村:生卒年月不详,名绍浣,安徽歙县人。乾隆乙未(1775)、戊戌(1778)两科,与其兄绍烁同中进士,入翰林。绍浣精于赏鉴,所藏法书名画甚多。当时所页图籍书画,必经绍浣品题而后奏进。家有颜鲁公《竹山联句》、怀素小草《千文》、王摩诘《辋川图》、贯休《十八应真像》,皆世间稀有之宝。至宋、元、明人,其次焉者也。

雕　工

雕工随处有之,宁国、徽州、苏州最盛,亦最巧。乾隆中,高宗皇帝六次南巡,江、浙各处名胜俱造行宫,俱列陈设,所雕象牙紫檀花梨屏座[1],并铜磁玉器架垫,有龙凤、水云、汉纹、雷纹、洋花、洋莲之奇,至每件有费千百工者,自此雕工日益盛云。

乾隆初年,吴郡有杜士元,号为鬼工,能将橄榄核或桃核雕刻成舟,作东坡游赤壁,一方篷快船,两面窗槅,桅杆两,橹头稍篷及柁篙帆樯毕具,俱能移动。舟中坐三人,其巾袍而髯者为东坡先生,著禅衣冠坐而若对谈者为佛印,旁有手持洞箫启窗外望者则相从之客也。船头上有童子持扇烹茶,旁置一小盘,盘中安茶杯三盏。舟师三人,两坐一卧,细逾毛发。每成一舟,好事者争相购得,值白金五十两。然士元好酒,终年游宕[2],不肯轻易出手,惟贫困极时始能镂刻,如暖衣饱食,虽以千金,不能致也。高宗闻其名,召至启祥宫,赏赐金帛甚厚,辄以换酒。士元在禁垣中,终日闷闷,欲出不可。忽诈痴逸入圆明园,将园中紫竹伐一枝,去头尾而为洞箫,吹于一大松顶上。守卫者大惊,具以状奏。高宗曰:"想此人疯矣。"命出之。自此回吴,好饮如故。余幼时识一段翁者,犹及见之,为余详述如此。余尝见士元制一象牙臂搁[3],刻《十八罗汉渡海图》,数寸间有山海、树木、岛屿、波涛掀动翻天之势,真鬼工也。

【注释】

[1] 屏座:谓屏风、座椅。

[2] 游宕:放纵无检束。

[3] 臂搁:亦作"臂阁"。俗称手枕。用毛笔书写时用以搁置腕臂。

堆 假 山

堆假山者,国初以张南垣为最。康熙中则有石涛和尚[1],其后则仇好石、董道士、王天于、张国泰皆为妙手。近时有戈裕良者[2],常州人,其堆法尤胜于诸家,如仪征之朴园、如皋之文园、江宁之五松园、虎丘之一榭园,又孙古云家书厅前山子一座,皆其手笔。尝论狮子林石洞皆界以条石,不算名手,余诘之曰:"不用条石,易于倾颓奈何?"戈曰:"只将大小石钩带联络,如造环桥法,可以千年不坏。要如真山洞壑一般,然后方称能事。"余始服其言。至造亭台池馆,一切位置装修,亦其所长。

【注释】

[1] 石涛(1630—1724),本姓朱,名若极,小字阿长,明宗室靖江王赞仪之十世孙,原籍广西全州人。"清初四僧"之一。作画构图新奇。无论是黄山云烟、江南水墨,还是悬崖峭壁、枯树寒鸦,或平远、深远、高远之景,都力求布局新奇,意境翻新。他尤其善用"截取法",以特写之景传达深邃之境。其作品气势豪放郁勃,奔放不羁。

其叠石也自成一格。1961 年,园林专家陈从周发现并考证扬州片石山房的假山出自石涛之手,为现存唯一的石涛叠山手迹。片石山房在扬州城南花园巷,又名双槐园,园以湖石著称。园内假山结构别具一格,采用下屋上峰的处理手法。主峰堆叠在两间砖砌的"石屋"之上。有东西两条道通向石屋,西道跨越溪流,东道穿过山洞进入石屋。山体环抱水池,主峰峻峭苍劲,配峰在西南转折处,两峰之间连冈断堑,似续不续,有奔腾跳跃之势,颇得"山欲动而势长"的画理,也符合画山"左急右缓,切莫两翼"的布局原则,章法不俗,气度非凡。

[2] 戈裕良(1764—1830),字立三,江苏武进(今常州市)人。家境清寒,年少时即帮人造园叠山。好钻研,师造化,能融泰、华、衡、雁诸峰于胸中,所置假山,使人恍若登泰岱、履华岳,入山洞疑置身粤、桂;曾创"钩带法",使假山浑然一体,既逼肖真山,又可坚固千年不败,驰誉大江南北。苏州环秀山庄的湖石假山即是他的代表作之一。他以少量之石,在极有限的空间,把自然山水中的峰峦洞壑概括提炼,使之变化万端、崖峦耸翠、池水相映、深山幽壑、势若天成。有"咫尺山水,城市山林"之妙。现存的另一作品扬州小盘谷,则是峰危路险、苍岩探水、溪谷幽深、石径盘旋。

石林小院说

清·刘 恕

【提要】

本文选自《苏州历代名园记》(中国林业出版社 2004 年版)。

本是一篇记录庭院式园林的文字,为何要称"说"?

嘉庆十三年(1808)正月,刘恕所居的院子里又添一奇石,这块石头置放在院子乾位(西北)上,名独秀峰。这里早已虚位以待了。

刘恕是位奇石爱好者、呵护者。他所寻得的石头有湖石,有锦川石,其形状"高者仰,卑者承,夌者耸,寝者踞,捷者攫,磐者蹲,衰者陀,奔者秡,附者确,独者铦",千姿百态;将它们"垒之为冈,平之为磴,攲之为崖,驾之为峨,虚之为谷,以石之可以饰观也"。刘恕颇为自得地说:"余之石皆不期而聚,费十夫之力,不数日而散布成林。"院子的东南,"不宜于湖石,而宜于锦川石"。于是,就找到了"本圆而末锐,有拔地参天之势"的锦川石。

还不止此,刘恕于顽石有独特的体会:"石能侈我之观,亦能惕我之心。""介于石""他山之石,可以攻玉",甚至石中可以见"德"和"功",石之可鉴者可谓深且著。故而,刘恕于石"嶙峋者取其棱厉,矶碞者取其雄伟,崭截者取其卓特,透漏者取其空明,瘦削者取其坚劲。棱厉可以药靡,雄伟而卓特可以药懦,空明而坚劲可以药伪"。可谓是石尽其才,各安其所。所以,刘恕要为之"说"。

"若沾沾以五峰二石自夸而夸人,其智不又出牛李下耶。"刘恕自警道。

刘恕还政归里后,筑寒碧庄。该庄为东园旧址,废弃后,许多房屋已散为民居,惟湖石一峰(冠云峰)巍然独存。刘因其旧而扩之,更增地方,广建传经堂,藏先世图书于其中,嗣后又在堂东隙地筑石林小院、还读馆。寒碧庄西起卷石山房,东至石林小院,而冠云峰因位于石林小院东民居之中,刘恕始终没能把此峰纳入庄中。但园林经刘恕葺而新之,堂宇轩豁,廊庑周环,藏书有室,留宾有馆,岩洞奥而旷,池沼缭而曲。竹色清寒,波光澄碧,尤擅一园之胜。

刘恕素性爱石,因旧居在东山芙蓉峰下,即以蓉峰自号。修葺寒碧庄时,瑞云峰早已于乾隆四十四年(1779)移入织造府,而冠云峰尚在庄外。但他仍千方百计罗致奇石十二峰,按石之形态题名为奎宿、玉女、箬帽、青芝、累黍、一云、印月、猕猴、鸡冠、拂袖、仙掌、干霄,并请昆山王学浩作画,潘奕隽等人题诗。十二峰中除干霄峰为斧劈石外,其余峰石都是太湖石,一时传为美谈。刘恕觅得十二峰后,欣喜之余自刻闲章"寄傲一十二峰之间",又自号"一十二峰啸客"。这些印章至今还能在留园历代书法石刻上看到。

刘恕后来又在书馆庭院内散布了独秀、段锦、竟爽、迎辉、晚翠五峰及拂云、苍鳞二支石笋,称其地为"石林小院"。并作《石林小院说》《晚翠峰记》《干霄峰记》《芙蓉峰识》等。刘恕以石峰的棱角分明、挺拔与坚强喻为治疗软弱、怯懦与虚伪的良药,真是我国石文化中的一段精妙绝论。

嘉庆十二年冬仲之吉[1],因晚翠峰来归,筑书馆以宠异之,已记其事矣。越一月,有佣者禹期山人,告予曰:"采石数年,罕见其可,今得一峰甚奇,磊珂岈嶷[2],错落崔巍,体仰而有俯势,形砐而有灵意[3]"。谨辇至款余品题[4]。余为虚院之乾位位焉[5],故曰独秀峰。与晚翠若迎若拱,歧出以为胜。

又于废圃中得湖石数块,其较大而可以峰称者,一如屏如帆,如朝霞之起晴空,故曰段锦峰。

其小者,或如珪,或如璧,或如风荃之垂英[6],或如霜蕉之败叶,分位于窗前砌畔,墙根坡角,则峰不孤立,而石乃为林矣。

余惟湖石不一其状,高者仰,卑者承,爱者耸,寝者蹶,捷者攫,磐者蹲,衷者陀,奔者敔,附者确,独者铦[7]。垒之为冈,平之为磴,欹之为崖,驾之为峨,虚之为谷,以石之可以饰观也。好之者每岩搜薮剔[8],疲人力,劳心计而弗之惜。今余之石皆不期而聚,费十夫之力,不数日而散布成林。

院之南曰晚翠峰;东曰段锦峰;西北隅一峰当左,曰独秀;旁衬以片石,巉然屹然[9],不出跬步森森者,即在指顾间[10]。院之东南,绕以曲廊,有空院盈丈,不宜于湖石,而宜于锦川石。偶过葛甥家,见斧劈于草间,谓昔年有宦蜀者载归,今偃卧已廿余年。窥甥之意不甚爱惜,因易归。广不盈尺,长则丈余,本圆而末锐,有拔地参天之势。

十年前,顾处士赠余一石,高广仅乃其半,亦离奇可爱,特其名不雅,故以拂云、苍鳞易之,斧劈又名松皮,统称石笋。参差以位之,傍于槛之前,而出于檐之上。廊之前,碧梧修竹之下,旧卧二峰,向无名,今并而曰竞爽,曰迎辉。石与峰相杂而成林,虽不足尽石之状,备岩麓之幻,亦足以侈我观矣。

昔人云:谽谺嵽崒[11],莫如太湖。鄰皴驳牂[12],莫如锦川,余皆罗而列之。世有好石,如奇章、赞皇、海岳、坡仙、云林其人者,余且将以此傲之。虽然石能侈我之观,亦能惕我之心,《易》曰:介于石;《诗》曰:他山之石,可以攻玉。《易》言其德,《诗》言其功。余于石深有取焉。由是言之,嶙峋者取其棱厉[13],矶碏者取其雄伟[14],崭截者取其卓特[15],透漏者取其空明,瘦削者取其坚劲。棱厉可以药靡,雄伟而卓特可以药懦,空明而坚劲可以药伪。若沾沾以五峰二石自夸而夸人,其智不又出牛李下耶[16]!

因作石林小院记。岁在阏逢阉茂阳月维极赤奋若日在毕涒滩[17]。

【作者简介】

刘恕(1759—1816),字行之,号蓉峰,又号寒碧主人、花步散人,吴县(今江苏苏州)人。按例纳资,以道员身份入仕途,曾任广西右江兵备道,又先后代理柳州、庆远两府事,皆有政声。水土不服,引疾而归。归里后移家至苏州城西花步里,自筑寒碧庄,饶泉石花木之胜,意匠经营,擅胜吴下。搜罗奇峰怪石为寒碧庄十二峰,平时无声色之好,惟性嗜花石,著有《牡丹新谱》《茶花说》《石供说》,又喜藏书法名画,仿《清河书画舫》之例,集成十卷,曰《挂漏编》。又集古今石刻,环所居壁间,朝夕相对以自娱。现在留园的380多方书条石,绝大多数是刘收集的。

【注释】

[1]嘉庆十二年:1807年。

[2]磊珂:形容石头节多孔漏。岞崿:音 zuò è,山势高峻貌。

[3]硊:音 wěi,石头。

[4]莘至:送达。款:犹请。品题:定其高下。

[5]乾位:乾卦所象征的方位,即西北方。

[6]风荃:指风中的香草。

[7]爱:平缓。攫:音 jué,抓取。衷:中正,端正。陀:斜倚。敔:音 jiǎo,系连。确:坚固,

固定。铦:音 xiān,尖而锐利。

[8] 岩搜薮剔:谓穷搜尽索。

[9] 巉然:高峭陡削貌。

[10] 指顾:一指一瞥之间。形容时间的短暂、迅速。

[11] 谽谺:音 hān xiā,山石险峻貌。嶙崒:音 qiú zú,高峻貌。

[12] 粼皴:谓石剔透褶绉。驳荦:文采间杂,斑驳。

[13] 棱厉:犹凌厉。

[14] 矹硉:音 wù lù,山石突出貌。

[15] 崭截:形容山势陡峭直立。

[16] 牛李:指唐牛僧儒、李德裕。二人均酷爱奇石。李德裕修平泉山庄,"广采天下珍木怪石为园池之玩"(《渔阳公石谱》);牛僧儒对奇石更是"待之如宾友,视之如贤哲,重之如宝玉,爱之如儿孙"(《太湖石记》),挚友白居易与他品石论文,专为他写了《太湖石记》。

[17] 圉:常作"强圉"。天干第四位"丁"的别称。嘉庆十二年为丁卯年。单阏:卯年。维极:此犹年底。赤奋若:古代岁阴(太阴)纪年法所用名称,谓太岁在丑,岁星在寅的年份为"赤奋若"。涒滩:(太岁)在申曰涒滩。合称,即丁卯年十二月寅日。

重浚泉州府城八卦沟记

清·王绍兰

【提要】

本文选自《许郑学庐存稿》(1939 年缩影印道光二十九年刻本)。

八卦沟是泉州老城区排水系统。唐以来泉州府的子城、罗城遗留的濠沟、池塘,经过宋元时期逐渐连接而成系统的排水渠道,大小沟渠遍布城区。

明万历《泉州府志》云:"罗城、子城内外濠沟,如人之一身,血脉流灌,通则俱通,滞则俱滞。"其大动脉即八卦沟大濠。"唐文宗太和中(827—835),刺史赵棨于郡城东南开天水淮以肥沃南洋之田"(同上引),时城内有濠沟 5 条,与城外护城濠相通。外濠广深丈余,把城东南的积水引来灌溉农田,取得城内排水和城外肥田的双重效益。唐哀宗天祐三年(906),王审知营建泉州子城,在城内开排水沟,全长 8 253 尺(唐时一尺约合今 30.7 厘米),分主沟 11 条,支沟 5 条,以及许多分沟,构成明沟暗渠交错的排水网,奠定了日后城内排水系统的基础。

五代以来,随着城区的拓展,排水沟历代迭有扩建和疏浚,尤其是明孝宗弘治十一年(1498),御史张敏主持的一次大规模疏浚,按古代伏羲八卦与方位相配学说,为东离、西坎、南乾、北坤、东南兑、西北艮、东北震、西南巽,将城内排水沟系统,按方位分别用相应的八卦瓶放置,故民间亦称其为八卦沟。史载八卦沟"深阔可通舟楫",而且沟道"萦回曲直,景色秀丽,殊增郡城之胜"(道光《晋江县志》)。

泉州八卦沟有规模宏大、布局合理、沟池配合等特点:

八卦沟规模宏大。唐代以来,泉州城有护城河、外濠 7 条,城内河支沟(今称"八卦沟")5 条,构成了密如蛛网的排水、交通系统。古城内外,大小桥梁不下百座。《晋江县志》载:"子城有内沟外濠,罗城又有内沟外濠,重重环绕。一以限戎马,一以利转运,一以通宣泄,深沟高垒,巩固吾围。"主沟、支沟总长达 9 500 米。至八卦沟大濠两岸,皆叠砌宋代建筑风格的筏形堰岸,能承载、负重,此种堰岸虽年代久远仍不变形不坍塌。而且,八卦沟不论主沟、支沟,都有足够大的截面积,满足容纳与过水之需。

八卦沟布局合理。八卦沟其实呈"金交椅"形状,因为泉州城外属清源山南坡直至晋江沿岸,属于清源山余脉地,北高南低。从泉山分别向西南、东南延伸的冈陵坡崎,三面高地刚好形成一个交椅背状或簸箕状,雅称"金交椅"形。因此,高地陡坡处大多无沟,八卦沟的分布有四个区域:城中心区("交椅"内)、东北区("交椅"背外)、西北区("交椅"背外)以及大八卦沟以南至溪边的南区("交椅"前)。城内中心区集流面积最大,共有谯楼内沟、东沟、南街右沟、西沟、水尾流沟等五大支沟,规模最大,走向也比较复杂,总体虽是自北而南,但亦有转折相连。四区因受地势影响,互不通联,但各支沟都有出水口,汇入外城濠,最终导入晋江出海,形成一套完整的排水系统。

三是沟池配合。古代泉州,还在城内外配置一些池塘,有的是原来低洼停水的天然池塘,有的是人工开凿的,以容纳积水、辅助排泄。清乾隆《泉州府志》载,当时城内较大的池塘有 11 处。城内中心有百源川池及与之相连的放生池;稍东有凤池;肃清门外南有唐天宝六年(747)设的放生池,周长达 4 里;南宋庆元六年(1200),太守刘颖募工浚东湖时辟的放生池;还有镇西池、洗马池、何厝池、杜厝池、蔡厝池、蕃佛寺池等。较大的寺庙内也都凿池,如开元寺、承天寺、府学、明伦堂等。其他中小池塘不下二三十个。这些大小池塘,平日可以容纳雨水,又可供浇菜、洗涤之用;大雨满溢,则通过明沟暗渠导入八卦沟支沟,或出水关排入外濠。

四是利用环城的护城濠排水。泉州城的七个城门:仁风门(东门)、义成门(西门)、德济门(南门)、朝天门(北门)、通淮门(涂门)、临漳门(新门)、通淮门(水门),都各有水关与护城濠通连。整个泉州城周围,工整地环绕着护城濠(俗称"湖岸"),西南边则巧妙地利用天然破腹沟做"护城壕"。城内各区八卦沟的主沟、支沟泄出的水,亦因地势不同导引,经各城门的水关注入外城濠。这样,护城濠通过接纳城内的排水,发挥水利工程的作用,一举两得。

八卦沟发挥作用到如今,与历代的疏浚密不可分。北宋治平三年(1066)夏,大雨倾盆,"通淮壕塞水无所泄,坏民屋数千百家"(万历《重修泉州府志》)。越明年,郡守丁竦就"穴城为门",把积水排出城外,引入晋江,并把它建成一条可"纳潮汐"的沟道。南宋嘉定年间,郡守真德秀又命五厢居民,开浚官沟五千二十九丈,明沟三千丈。到了明嘉靖三十二年(1553),知府童汉臣又浚内外沟河,使之通江潮,船可以开到府学前。隆庆二年(1568),知府万浚又大加疏浚,并在临漳、通津、迎春三个水门设置可供启闭板闸,"设夫看守,听小舟往来"。以后又在城内"聚石级,置小舟,以便民间转运"。

清乾隆年间的八卦沟疏浚,中途停止。嘉庆七年(1802),泉州新知府王绍兰又一次疏浚,"总计大小支沟长九千七百八十二丈",内外之水出入自如,"涤其秽矣""钟其美矣",八卦沟复又"吐故纳新,血气和平,肤革充盈"矣。

流水之为物也，犹人身之脉络也，通畅则安，邕滞则疾。川泽导夏，不闻昏垫之咨[1]；汾浍宣晋[2]，相传流恶之美；所以时潴泄、杜灾祲也[3]。

泉州地滨大海，潮汐常通。绍兰通判马家巷时，因公入郡，每值淫霖骇涨[4]，洼下之地，褰裳见讴[5]，圭窦之家[6]，沉灶告叹[7]。民不适有居，湫底生疾，狱讼繁兴，人文衰乖[8]，地治繁难。

因召故老，讯之文学，佥曰："是外水不入，而内水不出也。疏原道滞[9]，钟水丰物，其浚八卦沟乎？"问其义何取乎尔，则对曰："旧以八卦瓶埋于沟之方维[10]，由是得名。宋淳熙、嘉定间[11]，太守林公、真公先后浚之。明弘治十一年[12]，御史张公重加疏瀹[13]，掘地得巽瓶。其流分五道，曲折入府学池，泉之风会[14]，蒸蒸日上，修废无常，通塞亦异。乾隆初年，前守许公日炽、王公廷诤倡浚未果[15]。岁月既久，洴出不流[16]，夹沟之民，架屋而处，迄今不治，恐遂废。"绍兰曰："诺。"

嘉庆七年[17]，蒙恩擢泉州守。到官之日，宣教化，布恩信，与民休息。治稍有成，乃属故老文学，告之曰："其浚八卦沟乎？"佥曰："浚哉！"遂与晋江令析津徐君汝澜考志乘，议酾鬄[18]，仿西山先生弛民房租故事[19]，今荐绅主之[20]，约言曰："一钱出入，不假吏手，豪猾阻挠[21]，官治之。"佥曰："诺。"畚挶既兴[22]，士民大和会，始于八年×月，迄明年×月，沟成。总计大小支沟长九千七百八十二丈，縻制钱一万六千贯有奇。城内之水，由通淮门贯外濠达海。海之潮，复由通淮南熏，及临漳之潮，皆由濠达城，而汇于学池。

泉之人举欣欣然有喜色，踵门而告曰："外水入矣，钟其美矣[23]，内水出矣，涤其秽矣。譬如人身呼吸以时，吐故纳新，血气和平，肤革充盈[24]。自是厥后，阛阓土著之民[25]，熙熙于室；行李往来之客，坦坦于途。八卦成列，三时不害，人无重膇[26]，户不产蛙；其利一也。逐末者流，水则资舟，揾椟待盈[27]，儋何永逸[28]，五都致货[29]，容刀可通[30]，三倍化居[31]，抱布径渡，转输既便，欢声载腾，其利二也。横舍璧池，泉开流纳，钟鼓渊渊[32]，衣冠济济。水深土厚，河润之益无穷；原远流长，海涵之势方大；蒸为霖雨，会作朝宗[33]，其利三也。一举而三善备，敢以告，盍记诸。"绍兰曰："诺。"

是役也，工繁而费巨。邦人之醵钱[34]，众君子之董役，无有远迩，不辞劳谢[35]。时徐令署厦门同知，倡捐俸钱，厦门富商大贾好义者，竞劝绩用[36]，有成义得，备书以诒来哲[37]。

【作者简介】

王绍兰(1760—1835)，字畹馨，号南陔，自号思维居士，浙江萧山人。乾隆五十八年(1793)进士。清嘉庆二年至六年，任闽县知县兼海防同知，以功升任泉州府知府、福建按察使、福建布政使、福建巡抚。因参与诬福建布政使李赓芸事，被革职，返里。

【注释】

[1] 昏垫：陷溺。

[2] 汾浍：汾水与浍水。均在山西。《左传·成公六年》："不如新田，土厚水深，居之不

疾,有汾浍以流其恶,且民从教,十世之利也。"

[3] 潴泄:蓄水和放水。灾祲:犹灾异。

[4] 淫霖:大雨。

[5] 褰裳:撩起下裳。讴:歌。此指叫喊。

[6] 圭窦:形状如圭的墙洞。亦借指微贱之家的门户。

[7] 沉灶:"沉灶产蛙"的缩语。意为灶没于水中,产生青蛙。形容水患之甚。典出《国语》。

[8] 衰乖:衰落不顺。

[9] 疏原道滞:疑为"疏川导滞"。《国语·周语下》:"(禹治水)高高下下,疏川导滞,钟水丰物,封崇九山,决汩九川。"句谓疏通原水道,导出滞留的水,引水归流,丰助万物。

[10] 方维:犹方位。

[11] 淳熙:南宋孝宗年号,1174—1189 年。嘉定:南宋宁宗年号,1208—1224 年。

[12] 弘治十一年:1498 年。

[13] 疏瀹:疏浚,疏通。瀹:音 yuè。

[14] 风会:风气,时尚。

[15] 许日炽:字鲁常,海阳(今属烟台)人。为人重气节,有经世济民之才。以老乞休,归家时囊中萧然。王廷诤:字紫泉,全椒(今属安徽)人。乾隆四年(1739)为泉州知府。

[16] 汧:音 qiān,《尔雅·释水》:汧出不流。注:水泉潜出,自停为汧池也。又水决之泽为汧。

[17] 嘉庆七年:1802 年。

[18] 酾鬑:音 shī tì。疏导治理。鬑,治也。

[19] 西山先生:即真德秀(1178—1235),字景元,号西山,浦城(今属福建)人。南宋大臣、学者。为两宋期间"浦城七宰相"中最负盛名者。嘉定十年(1217),他出任泉州知州,严禁苛捐杂税,严处贪官污吏,修固海防,百氏得以安居。绍定年间(1228—1233),再任泉州知州,百姓大悦。万历《泉州府志》载:嘉定间,守真德秀命五厢居民开浚,打通官沟共五千二十有九丈、民沟三千丈。凡沟在官地者官任之,在民内屋者自浚。虽民居、寝室、庖溷,搜剔不留,仍弛(不收)民房租而惩其不率(不服从)者。

[20] 荐绅:缙绅。指地方上德高望重的人。

[21] 豪猾:强横狡诈不守法纪的人。

[22] 畚挶:盛土器。挶:音 jǔ。

[23] 钟美:集美。

[24] 肤革:皮肤的表里,肌肤。

[25] 阛廛:市井街坊。

[26] 重腿:腿脚肿胀。腿:音 zhuì,脚肿。

[27] 揾椟:谓持匣。揾:音 wén。

[28] 儋:音 dān,同"担"。肩挑。

[29] 五都:指繁盛的都会。

[30] 容刀:谓小船。

[31] 化居:谓居货为贾。化,古"货"字。

[32] 渊渊:鼓声。亦泛用作象声词。

[33] 朝宗:喻指山水流注大水。

[34] 醵:音 jù,众人凑钱。

[35]劳讟:辛苦怨谤。讟:音 dú,诽谤,怨言。

[36]绩用:犹功用。

[37]谂:音 shěn,规谏,劝告。

书山东河工事

清·张惠言

【提要】

本文选自《茗柯文三编》(清光绪七年刻本)。

黄河历来为中华民族的心腹大患,本文记录的就是山东巡抚伊江阿、江湖术士王树勋——一个颟顸佞佛,一个"以佛家言耸惑巡抚,出则招纳权贿"——草菅人命的事。

嘉庆二年(1797)黄河决口山东,二人一个装神弄鬼镇孽龙,一个不顾水势越来越大,命令下扫,"众皆谏,不许,扫下,数百人皆死。居数日,王先生又至,投铁者又三,扫又下,死者又数百人,堤卒不合"。

清代前期,康熙帝六次南巡,亲自督理河工,治河专家靳辅等积极筹划,综合治理,不仅考虑到蓄黄济运的根本之策,且对"以清敌黄",防止黄水倒灌,保持黄、淮水势均衡等作了周密的安排和切实的整治,虽然还没有完全达到康熙皇帝设想的"务为一劳永逸之计",但河漕面貌确实已大有改观,河患也日渐减少。乾隆统治期间,也曾六度南巡,但他动用数千百万帑币,修的是海宁石塘工程,对日趋严重的河漕之患并未投入太多的精力。当时黄河在江南、河南紧要处漫口达 20 次之多,而乾隆却始终未亲历其地,相度形势,进行妥善的整治。特别是和珅秉权后,出任河督者大多出自和珅门下,河督一职成为肥缺,甚至是先纳贿才有可能获得委任。河督盯着的是一笔笔河工巨款,对治河能否取得成效全不在意,他们甚至乐闻水患,因为水患后的堵缺就意味着中饱私囊的机会来了。因此,乾隆时河防日坏,河患益烈,这是乾隆留给嘉庆帝一个难题。

嘉庆时期,黄河依然不断决口,嘉庆帝除了选派治河行家,并将治河与吏治、漕运、民生、赈灾等方面综合起来考虑,并且开始用惩罚手段整饬乾隆以来河工的积弊,以提高治河的功效。可惜态度还不够坚决,措施也不够果断,因而实效也打了折扣。嘉庆八年(1803)九月十三日,河决豫省封丘衡家楼,嘉庆采取了特急措施,委派吏部尚书刘权之、兵部右侍郎那彦成驰赴河南勘办,于一切有关溜势、抢筑、堵口、灾情以及蠲赈的奏报,均破例许以五百里奏闻(参见《清仁宗实录》卷一一二一),亲自部署抢修,"宵旰系怀,无时或释",君臣齐心协力,终于堵口成功。

为何黄河经常决口,且决后不易堵口?原因就在各级官员的"贪财",黄河决口其实是其索求银子的幌子,嘉庆等"安民"的出发点早被其抛之脑后。此文是当时治河情形的忠实记录。

嘉庆二年,河决曹州,山东巡抚伊江阿临塞之[1]。

伊江阿好佛,其客王先生者,故僧也,曰明心,聚徒京师之广慧寺,诖误士大夫[2],有司杖而逐之,蓄发养妻子,伊江阿师事之谨。王先生入则以佛家言耸惑巡抚[3],出则招纳权赂,倾动州县。官吏之奔走巡抚者,争事王先生。河工调发薪刍夫役之官[4],非王先生言不用也。不称意,张目曰:"奴敢尔!吾撤汝矣!"其横如此。内阁侍读学士蒋予蒲,王先生广慧寺之徒也,以母忧去官,游于山东,伊江阿延之幕中,相得甚,奏请留视河工,有旨许之。

巡抚择良日,筑坛于公馆之左,僧、道士绕坛诵经者数十人。巡抚日再至,蒋学士、王先生从,及坛,蒋学士北面拜,巡抚亦北面拜;王先生冠毗卢冠[5],加沙偏祖[6],升坛坐,学士、巡抚立坛下,诵经毕,乃去。如是者数月,河屡塞辄复决。

其明年正月,王先生曰:"堤所以不固,是其下有孽龙,吾以法镇之,某日当合龙,速具扫!"[7]巡抚曰:"诺!"先期一日,扫具,役夫数百人维扫以须。巡抚至,王先生佛衣冠,手铁长数寸,临决处,呗音诵经咒良久,投铁于河,又诵又投,三投,举手贺曰:"龙镇矣!"巡抚合掌曰:"如先生言。"明日,水大甚,巡抚命下扫,众皆谏,不许。扫下,数百人皆死。居数日,王先生又至,投铁者又三,扫又下,死者又数百人,堤卒不合。

张惠言曰:"余居江地,辄闻山东河工事,未审;及来京师,杂询之,多目击者。呜呼!佛氏之中人,至此极哉!书其事,使来者有所儆焉!"[8]

王先生既蓄发,名树勋,以资入,待选通判[9]。本扬州人,或曰常州之宜兴人。当其为僧时,故有妻子也。僧号嘿然,嘿然者,亦其未为僧时号。伊江阿谪戍伊犁,王先生送之戍所。闻其将归谒选云[10]。

【作者简介】

张惠言(1761—1802),原名一鸣,字皋文,江苏武进(今常州)人,少受《易》,即通大义。嘉庆四年(1799)进士,改庶吉士,充实录馆纂修官。六年,改翰林院编修。卒于官。有《茗柯文编》《茗柯词》等。

【注释】

[1]嘉庆二年:1797 年。曹州:约当今山东菏泽地区。伊江阿:满族人。嘉庆元年(1796)六月任山东巡抚。

[2]诖误:贻误。诖:音 guà,欺骗。

[3]耸惑:怂恿迷惑。

[4]薪刍:柴草。

[5]毗卢冠:有毗卢佛小像的帽子。

[6]加沙:即袈裟。

[7]扫:指用枝条碎石砂土装成的堵口料块。

[8]儆:警戒。

[9]通判:官名。在知府下掌管粮运、稼田、水利和诉讼等。

[10]谒选:官吏赴吏部应选。

个 园 记

清·刘凤浩

【提要】

本文选自《园综》(同济大学出版社 2004 年版)。

个园在扬州古城北隅的运河边。以竹、石取胜的个园为中国四大名园之一。

"个园者,本'寿芝园'旧址"。由明入清的寿芝园,屡经转手,至清康熙、乾隆年间归两淮盐商马氏兄弟所有,成了著名的街南书屋或小玲珑山馆。清嘉庆二十三年(1818),两淮盐商黄至筠购得小玲珑山馆,并且在原来的基础上进行整修和重建。修缮一新的园林,回廊更加精美,楼宇更加宽敞,山水更加明秀,花木更加葱茏。黄至筠把这座园林命名为"个园"。

为何取名"个"?黄至筠性爱竹,《扬州画苑录》说他"素工绘事,有石刻山水花卉折扇面十数个,深得王(翚)、恽(寿平)旨趣"。以"个"名园,也是取了竹字的半边,庭园里各色竹子,其顶部每三片竹叶都"写"成了一"个"字,其投映在白墙上的影子也是片片"个"字。

个园两大特色,首先是竹。现在的个园有竹 9 属 60 余种,数量过万株,高竿临风,修篁弄影,一派蓬蓬勃勃、苍苍翠翠,浸染其中,你我都化作了一竿翠节,融在了这青翠碧绿的绿海之中。个园中的竹从观赏角度可分为观竿和观叶两大类型。观竿类中,又有形与色的分别。像龟甲竹、方竹、螺节竹、佛肚竹、罗汉竹、辣韭矢竹、高节竹等是欣赏其竿形的不同寻常;而紫竹、黄皮刚竹、黄槽刚竹、小琴丝竹、黄金间碧玉竹、金镶玉竹、花毛竹、金明竹、黄皮乌哺鸡竹、花竿哺鸡竹、斑竹、茶竿竹、紫蒲头石竹等则是欣赏竿色。观叶类中,有宽叶形的箬竹、狭长叶形的大明竹和叶面有各种色彩条纹的菲白竹、铺地竹、黄条金刚竹等。此外,晏竹、芽竹、苦竹、红竹、唐竹、鹅毛竹、平竹、斑苦竹等等散生品种,也可在园内找到身影。刘凤浩说:"主人性爱竹。盖以竹本固,君子见其本,则思树德之先沃其根;竹心虚,君子观其心,则思应用之务宏其量。至夫体直而节贞,则立身砥行之攸系者,实大且远。岂独冬青夏彩,玉润碧鲜,著斯州筱荡之美云尔哉!"

再者是石。分峰造石是扬州叠石的一大特色,个园是其代表。据陈从周先生考证,个园叠石出自石涛手笔,他一生多游历名山大川,"搜尽奇峰打草稿",使之在个园设计中取材自然,却又敢破常格,因而以四季假山汇于一园的独特叠石艺术闻名遐迩。

未入园门,只见修石依门,筱竹劲挺,两旁花台上石笋如春笋破土,缕缕阳光把稀疏竹影映射在园门的墙上,形成"个"字形的花纹图案,烘托着园门正中的"个园"匾额,微风乍起,枝叶摇曳,只见墙上"个"字形的花饰不断移动变换,"月映竹成千个字"(袁枚)——"活了"!

过春景,映入眼帘的是夏山,山全用太湖石叠成,秀石剔透,夭娇玲珑。步入曲桥,两旁奇石有的如玉鹤独立,形态自若;有的似犀牛望月,憨态可掬。抬头看,谷口上飞石外挑,恰如喜雀登梅,笑迎远客;放眼望,山顶上群猴戏闹,乐不可支。佳景俏石,目不暇接,大有可观。过曲桥入洞谷,洞谷如屋,深邃幽静,左登右攀,境界各殊。人行其间,绿影丛丛,浓荫披洒,眉须皆碧了。

秋山最富画意,山由悬崖峭壁的安徽黄石堆就,其石有的颜色赭黄,有的赤红如染,其势如刀劈斧削,险峻摩空,山隙间丹枫斜伸,曲干虬枝与嶙峋山势浑然天成;山顶翼然飞亭,登峰远眺,群峰低昂脚下,烟岚飘隐其中,虽是咫尺之图却有千山万壑的磅礴气势。

秋景,个园则以黄山石的粗犷豪放、刀砍斧削来表现雄伟阔大。一具北方山岭之雄,一兼南方山水之秀,峻美、秀美风格迥异,却又在咫尺之内巧以楼前立体长廊相连,浑然一体而不突兀,极富画意诗情。

从黄石东峰步石而下,过"透风漏月"厅,是用宣石堆起的冬景。宣石中含有石英,迎光闪闪发亮,背光皑皑露白,无论近看远观,假山上似覆盖一层未消的残雪,散发着逼人的寒气。更加上,山畔池旁,冬梅腊枝,疏影横斜,暗香浮动,"霜高梅孕一身花"(袁枚),个园真是"春夏秋冬山光异趣,风晴雨露竹影多姿"。

个园通过"挑、飘、挂、空"叠石技法出神入化的运用,构成四季假山;更可贵者,春夏秋冬之景都不是孤立的个体,而是有机连续、浑然天成。看冬景,虽给人以积雪未消的凛冽之感,但靠春景的西墙却开了两个圆形漏窗,枝枝翠竹过墙来,人们立刻有了"严冬过尽绽春蕾"之感。概而言之,个园图景犹如一幅巨大的画卷,路随景转,景随路换,叠山之外,园中又因势散散落落布置厅馆楼台、石桥小院,配上对联匾额,更有鸟啭莺啼、蜂舞蝶恋,一幅春意盎然、生机勃勃的人间胜景图。正所谓"春山艳冶而如笑,夏山苍翠而如滴,秋山明净而如妆,冬山惨淡而如睡",表达出"春山宜游,夏山宜看,秋山宜登,冬山宜居"的诗情画意。个园旨趣新颖,结构严密,是中国园林的孤例,也是扬州最富盛名的园景之一。

如果说竹是个园的灵魂、性情,石则是个园的骨骼、气魄。石垒的山,石嵌的门,石铺的路,石伴池水壮,石衬青竹秀,石抱参天古树,石拥亭台小楼……石成了个园的主体结构,其叠石手法已远远超出"皱、漏、透、瘦"的境界层次,当之无愧地成为我国叠石艺术的一个难以逾越的高峰。

1988年,个园被国务院授予第三批全国重点文物保护单位。

广陵甲第园林之盛,名冠东南,士大夫席其先泽[1],家治一区,四时花木,容与文宴周旋[2],莫不取适乎其中。仁宅礼门之道,何坦乎其无不自得也。

个园者,本寿芝园旧址,主人辟而新之,堂皇翼翼,曲廊邃宇,周以虚槛,敞以层楼,叠石为小山,通泉为平池,绿萝袅烟而依回,嘉树翳晴而荟匋[3],闾爽深靓[4],各极其致,以其目营心构之所得,不出户而壶天自春[5],尘马皆息[6],于是娱情陕养[7],授经庭过[8],暇肃宾客,幽赏与共,雍雍蔼蔼[9],善气积而和风迎焉。

主人性爱竹,盖以竹本固,君子见其本,则思树德之先沃其根;竹心虚,君子观其心,则思应用之务宏其量;至夫体直而节贞,则立身砥行之攸系者,实大且远[10]。岂独冬青夏彩,玉润碧鲜,著斯州筱荡之美云尔哉[11]?主人爱称曰:个园。

园之中,珍卉丛生,随候异色,物象意趣,远胜于子山所云:"欹侧八九丈,从斜数十步,榆柳两三行,梨桃百余树"者[12]。主人好其所好,乐其所乐。出其才华,以与时济;顺其燕息,以获身润;厚其基福,以逮室家孙子之悠久,咸宜。吾将为君咏乐彼之园矣。

嘉庆戊寅中秋[13],刘凤浩记。

【作者简介】

刘凤浩(1761—1830),字承牧,号金门,江西萍乡人。乾隆五十四年(1789)中进士,入仕途为翰林编修、侍读学士,官至吏部右侍郎。后来因事罢官,发配新疆,回京后仍降职为编修。刘凤浩擅长诗文,在扬州期间,他与盐商黄至筠、两淮盐运使曾燠等有诗歌唱和。有《存悔斋集》传世。

【注释】

[1]席:凭借,倚仗。

[2]容与:从容闲适貌。文宴:亦作"文燕",赋诗论文的宴会。

[3]蓊匌:音 wěng gé,弥漫,充塞。

[4]闿爽:开阔明朗。深靓:深邃宁静。

[5]壶天:谓仙境,胜境。《后汉书》载:东汉费长房为市掾时,市中有老翁卖药,悬一壶于肆头,市罢,跳入壶中。长房楼上见之,次日与之俱入壶中,唯见玉堂严丽,旨酒甘肴盈衍其中,共饮毕而出。

[6]尘马:谓凡事俗务。

[7]陔养:谓相戒以孝养。语出《诗·南陔序》:《南陔》,孝子相戒以养也。

[8]庭过:谓承受父训。典出《论语·季氏》:鲤趋过庭,曰:"学《诗》乎?"对曰:"未也。""不学《诗》,无以言。"鲤退而学《诗》。

[9]雍雍蔼蔼:祥和睦煦貌。

[10]攸:所。

[11]筱荡:谓小竹大竹。荡:通"簜",大竹。

[12]子山:庾信(513—581),字子山。所引数句出其《小园赋》。

[13]嘉庆戊寅:1797 年。

重修五洞桥碑记

清·李兆洛

【提要】

本文选自《养一斋文集》卷九(清光绪四年重刻本)。

五洞桥,位于今江苏常州寨桥镇夏坊村运河连接滆湖的入口处,为常州和宜兴的界桥。该河段是由三座拱桥连接在一起的,一座五孔拱桥,两座现代的拱桥。三桥分别跨锡溧漕河、武宜运河与武进-宜兴界河,处于三河的交叉口。

五洞桥建于明成化年间(1465—1487),由当地百姓集资修建。明万历、清雍正中两次圮颓,均由乡民集资复建。道光十六年(1836),历经百余年的桥由欹斜侧歪,终而颓断。还是由乡民捐资重建,堤坝与桥梁并建。历经五个多月,堤与桥均告建成。"靡钱以缗计者五千二百而赢,工以日计者十有三旬"。

这次重修的五洞桥为花岗岩石桥,由五环洞连接构成桥体。现场勘测,全长22米、高3.7米,纵联分节并列式砌法;主桥洞跨度5.3米,其余桥洞分别为4米和2.9米。桥面平坦,中部两侧各有石雕龙头两只,现各存其一。桥旁原有作者撰书的《重修五洞桥碑记》,碑现易置武进区博物馆内。五百年来,点点帆影,舟楫渔歌,与五洞桥相映成趣。

古桥由两县共管,直至今日,可说是两县百姓合力治水办交通的典范。可惜,随着武、宜两地的交通越来越便捷,五洞桥上的行人越来越稀少,如今古桥已是杂草丛生、栏柱残破,荒桥皱水落斜阳,但其古老的身影却吸引了一波又一波嗜古者的身影。

桥跨滆湖入运河处,水占地宽,辟水门五,土人谓孔为洞,故名焉。宜兴、阳湖两邑之界分以桥,滨运河为牵挽路[1],宜兴、荆溪、溧阳漕皆汇,又资以蓄泄,为水利干。桥始明成化间,两邑民募建之。万历中坏,则宜兴之高城人陈道独修之。国朝雍正十一年复圮,钟溪人王怀岳谒邑令捐廉以倡[2],复旁募以集事。迄今又百余年,桥渐欹侧[3],道光十六年八月望,竟中断。因暂设津渡通往来,行旅苦之。两邑吁其令,令谒诸郡侯劝谕众捐,钟溪司孙君翊庭首捐俸以倡,远近响应。诹吉是年十一月十三日筑坝戽水[4],为施功始。坝之在外者长二十一丈,广三丈;在内者长十八丈,广一丈八尺。阅七日坝成,即以二十四日为造桥施工之始。会是岁祁寒[5],十二月朔冻,洹经旬,行者舍川而陆,乘车策蹇[6],昼夜奔辏[7],咸以为便。

缘桥之堤南北凡三百余丈,滨湖卑下,涉夏湖水侵之,泛滥失涯涘。乾隆间始募建石堤,高而广之,工甚巨,十年乃讫,事详旧碑。亦岁久多圮坏,以治桥余力悉整理焉。抡材必良[8],选匠必能,趋役必勤以均,至十七年五月五日而功成,所靡泉以缗计者五千二百而赢,工以日计者十有三旬而已。

夫除道成梁,政所急也。乐事劝功,民之谊也。量日赋丈,不愆于素[9],揆事之善者也[10]。费巨而省,程敏而办[11],岂踵事者固易为力哉?司事者谒予曰:我图前人功,不敢不蕫,不敢不笃[12],图之艰,益思永其后,愿有记也。余曰:善。为书司事者姓氏于碑,其劝输者差其资之多寡备书焉,为维此者轨范[13]。

【作者简介】

李兆洛(1769—1841),字申耆,晚号养一老人,江苏阳湖(今属常州市)人。嘉庆十年(1805)进士,选庶吉士,充武英殿协修,改凤台知县。后主讲江阴暨阳书院达20年。精舆地、考据、训诂之学。有《养一斋文集》等。

【注释】

[1] 牵挽:牵拉。指拉物。

[2] 捐廉:旧谓官吏捐献正俸之外的养廉银。

[3] 欹侧:倾斜,歪斜。

[4] 诹吉:商订吉日。诹:音 zōu,在一起商量、咨询。戽水:汲水灌田。

[5] 祁寒:严寒。

[6] 蹇:驽马,亦指驴。

[7] 奔辏:谓奔跑而聚集。指远方趋附之士。

[8] 抡材:挑选材料。

[9] 不愆:谓不错过(竣工)日期。

[10] 揆事:管理事务,掌管事务。

[11] 程敏:谓按规行事且行动迅速。

[12] 讙:音 huān,同"欢"。

[13] 轨范:法则,模范。

郭君传(节选)

清·包世臣

【提要】

本文选自《中衢一勺》(道光丙午活字本)。

郭大昌(1741—1815),字禹修,江苏淮安人。乾隆二十二年(1757),他 16 岁时,曾在江南河库道任贴书(帮写),短短三年的时间内,就熟悉了"工程销算、正杂、料作、收支之法",并且"过于其师"。在十多年的治河实践中,生长于水乡的郭大昌摸爬滚打,积累了丰富的治水经验,"尤明于水性衰旺,能以意知其溜势所直",对黄河水性及流向趋势了如指掌,对治黄方案见解精辟,精通埽坝工程,尤精于堵塞决口,经常为民工们在治河方面出谋划策、指点迷津,巧妙地使用他独创的施工技术。时人称之为"老坝工"。

乾隆三十九年(1774)八月,黄河决清江浦(今江苏淮安)老坝口,口门一夜之间"塌宽至百二十五丈,跌塘深五丈,全黄入运","滨运之淮、扬、高、宝四城官民皆乘屋",形势十分严重。当时江南河道总督吴嗣爵"恇惧无所措",不得不请郭大昌来帮助堵口。原计划堵口需银 50 万两,50 天完成。但深谙口门情况的郭大昌说:"我来堵口,工期可缩至 20 天,工款可减至 10 万两左右。"但要求施工期间,只需官方派文武汛官各一人,维持工地秩序,料物钱粮由其负责支配。结果如期合龙,仅用银 10 万 2 千两。受到乾隆皇帝的嘉奖。

　　吴嗣爵接到皇帝加快治理黄河、大运河的圣旨后,在治河民工的一致推举下,吴亲自登门请郭大昌帮他主持治河工程。郭大昌到任后,首先对黄河的上游作实地考察,足迹远至宁夏、甘肃,对黄河有较深刻的了解和认识,并对淮扬地区的湖河水利工地进行了多次访问、观察、分析,鼓励吴嗣爵,打消了他的畏难情绪。治河伊始,两人就协调一致,同心同德。而具体对河湖的治理方法、计划及资金、材料、劳务、工期、预算等,几乎都是郭大昌提出方案,吴嗣爵照准而实施。吴非常赏识郭大昌的治河本领,向乾隆皇帝呈奏折介绍郭的为人、功绩,并恳请如己故去,郭大昌继任河督。

　　郭大昌在治河理论和技术上有很多创造和发明,并应用于治河实践。他发明了测水法,测量水的流速、流量。此法的应用,使治河工程的设计与施工更趋准确、便利,避免了盲目性,节约了大量的人力和物力;他创设减水坝,在堤坝受水冲击力最大的河床窄处开渠,引水至河床宽广之处,以保河堤、湖堤不因水涨而受损;他还针对黄河水沙多易淤、急水可解之特点,创造了束水冲沙和筑缕堤、遥堤等方法。缕堤用于平时,使小水也能保持较快流速,遥堤在汛期阻挡洪水。他还发明了引河堵决法,当河、湖决口改道后,欲堵决口并复故道,无需直接先堵决口,而可在先淤积的故道上开浚数道深沟,再与决口上游择地开挖引河,直通故道。这样,决口不堵自愈,故道依旧,且引河之水循故道所开深沟急泻,淤沙可除。他发明的治水技术中,还有一个放淤固堤法,在河堤不牢之处,可建涵洞,引黄河水灌注,于月堤之下修建涵洞,让清水流向月堤之外,堤内洼地即可积淤而为平坦陆地。一举两得,取土便利,堤基更牢。

　　嘉庆元年(1796)六月二十日,黄河又在丰县决口,河防主管官员作了个堵口计划,要款120万两。这时的江南河道总督兰第锡,认为要钱太多,怕皇帝不答应,想减少一半,找到郭大昌商量。郭听后直截了当地说:再减一半也足够了。当时"河督有难色",郭又说:"以十五万办工,十五万与众工员共之,尚以为少乎?"就是说,拿15万两办堵口工程,15万两送给你们装腰包,还嫌少吗?河督大怒,郭大昌被迫辞职,从此不在河道衙门做事。

　　不在官府的郭大昌一样关心河事。嘉庆十二年(1807)前后,苏北一带黄河几乎年年决口。当时治河官员,有改河入海的打算,"或南出射阳湖,或北出灌河口"入海。这一计划如付诸实施,则淮安府所属地区,即将遭受灾害。嘉庆十三年(1808),时已60多岁的郭大昌,与包世臣一起"扁舟泛下河,转尖至灌河口,溯莞渎六塘,由中河至徐州渡河,策骑循峰山至盱眙",用了两个月的时间,在江苏、安徽一带勘察,全面调查了黄、淮、运的形势及海口情况。随后由包世臣提出"海口并无高仰,河身断不可改"的主张。原来云梯关以下两岸有长堤,为康熙年间靳辅所修,起了束水攻沙之效。在乾隆二十九年(1764)高晋治河时,予以废除,已四十余年。每"遇大汛水旺之时,横溢至数百里,流散则缓,而海潮乘虚直入,故沙身积淤,以致影响上游多患"。因此,二人提出恢复海口长堤,集中溜势,束水归海,并对运口头坝决口处,"筑盖坝导淮溜出黄,以减运涨"的建议。通过包世臣向上反映,已"得旨允行"。正拟施工,而黄河又在北岸马港口溃决,从灌河口入海,恰恰符合了河官的心愿,于是马港口不堵,任其泛滥。包世臣、郭大昌等的治河方案,因而被中止。

　　嘉庆十六年(1811)五月,黄河又在北岸邳州之棉拐山决口,下穿邳、宿运河。因棉拐山下皆顽石,冲刷不动,复上溢南岸萧县之李家楼,溃成巨口。郭根据这一情况,分析李家楼溃水不到半月就可达洪泽湖。水入湖之后,日涨尺许,估计不到十日就可以把全湖涨满,倒灌运河,则淮安居民百万生灵,必遭大殃。郭向包世臣建议争取在水到之前,积极在运口头坝外,接筑盖坝,必可使清、淮无恙,并赶筑云梯关以下长堤,则黄流可以顺轨。包世臣向治河官员提出这一治理方案,于八月一日开工,接长头坝处之盖坝,掩护头坝金门,到八月八日溃水已到洪泽湖,开始泛漫运口,赶于十二日将盖坝抢修完成。这时出湖之水,经盖坝的挑溜作用,以水治水,把太平河身刷宽三百丈,深二丈八尺,导溜入黄。经采取这一措施,运河水势减落,清、淮人心大定。

郭大昌在治河过程中,以科学的态度和较先进的方法,做了大量的工作,不断取得丰硕成果。

清嘉庆年间,河政腐败,黄河下游决口频繁,两岸人民处于水深火热之中。当时曾流行的歌谣:"黄河决口,金银万斗;河官发财,民难糊口。"此种情势之下,老河工郭大昌的刚直不阿、节俭办事的行为自然更令人崇敬,在他生前百姓就为其立碑二三十处也就不奇怪了。

君讳大昌,字禹修,姓郭氏。世居江苏山阳县南乡之高良涧[1]。祖某考某皆不仕。君年十六,入河库道为贴书三年[2]。习工程销算、正杂、料作、收支之法[3],过于其师。尤明于水性衰旺,能以意知其溜势所直,遂参吏。及嘉谟为河库道,尤器君,每事取决焉……

嘉公自河库道擢漕运总督[4],开君吏缺为上客。淮扬道以河方多故,就嘉公求君襄其事。君既客河道署,忤南河总督吴嗣爵[5],遂赁居清江浦之五圣庙[6]。时乾隆三十九年七月也[7]。

是年八月望后,消溜切滩南卧[8],决老坝口。一夕塌宽至百二十五丈,跌塘深五丈。全黄入运,版闸关署被冲[9],滨运之淮、扬、高、宝四城[10],官民皆乘屋[11]。而山东逆匪王伦方滋事[12],相距才数百里。吴公恇惧无所措[13],昧爽[14],至五圣庙,排闼敦延君[15]。君拒之,吴公再三谢罪。君曰:"大人成见若何!"吴公曰:"嗣爵有成见,即不烦先生。然嗣爵意此役必速举,钱粮五十万,限期五十日,何如?"君曰:"如此,则大人自为之,大昌不敢闻命。"吴公曰:"决口虽巨,然五十万不为少,五十日不为速。过此恐干圣怒[16],罪且不测。"君曰:"山东匪势狓猖,与江南接壤。塞决稍迟,恐灾民惶惑生他变。且圣上见兵水交至,未审虚实,必发重使。大人固欲以堵合事烦使者耶?必欲大昌任此役者,期不得过廿日,帑不得过十万。"吴公再拜请受事,君曰:"有一言不能从,则不敢任也。调文武汛官各一,使得以冠盖刑杖在工弹压[17]。此外如有员弁到工者[18],大昌即辞事。"吴公敬诺。君又曰:"荡料皆在洪福庄,距工咫尺,宜听调取,仓猝办文稿不可得。大人出图章一,付大昌,饬库道见片纸即发帑。"吴公如约,至期遂合龙。共用料土作支并现帑,合计十万二千两有奇。吴公缮折入告。

又三日,钦使乃至浦。后余客河督徐公所,取成案阅之,日期银数皆信。君故善河事,以"老坝工"尤知名。当事有急辄倚重,然终以省工费、拙言语触众怒。

嘉庆初[19],举丰工。工员欲请帑百廿万,河督议减其半,商于君。君曰:"再半之足矣。"河督有难色。君曰:"以十五万办工,十五万与众工员共之,尚以为少乎?"河督怫然[20]。君自此遂绝意不复与南河事。

君为人赤颧披颐,髯长七八寸,连鬓皆苍白。余于市肆遇之,遂数从君游。侮之者,或目为迷钝。迷钝者,淮人方言,言迷迷钝钝。以讥愦愦不晓事也[21]。

嘉庆十二年,南河每岁数决口,一口辄费帑二三百万,户部筹拨不能给当,经年敞口门。南河总督徐端求知河事者甚急,余数为徐公言君。徐公故知君,然卒亦不能物色也。余故未习河事,既从君游,相与讲说,有所解,君辄嗟赏。月余,余还扬州。

十三年二月,君买舟访余曰:"制府今入都[22],通工议改河道,或南出射阳湖,或北出灌河口,给制府请饷六百万。制府以为然,如是,则吾淮人类且当尽。吾与吾友张君,念非吾子莫能救此险难者。张君贳钱二百缗[23],属延吾子。吾携潘、靳诸公书[24],及手录雍正一年至嘉庆二年南河奏咨各案,与吾子扁舟泛下河,转尖至灌河口,溯莞渎六塘,由中河至徐州渡河,策骑循峰山至盱眙,竭两月之力,以相度黄、淮、湖、运之形势。吾测制府返浦,必有重使踵至,以吾子辩才,通彻河事,执此以折众者之口[25],以救亿万人之命不难也。"余欣然行。

君既为指陈水性地势,又解说案牍中未晰者,以四月望抵浦,余已了然于南河今昔成败之故,遂笔记已见,为书二篇。

时制府方旋车,而协办大学士觉罗长文敏公、戴文端公奉命视河[26]。未至,君稔漕标副将郑敏,与文敏有连,即删润余书,为郑公具稿驰呈文敏。文敏惊叹,飞檄调郑公。君语郑公曰:"相国识力曰办,公非其比也。"度不能答,即曰:"安徽诸生包世臣所为可矣。"

郑公至宿迁见文敏,文敏嘱郑公旋浦道殷勤。两相国以五月五日夜分至[27],初六日昧爽[28],文敏枉驾余寓,余因为两相国极言:"海口并无高仰,河身断不可改。云梯关迤下,必宜接筑长堤至海滨。而于运口筑盖坝导淮溜出黄,以减运涨,则清淮可以安枕,而河流必不旁溢。"历运远近成案以证明之。两相国以为然,遂招余同往海口,属具奏稿而接筑长堤一事。

自乾隆四十七年,高文端以"不与水争地"奏请废靳文襄云梯关外堤七十里并禁民间筑埝载入例册[29],所议接筑与成案相反而未可深言。遂止言明河臣潘季驯筑汰黄堤千余里而河治[30],国朝河臣靳辅接筑七十里而河又治,以此见"束水攻沙"为古今不易之法。今云梯关下至海口新淤三百余里,每届大汛,水漫溜缓,淤垫河身,以致上游水立云云。两相国增损之以入告,得旨允行。

两相国查工抵陈家浦,登大坝,文端曰:"坝西挑坝河长?"徐公曰:"总河筑大工十余次,唯此挑坝得力。今春放引河时,实为一快。"余曰:"当日故以坝长挑水为快,今则宜拆减二三十丈,以免挺入河心,激溜北去。不然,水长四五尺,上游北岸五十里之内,当有受其患者矣。"徐公默然。

七月大汛至,水长才三尺,而陈家浦对岸迤上四十里之马港口溃决。通工又议欲以马港决口,即为河身,听其由灌河入海。两相国奏准之。案遂寝,不复行。马港口堤外皆苇滩,去莞渎河尚五十余里。莞渎河宽不过百丈,下注灌河口,又百七八十里。河出马港缺口，无水槽，苇根盘结。漫行至莞渎，又迂曲窄隘，泄水不畅，泛滥宽二百余里，深不及二三尺，仍倒灌御黄坝，直入束清坝。黄影至洪泽湖中泓，其由头坝入运河者，才分河水十之二三，而运河不能容。

自十三年冬至十五年春，东决山阳之二铺，西决山阳之小舟庄壮原墩，又连决宝应之王家庄及白田铺东西岸，漂没民居以百万计。河既倒灌，湖水不得出。启五坝以泄湖，智仁两坝，相继刷塌成口，甘泉之昭关坝亦刷去坝底，兴化、盐城、东台、甘泉之民田，常为巨浸[31]。而司河事者，以淮运溃决，处分轻于黄河，又得时时兴大工，每以无伤田庐入告。及州县办赈，则以户册人数为应赈之数，而民多死亡不领赈，得以干没[32]。乃倡为"自马港口决，黄河安澜"之邪说，决计以"马港口为河身，灌河为海口，三年不举大工，民苦灾剧"诉于都[33]，上乃遣尚书马慧裕持节巡视[34]。马公习闻河员说，颇持"不堵马工"之议安东海州灾民，求计于君，君曰："钦使临工，若等以小舟千余，导使者座船至口门下。马公仁人，能不议堵合耶！"从之。

马公船行不数里，辄胶浅[35]。大怒，乃奏请兴工。仍如两相国所奏，而司事者复裁减工程，接筑长堤。其长短高宽，皆不及原奏十之五，以十五年仲冬告藏[36]。

十六年三月，桃汛至，刷开倪家滩新堤，道厅请抢护，河督不许，河复旁泄。五月，遂决王营减坝。河督以坝上土堤坐蛰过水，河由旧河身归海，无伤田庐入告。上烛河臣奸，命都察院左都御史百文敏公驰驲[37]，为两江总督。

先是两相国奏既称旨，而上复饬枢臣南河奏[38]，悉以此奏核之。不符者议驳，两相国携余所为《筹河刍言》至都，遍示朝贵，朝贵多传抄其书。百公受命，即驰札致郑公，延余至浦议河事。

余至浦访君，君戟手再拜曰："自五月盛涨，黄流倒灌，淤垫清口太平河，直入东清坝，淤垫五道引河。及决减坝不畅，逆溢邳州之棉拐山，下穿邳、宿运河。而棉拐山下皆顽石，不可刷，昨又逆溢萧南之李家楼，成巨口。李家楼迤下，向有孟山五湖受水，须一月乃至洪泽。今五湖已成平陆，计李家楼水横溢下行，日可四十里，不半月，即达洪泽。洪泽底水虽小，水到后，日长尺许，不十日湖即满。而东清坝外入黄之太平河身，高与束清坝等，夹运河居民百余万自分必为鱼鳖[39]，一夕常数惊。吾子此来，天固以百万生命属吾子，吾子勉之已。"余曰："计将安出？"君曰："接长盖坝，则清淮无羔。接筑长堤，则黄流顺轨。吾子已为两相国具奏定案，今但举二事而已，岂有他术哉？"余既见百公，百公曰："河员皆谓马港口未堵之前，三年无事。既堵而减坝决，以此见海口实高仰不可复用。"余曰："自十三年决马港后，运河决者五六处，皆黄水倒灌所致，非淮之为灾也。马港口下，并无河槽，前以欺马尚书不可得，今乃又以欺阁下耶！且减坝既决，果畅行。何以又上决棉拐山，更上决李家楼乎？"语未竟，百公切齿曰："谨受教。"即塞决，百公又曰："河员以太平河淤塞，李家楼水下注洪泽湖。常先筹去路，议挑浚太平河，槽宽四十丈，深一丈五尺，长千三百丈，估银三十万，子（疑为"工"）限三十日。而王员多以为急迫难集事，莫肯受任，何也？"余曰："李家楼决已十日，去湖不过六百里，黄水指日入湖。湖水故小，然高堰石出水面者止九块，每块尺一寸。黄水到，日涨一尺，再十日必泛漫。运口头坝居束清坝之下，相去才数十丈，头坝金门宽四丈，水深四丈五六尺,而坝外之太平河,淤沙成阜。湖水出束清坝,其不能陟成阜之太平河[40],而必入深四丈五六尺之头坝,亦明矣。运河宽廿余丈,其不能并受全黄全淮之冲,亦明矣。清江板闸淮安,相距止三十里,沿河居民,户以百万计,急如倒悬。待命于阁下,焉能有三十日暇?与工员商榷可否耶?且如众议,挑太平河深一丈五尺,而头坝下水深四丈五六尺,高下犹悬绝,滔滔下注之水,其能不下头坝,而入太平河耶?计唯急发帑万余两接长头坝外之盖坝,斜掩头坝金门。昼夜兴工,十日可毕。出坝之水如奔马,势无可止。然善乘者谨持缰勒[41],则东西唯其所使,河水犹马而坝犹缰勒。太平河虽已淤出水面,然浮沙不过二三尺,下皆新淤油泥,见水辄去。水出束清坝,以盖坝挑溜,北由太平河,出御黄坝,入黄河如汤沃雪耳[42]。"百公曰:"谨受教。"而河员皆持盖坝紧当溜头[43],必不可成。太平河淤厚难刷,且水势尚缓,议挑为善。百公犹豫未决。

余曰:"盖坝成则大溜不入运,里河厅属无险工,不利于河员。"明日,阁下临工次,某请从指示形势,有持不可者,为阁下面折之。

八月朔日,百公偕余至束清坝,周迴审视,计乃决。即日接盖坝,八日而水大至。刷通太平河,达御黄坝。十二日盖坝成,而太平河身刷宽三百丈、深二丈八尺。运河水势反减落,清淮人心乃大定。

百公既以余言与两相国所奏合,又盖坝有成效,因定议堵减坝接筑长堤至海边而止,高厚悉如两相国所定……

后二年,病风痹[44],卒,年七十有四岁。君之子亦寻殁,孙逢吉尚幼,未足以世君之业。

君呐于言而拙于文[45],皆不足以自达,以故君之学无传。知君之学者莫如余,然其精能能自必,尚有非余所能悉者。君之言曰:"前辈堵口门,偶言引河,为大坝例价不敷,藉为名耳。今乃有凿河至长数百里,且于决口后,先筑拦黄坝。又率待冬令水落或且于次年冬后乃兴工。又自总兵徐建功,堵筑青龙冈,创筑二坝。今遂以为常法,何其舛而且愚也。水力不盛,则不能攻沙;沙既老坚,则水亦不能攻。及其初决之方盛,以挑水坝拨溜,刷去新淤。由旧槽而下,应手堵合,可以克期[46]。"近人善工程做法者,惟张君及安东马君耳。马君,吾妇翁王全一之弟子也。王君精于外工,记录所历之迹,为徐河督得其本。即今刊行之《安澜纪要》《退澜纪要》二书。

【作者简介】

包世臣(1775—1855),字慎伯,号倦翁。安徽泾县人。曾任江西新喻(今新余)知县,被劾去官。曾为南河总督徐端的幕客。他善经济,对农政、漕运、盐政、货币、鸦片以及鸦片战争后外国商品侵入对中国经济的破坏等,均有论述。有《中衢一勺》《艺舟双楫》等。

《中衢一勺》一书,正文三卷,附录四卷,成书于道光年间。书中以"筹河刍言""策河四略"著名,"筹河刍言"主要写关于治河经费问题;"策河四略":救敝要略、守城要略、筹款、积贮。该书是研究清代后期河工技术和河政的重要文献。书附有《郭君传》,详细记载了郭大昌的治河事迹。书中所涉治河方略,多出自郭大昌口授。包世臣在书中写道:"河自生民以来,为患中国。神禹之后数千年而有潘氏(潘季驯),潘氏后百年而得陈君(陈潢),陈君后百年而得郭君:

贤才之生,如是其难。”

【注释】

[1] 山阳:今江苏淮安市楚州区。

[2] 河库道:管理河道水库的道台衙门。贴书:旧时的书吏助手。

[3] 销算:结算,决算。料作:材料用量。

[4] 嘉谟(1711—1777):生平事迹不详。曾任漕运总督。其女为和珅之母。

[5] 吴嗣爵(1707—1779),字树屏,浙江钱塘人。雍正八年进士。授礼部主事,大学士张廷玉奏改吏部。再迁郎中。累官常州知府、淮安知府、两淮盐运使、江苏按察使、河道总督,改吏部侍郎。乞罢,归。数次治河,其迹颇显。

[6] 赁居:谓租用房屋居住。

[7] 乾隆三十九年:1774 年。

[8] 消溜:洪峰。

[9] 版闸:水闸上为调节流量安装的木板闸门。

[10] 淮、扬、高、宝:即淮安、扬州、高邮、宝应。

[11] 乘屋:登上屋顶。

[12] 王伦(?—1774):白莲教支派清水教教主。乾隆三十六年(1771)以“运气”替人治病等方式秘密结社。三十九年秋起事,陷运河重镇临清,使清朝漕运一度中断。失败后,自焚身亡。

[13] 恇惧:恐惧,惊慌。

[14] 昧爽:拂晓,黎明。

[15] 排闼:撞开门。

[16] 干:触犯,冒犯,触怒。

[17] 冠盖:泛指官员的冠服和车乘。弹压:镇压,制服。

[18] 员弁:低级文武官员。

[19] 嘉庆:清仁宗颙琰年号,1796—1820 年。

[20] 怫然:忿怒貌。

[21] 惛懵:音 mín méng,昏昏沉沉,神志不清的样子。

[22] 制府:宋代指制置司衙门,掌军务。宋代的安抚使、制置使,明清两代的总督,均尊称为“制府”。

[23] 贳:音 shì,赊欠。

[24] 潘、靳:即潘季驯、靳辅。潘季驯(1521—1595),字时良,号印川。明代治理黄河的水利专家。浙江乌程(今吴兴)人。一生中,4 次治河,历时近 10 年,形成了“以河治河,以水攻沙”的思想并付诸实践,最终形成了他的治河理论。参见本书明代卷《潘季驯传》。

靳辅(1633—1692),字紫垣,辽阳人(今属辽宁)。清康熙时治河名臣。康熙十年(1671),授安徽巡抚,加兵部尚书衔。十六年,以原官总督河道。时河道失治,苏北地区淮溃于东,黄决于北,运涸于中,决口近百处,海口淤塞,运道断航。靳辅到任后,周度形势,博采舆论,上陈经理河工事宜八疏,改进前人治河方法,在近十二年的督河任上,成功地进行了几项治黄工程:先是挑下游清江浦(今江苏淮阴)至云梯关河身淤土,用“川字沟”法挖深河底;就河心取土筑两岸大堤,用束水刷沙法治理下游,引导黄、淮入海。又疏浚自云梯关至海口百里河道,把浚、筑两事统一起来。由于措施得当,黄河安流三十余年,漕运亦安全通畅。

[25] 仳仳:音 cǐ cǐ,小;渺小,微贱。

[26] 觉罗长文敏公:即萨载(？—1786),伊尔根觉罗氏,满洲正黄旗人。翻译举人,入仕途授理藩院笔帖式。累迁江苏苏松太道,管苏州织造。乾隆三十六年(1771),与总督高晋奏浚海州河道。三十九年,河溢外河厅老坝口,偕河道总督吴嗣爵董工事,未两旬工竟,议叙。四十一年,上东巡,觐行在,授江南河道总督。命与高晋察黄河海口淤沙。寻与高晋奏请以清口东、西坝移建平城台,于陶庄迤上别开引河。寻开陶庄引河,四十二年二月,工竟。以河功,迁两江总督。卒赠太子太保。戴文端:按:查史实及下文,当为"高文端",即高晋(1707—1778)。字昭德。凉州总兵述明之子,河道总督高斌从子。自知县累官至文华殿大学士兼吏部尚书,漕运总督。乾隆二十二年(1757)始参与治河,任至江南河道总督。先后协办徐州黄河两岸堤工,请浚兴化南北引河,加筑运河六闸、云梯关子堰。多次勘察永定河、海塘、黄、运诸河要工,主张"束水攻沙"方略,颇受乾隆帝信任。卒,谥"文端"。

[27] 夜分:夜半。

[28] 昧爽:拂晓,黎明。

[29] 埝:音 niàn,用土筑成的小堤或副堤、土埂。

[30] 汰黄堤:泄减黄河水势之堤。多在淮安等苏北一带。

[31] 兴化、盐城、东台、甘泉:俱在江苏北部。巨浸:大湖泽。

[32] 干没:侵吞公家或别人的财物。

[33] 灾剧:受灾太大。

[34] 马慧裕:字朗山,铁岭(今辽宁铁岭)人。乾隆辛卯(1771)进士,入翰林院,改庶吉士,累官至湖南巡抚,礼部尚书。谥清恪。工书,有《河干诗钞》。

[35] 胶浅:指舟船搁浅。

[36] 告蒇:告竣,告成。蒇,音 chǎn,完成,解决。

[37] 百文敏公:即张百龄(？—1815),字子颐,号菊溪,承德隆化县人。乾隆三十七年(1772)进士,历任编修、文渊阁校理、提督山西学政、湖南按察使、贵州布政使、云南布政使、湖广总督、两广总督、两江总督、协办大学士。治河五年,首治海口,海口通,乃求效于河,大要以守东清坝为第一义。卒,谥文敏。有《守意龛集》《除邪纪略》。驰驲:驾乘驿马疾行。驲:音 rì,古代驿站的专用车,后亦指驿马。

[38] 南河:清代官署、官名。管理河道与漕运。明清时,此衙最高长官为总督。河道总督与漕运总督俱创设于明代。其中,漕运总督(简称督漕、总漕)设置较早,成立于明代景泰二年(1451),治所江苏淮安,首任总漕为副都御史王竑。成化七年(1471)设河道总督(简称河督、总河),驻扎山东济宁,首任总河为工部侍郎王恕。明初黄河为患较轻,朝廷以管理漕运的都督兼管河务。遇有洪灾,临时派遣治河大臣一员前往治理,事毕即撤。万历三十年(1602),河、漕再次分职,直至明亡再未复合。

清顺治年间,设总河一人负责黄河、运河及永定河堤防、疏浚等事,治所山东济宁,首任河督杨方兴。康熙十六年(1677),总河衙门由山东济宁迁至江苏清江浦(今江苏淮安市)。河道总督驻扎清江浦,一旦河南武陟、中牟一带堤工有险,往往鞭长莫及。雍正二年(1724)四月,设副总河,驻河南武陟,负责河南河务,以兵部左侍郎嵇曾筠为首任副总河。两年后,黄河险段由河南逐渐下移至山东,朝廷又将山东与河南接壤的曹县、定陶、单县、城武等处河务交由副总河管理。雍正七年(1729),改总河为总督江南河道提督军务(简称江南河道总督或南河总督,管辖江苏、安徽等地黄河、淮河、运河防治工作),副总河为总督河南、山东河道提督军务(简称河东河道总督或河东总督,管辖河南、山东等地黄河、运河防治工作),分别管理南北两河。遇有两河共涉之事,两位河督协商上奏。遇有险工,则一面抢修,一面相互知会。总河则演变成南河总督,仍驻清江浦;副总河演变为河东总督,驻扎开封。乾隆十八年(1753),以漕运、河道总督无地方责,授衔视巡抚。漕运总督,如加尚书衔,则与各省总督一样为从一品;河道总督为正二品官。

[39] 自分:自料,自以为。

[40] 陟:升登。

[41] 缰勒:马缰绳和笼头。

[42] 沃雪:谓以热水浇雪。比喻事情极易解决。

[43] 河员:治河官员。

[44] 风痹:中医指因风寒侵袭而引起的肢节疼痛或麻木的病症。按:与其长期治河相关。

[45] 呐:同"讷",说话迟钝。

[46] 克期:在规定的期限内(完成)。

游 狮 子 林 记

清·黄金台

【提要】

本文选自《古代游记选》(上海古籍出版社 1982 年版)。

狮子林为苏州四大名园之一,至今已有 650 多年的历史,为元代园林的代表作。位于苏州市城东北角的园林路 23 号,园内假山遍布,长廊环绕,楼台隐现,曲径通幽,入园如进迷宫。

黄金台说,客居吴下的他为何"独恋恋于狮子林区区之地"? 全是因为这里"渐进渐幻,愈入愈佳"。这里,"勇士植竿,猛若赴敌。靓女照镜,艳乃无言……"黄金台不按常规描述狮子林的规划、布设,山石池木、轩亭阁宇的安排,而是全用比拟的手法描摹狮子林千姿百态的营构,这里的一木一石,俨然都活了:"兹林也,卷毛啖舌,钩爪锯牙。夕阳坠黄,英姿兀傲;午夜昏黑,猛态狰狞。"

"或谓石以狮名,于义何取?"他认为"狮者势能搏象,气可怖熊,威慑南蛮,雄传西域。"

狮子林原为菩提正宗寺的后花园。园始建于元代至正二年(1342),由天如禅师惟则的弟子所造,以奉其师。初名"狮子林寺",后易名"菩提正觉寺""圣恩寺"。

因园内"林有竹万个,竹下多怪石,状如狻猊(狮子)者",又因天如禅师惟则得法于浙江天目山狮子岩普应国师——中峰,为纪念佛徒衣钵、师承关系,取佛经中狮子座之意,故名"师子林""狮子林"。亦因佛书上有"狮子吼"一语("狮子吼"是指禅师传授经文),且众多假山酷似狮形而命名。天如禅师谢世后,弟子散去,寺园逐渐荒芜。

明洪武六年(1373),倪瓒(号云林)途经苏州,参与造园,并题诗作画(绘有《狮子林图》),狮子林由此名声大振,成为佛家讲经说法和文人赋诗作画的胜地。清乾隆初,寺园变为私产,与寺殿隔绝,名涉园,因园内有五棵松树,故又称五松园。

清康熙、乾隆都来园中游赏。乾隆六下江南,五游狮子林,先后赐"镜智圆照""画禅寺"及"真趣"等额匾。还下令在北京圆明园、承德避暑山庄内仿建了两座狮子林。

2006年05月25日,狮子林作为元代古建筑,被国务院批准列入第六批全国重点文物保护单位名单。

有境焉,秀夺天巧,奇争鬼工。险凿五丁[1],雄驱六甲[2]。割将鹫岭[3],分得龙湫[4]。侧走雷霆,倒垂菡萏[5]。寒蛟跃出,日光不红;孤鹤归来,云气尽绿。烟青朝吐,月白夜吞。到溉奇礓[6],逊其布置。苏公雪浪[7],无此玲珑。则吴门狮子林是也。

庚子之春,余客吴下。鹤市七里[8],虎丘一峰,天平之巅[9],支硎之麓[10],亦既风光入眼,烟景娱神。而独恋恋于狮子林区区之地者,何哉?

犹忆初入门时,但见高不十寻,广非百亩,双冈对峙,一览无余,以为无甚奇观也。岂知渐进渐幻,愈入愈佳。勇士植竿,猛若赴敌;靓女照镜,艳乃无言。空青塞扉,浓紫满坞[11];松抱石罅,老而生髯;苔铺砌坳[12],细皆似发;曲池波涨,鱼跳桥心;深谷风塞,雀堕亭角。百磴雁列,一径蛇蟠;步步高低,层层凹凸。教猱升木,昂头可呼;以蚁穿珠,捷足先得。将登复下,兔窟藏踪;欲往仍还,螺纹旋掌。蜂腰几折,径讶崎岖[13];驼腹频摩,洞偏空旷。深抵龙穴,恐埋地中;仰攀鸟巢,别出天外。犬牙互错,蚯腿交撑。在后在前,交臂忽失;或左或右,拍肩又逢。危栈千盘,老马犹怯;怪峰九屈,神狐亦迷。真觉海上三山[14],近悬眉睫;人间五岳,收入心胸矣。

或谓石以狮名,于义何取? 盖狮者势能搏象,气可怖熊,威摄南蛮,雄传西域。而兹林也,卷毛舔舌[15],钩爪锯牙。夕阳坠黄,英姿兀傲[16];午夜昏黑,猛态狰狞。翩翩仙灵,骑来蝴蝶;咄咄怪事,琢就狻猊[17]。缅怀迂倪[18],千秋绝技;愿学颠米[19],再拜不遑而已。

【作者简介】

黄金台(1789—1861),字鹤楼,浙江平湖人。贡生。年少有才名,博览群书。平生好结交游览,遍历江淮诸郡,多有纪游作品。文体仿效徐陵、庾信,文多骈句,清丽秀雅。著有《木鸡书屋诗文钞》《左国闲吟》《听鹂馆日识》等。

【注释】

[1] 五丁:神话传说中的五个力士。
[2] 六甲:本指供天帝驱使的阳神。此状摹石林之险峻及神态。

［3］鹫岭:指杭州灵隐寺前飞来峰。

［4］龙湫:雁荡山的大瀑布。

［5］菡萏:古人称未开的荷花,即花苞。萏,音 dàn。

［6］到溉(477—548):字茂灌。彭城武原(今江苏徐州)人。仕梁为建安内史、中书郎等职。所莅以清白自修,不好声色,虚室单床。溉第山池有奇石,高祖戏与赌之,并《礼记》一部,溉并输焉,未进。高祖知后,大笑。奇礓:即奇礓石,又称到公石。长一丈六尺。"石即迎置华林园宴殿前。移石之日,都下倾城纵观。"(《南史·到溉传》)

［7］苏公:即苏轼。轼元祐八年(1093)被贬官定州(今属河北),得雪浪石,并命其室为"雪浪斋"。《定州志》载:"余于中山后圃得黑石白脉,中涵水纹,有如蜀孙位、孙知微所画石间奔流,尽水之变。又得白石为大盆盛之,琢盆为芙蓉,激水其上,名其室曰'雪浪斋'。"

［8］鹤市:姑苏别称。《吴越春秋》:吴王阖闾有女,因怒王而自杀。王痛之,厚葬于阊门外。下葬之日,王令舞白鹤于吴市中,还使男女与白鹤俱入羡门,因发机以掩之,杀生以送死。后即以"鹤市"别称苏州。

［9］天平:即天平山。在苏州城西南,有"关中第一山"之称。

［10］支硎:即支硎山。在吴县西南、天平山北。有石盘薄平广,泉流其上如磨刀石。晋支遁隐此,以支硎为号,故名。

［11］坞:四面高中间凹下的地方。

［12］坳:音 ào,山间的平地。

［13］讶:古同"迓"。迎接。

［14］海上三山:《史记·封禅书》:自威、宣、燕昭使人入海求蓬莱、方丈、瀛州三神山者,其传在渤海中,去人不远。

［15］舕:音 tàn,吐舌貌。

［16］兀傲:高傲。

［17］狻猊:传说中的猛兽。形如狮。

［18］迂倪:即倪瓒。性迂而好洁,人称"迂倪"。

［19］颠米:指米芾。芾爱石成癖,行止违世脱俗,偶傥不羁,世称"米颠"。

己亥六月重过扬州记

清·龚自珍

【提要】

本文选自《历代游记选》(湖南人民出版社1980年版)。

本文写于道光己亥年(1839),即鸦片战争前一年。此时的扬州是怎样的景象? 一派繁荣祥和之景。

礼部任主事期间,有访客对龚自珍说,"你知道现在的扬州是什么样吗? 读一读鲍照的《芜城赋》就知道了,就是文章中所描写的那样。"听了他的话,龚自珍感到悲伤,第二年就请了假来到扬州。

住下,"循馆之东墙步游,得小桥,俯溪,溪声欢。过桥,遇女墙,啮可登者登之"。登上女墙,他看到的是"扬州三十里,首尾曲折高下见。晓雨沐屋,瓦鳞鳞然,无零甃断甓"。目睹而心生"过客言不实"之感。

紧接着,有人请他游蜀冈,隋炀帝行宫、平山堂、瘦西湖都在此地,自然要来。"舟甚捷,帘幕皆文绣,疑舟窗蠡壳也,审视玻璃五色具。舟人时时指两岸曰:'某园故址也','某家酒肆故址也',约八九处。"这些昔日曾经辉煌的园林、酒肆在作者眼里"其实独倚虹园圮无存"而已,其他各处营造"可登临者,尚八九处"。

在作者眼里,扬州正如季节之"初秋","无如此冶华也"。

居礼曹[1],客有过者曰:"卿知今日之扬州乎?读鲍照《芜城赋》[2],则遇之矣!"余悲其言。

明年,乞假南游,抵扬州。属有告籴谋[3],舍舟而馆。既宿,循馆之东墙步游,得小桥,俯溪,溪声欢。过桥,遇女墙,啮可登者登之[4]。扬州三十里,首尾曲折高下见。晓雨沐屋,瓦鳞鳞然[5],无零甃断甓[6]。心已疑礼曹过客言不实矣。

入市求熟肉,市声欢。得肉,馆人以酒一瓿、虾一筐馈。醉而歌,歌宋元长短言乐府,俯窗呜呜[7],惊对岸女夜起,乃止。

客有请吊蜀冈者[8]。舟甚捷,帘幕皆文绣,疑舟窗蠡壳也[9],审视玻璃五色具[10]。舟人时时指两岸曰:"某园故址也。""某家酒肆故址也。"约八九处。其实独倚虹园圮无存[11]。曩所信宿之西园[12],门在,题榜在,尚可识。其可登临者,尚八九处。阜有桂,水有芙蕖菱芡。是居扬州城外西北隅,最高秀,南览江,北览淮,江淮数十州县治,无如此冶华也[13]。忆京师言,知有极不然者。

归馆,郡之士皆知余至,则大欢。有以经义请质难者[14];有发史事见问者;有就询京师近事者;有呈所业若文、若诗、若笔、若长短言、若杂著、若丛书[15],乞为叙、为题辞者;有状其先世事行,乞为铭者[16];有求书册子、书扇者;填委塞户牖,居然嘉庆中故态[17],谁得曰:"今非承平时邪?"惟窗外船过,夜无笙琶声;即有之,声不能彻旦。然而女子有以栀子华发为贽求书者[18],爰以书画环填互通问[19],凡三人,凄馨哀艳之气,缭绕于桥亭舰舫间。虽淡定,是夕魂摇摇不自持。余既信信[20],拏风流,捕余韵,乌睹所谓风嗥雨啸[21],魖狯悲[22],鬼神泣者!

嘉庆末,尝于此和友人宋翔凤侧艳诗[23]。闻宋君病,存亡弗可知。又问其所谓赋诗者,不可见。引为恨。卧而思之,余齿垂五十矣[24],今昔之慨,自然之运,古之美人名士富贵寿考者,几人哉?此岂关扬州之盛衰,而独置感慨于江介也哉[25]!抑予赋侧艳则老矣,甄综人物[26],搜辑文献,仍以自任,固未老也。

天地有四时,莫病于酷暑,而莫善于初秋。澄汰其繁缛淫蒸[27],而与之为萧疏淡荡[28],冷然瑟然[29],而不遽使人有苍莽寥泬之悲者[30],初秋也。今扬州其初秋也欤?予之身世虽乞籴,自信不遽死,其尚犹丁初秋也与[31]?作己亥六月重过扬州记。

【作者简介】

龚自珍(1792—1841),字尔玉,又字璱人,号定盦,后更名易简,字伯定;又更名巩祚,号定庵,晚年居住昆山羽琌山馆,又号羽琌山民。后人亦常称之为"龚定庵"。浙江仁和(今杭州)人。中进士后,曾任内阁中书、宗人府主事和礼部主事等官职。主张革除弊政,抵制外国侵略,全力支持林则徐禁鸦片。48岁辞官南归,次年暴卒。他曾写下"九州生气恃风雷,万马齐喑究可哀。我劝天公重抖擞,不拘一格降人才"的诗句。著有《定庵文集》,今人辑为《龚自珍全集》。著名诗作《己亥杂诗》共350首。

【注释】

[1] 礼曹:礼部。龚自珍曾任礼部主事。

[2] 鲍照(约415—470):字明远,东海(今江苏涟水)人。南朝宋文学家。临海王刘子顼镇荆州时,任前军参军。长于乐府诗。其七言诗对唐代诗歌的发展起了重要作用。有《鲍参军集》。《芜城赋》描述的是广陵(今扬州)由盛转衰的景象。

[3] 属:适值,刚好。籴谋:购进粮食。籴:音dí,买进谷米。龚自珍搭乘的是漕运粮船。

[4] 啮:音niè,缺口。此指寻找缺口。

[5] 鳞鳞然:谓屋瓦排列如鱼鳞貌。

[6] 零甃断甓:犹言残垣断壁。

[7] 呜呜:象声词。歌呼声。

[8] 蜀冈:在江苏扬州市西北四里。

[9] 蠡壳:音luó què,物之孚甲,即鳞甲之类。此指舟窗为螺壳鳞甲所镶嵌。

[10] 玻璃:按:玻璃在当时为洋货,被作者视为"不急之物"(《送钦差大臣侯官林公序》),主张杜绝进口。

[11] 倚虹园:因靠近横跨瘦西湖的大虹桥而得名。

[12] 信宿:连住两夜。西园:驿馆名。位于梅花岭之西,其地有乾隆行宫。

[13] 冶华:繁华。

[14] 质难:质疑问难。

[15] 所业:谓所写的东西。

[16] 事行:事迹。

[17] 嘉庆:清仁宗颙琰年号,1796—1820年。亲政后,嘉庆帝面对乾隆末年危机四伏的政局,打出"咸与维新"的旗号,诛杀和珅及其亲信,整肃纲纪,广开言路,诏罢贡献,黜奢崇俭,要求地方官员对民隐民情,悉数据实陈报,社会面貌又现生机。

[18] 贽:礼物。

[19] 环瑱:两种玉制的耳饰。环:耳环。瑱:音tián,冠冕上的塞耳之玉。

[20] 信信:连住四晚。

[21] 乌睹:哪里看到。

[22] 鼯狖:音wú yòu。鼯,一种像蝙蝠的小鼠;狖,长尾猿。

[23] 宋翔凤(1776—1860):字于庭,长洲(今苏州)人。龚的好友。侧艳诗:文辞艳丽而轻佻的诗。

[24] 齿:指年龄。

[25] 江介:江边,沿江一带。

[26] 甄综:综合分析,鉴定品评。

[27] 澄汰:澄清淘汰。淫蒸:谓潮湿闷热。

[28] 淡荡:水迂回缓流貌。引申为和舒。

[29] 泠然:清凉貌。瑟然:洁净、明亮貌。

[30] 遽:突然,仓猝。寥泬:寂寥,孤单。

[31] 丁:当,值。

说 居 庸 关

清·龚自珍

【提要】

本文选自《龚自珍全集》(中华书局 1961 年版)。

居庸关,"疑若可守然"。为什么疑似可守呢?"出昌平州,山东西远相望,俄然而相辕相赴,以致相麛,居庸置其间,如因两山以为之门,故曰'疑若可守然'。"

居庸关,是北京长城沿线上的著名古关城。居庸关得名,始自秦代,相传秦始皇修筑长城时,将囚犯、士卒和强征来的民夫徙居于此,取"徙居庸徒"之意,名居庸关。汉代沿称居庸关,三国时代名西关,北齐时改纳款关,唐代有居庸关、蓟门关、军都关等名称。居庸关关城所在的峡谷,属太行余脉军都山地,地形极为险要。与紫荆关、倒马关、固关并称明朝京西四大名关。其中居庸关、紫荆关、倒马关又称内三关。

居庸关形势险要,自古为兵家必争之地。它有南北两个关口,南名"南口",北称"居庸关"。现存关城是明大将军徐达督建的。关城城垣东达翠屏山脊,西骑金柜山巅,周长 4 000 余米,南北月城及城楼、敌楼等配套设施齐备。关城内外还有衙署、庙宇、儒学等各种相关建筑设施。

文中,龚自珍详细介绍了居庸关的地理位置及布局特点,从城关设置、地形走势、修造年代,一直到山水树木。"关凡四重,南口者下关也,为之城""出北门十五里,曰中关,又为之城""八达岭之俯南口也,如窥井形然,故曰'疑然可守然'"。从南口下关的南门到八达岭的北门,距离四十八里,居庸关疑似可以守住。但护边墙之间的"间道",常常导致"大骇北兵自天而降",故曰"疑然可守"。

介绍完毕在居庸关看到的历史后,作者意味深长地说:"降自八达岭,地遂平,又五里曰岔道。"

《说居庸关》写于 1836 年,作者在京做了多年的闲官——礼部仪制司主事之时。当时,清帝国表面看来强大而统一,但龚自珍还是感受到俄国对我国北部及西北部的威胁,积极主张加强这些地方的边防,《说居庸关》及《说张家口》等都集中反映了他的军事见解。

居庸关者,古之谈守者之言也[1]。龚子曰:疑若可守然。何以疑若可守然?曰:出昌平州[2],山东西远相望,俄然而相辏相赴,以至相戛[3],居庸置其间,如因两山以为之门,故曰疑若可守然。

关凡四重,南口者下关也,为之城,城南门至北门一里;出北门十五里,曰中关,又为之城,城南门至北门一里;出此门又十五里,曰上关,又为之城,城南门至北门一里;出北门又十五里,曰八达岭,又为之城,城南门至北门一里。盖自南口之南门,至于八达岭之北门,凡四十八里,关之首尾具制如是[4],故曰疑若可守然。

下关最下,中关高倍之。八达岭之俯南口也,如窥井形然,故曰疑若可守然。

自入南口城,甓有天竺字、蒙古字[5]。上关之北门大书曰:"居庸关,景泰二年修[6]"。八达岭之北门,大书曰:"北门锁钥[7],景泰三年建。"自入南口,流水啮吾马蹄,涉之玱然鸣[8],弄之则忽涌忽伏而尽态,迹之则至乎八达岭而穷。八达岭者,古隰余水之源也[9]。自入南口,木多文杏、苹婆、棠梨,皆怒华[10]。

自入南口,或容十骑,或容两骑,或容一骑。蒙古自北来,鞭橐驼[11],与余摩臂行,时时橐驼冲余骑颠。余亦挝蒙古帽[12],堕于橐驼前,蒙古大笑。余乃私叹曰:若蒙古,古者建置居庸关之所以然,非以若耶?余江左士也,使余生赵宋世,目尚不得睹燕、赵,安得与反毳者相挝戏乎万山间[13]?生我圣清中外一家之世,岂不傲古人哉!蒙古来者,是岁克西克腾、苏尼特[14],皆入京,诣理藩院交马云[15]。

自入南口,多雾若小雨,过中关,见税亭焉。问其吏曰:"今法网宽大,税有漏乎?"曰:"大筐小筐,大偷橐驼小偷羊。"余叹曰:"信若是[16],是有间道矣[17]。"

自入南口,四山之陂陀之隙[18],有护边墙数十处,问之民,皆言是明时修。微税吏言,吾固知有间道出没于此护边墙之间。承平之世,漏税而已,设生昔之世,与凡守关以为险之世,有不大骇北兵自天而降者哉!

降自八达岭,地遂平,又五里曰垆道[19]。

【注释】

[1]居庸关:筑于北京昌平居庸山上,两山夹峙,悬崖峭壁,形势险要。古谚云:天下九塞,居庸其一。

[2]昌平州:治所在今北京昌平,离北京八十里。

[3]戛:迫促,挤逼。

[4]具制:具体的布局、形制。

[5]甓:砖墙。天竺字:印度文字。印度古称天竺。

[6]景泰二年:1451年。

[7]锁钥:开锁的器件。喻指军事上相当重要的地方。

[8]玱然:佩玉的响声。玱,音 cōng。

[9]隰余水:古水名。即今榆河,又名湿余河,自居庸关南流,过昌平。

[10]怒华:谓怒放,花盛开。华,同"花"。

[11]橐驼:即骆驼。

[12]挝:音 zhuā,打,敲打。

[13]反毳:反穿毛皮衣,即兽毛向外。借指蒙古族等少数民族。

[14] 克西克腾:今称克什克腾,旗名。位于今内蒙古赤峰市西北部。苏尼特:旗名。属内蒙古锡林郭勒盟。

[15] 理藩院:清代官署名。掌管蒙古、西藏、新疆各地少数民族事务。交马:贡马。

[16] 信:果然。

[17] 间道:偏僻小道。

[18] 陂陀:地势起伏不平。

[19] 垈道:当作"岔道",延庆有岔道口村。

增建云南提学道署记

清·黄 琮

【提要】

本文选自《滇志·艺文志》卷第十一之三(云南教育出版社 1991 年)。

黄琮道光二十九年(1849)入滇选拔士子,可是,看到的考场"蓬亭狭窄",参加考试的不过 300 人,考场环境就已"肩摩背接",考官已无法对考场秩序进行监控和防范了;不仅如此,这样的草棚考场,每次举子选拔都要重新搭建,"扰民终无已时也"。

黄琮决心"去扰求安",彻底解决举子应试的考场问题。这年冬天,"乃檄云南州邑查所供额金",设法筹齐资金后,"召工度堂前作长亭二十五楹,度两阶作广廊左右各三十楹",又"拓二门十数尺广之"。号舍建成,高宇轩昂,宽敞明亮,一次可容纳 500 多人应试,黄琮的字里行间颇有自豪之感。

可是,办公场所呢?"仰视列屋,已半有陁陊者",革而新之正当其时。于是,"内自中堂、穿堂、后堂、正寝,皆撤而更之",新房子与旧房子相比,"广可增十二,高增十三";还重金购得屋凡二十间,"撤其后为崇楼,撤其前为明庭,中竖屏壁,旁列府邑两厅",射圃、射亭——安排停当,提学道署模样齐备,"登堂则金马如几,出门则流泉如带,登楼则四望云山","滇中之胜,此为大观矣。"

工程始工于己酉(1849)十二月十八日,竣工于辛亥(1851)十月二十日,工期近两年,耗资近一千金。

事之兴也,不知其所以然而实有不得不然者。余以己酉之夏入滇[1],初校士云南府,见其蓬亭狭窄,试不过三百人,而已肩摩背接,防范难施,至幪翳痹埝[2],昼日无光,绕缴苦窳[3],风雨摇湿,则诸生固甚苦之。询其费,有岁编具在,而间阎之所供办、胥皂之所求索[4],实倍蓰无算[5],私叹蓬亭一役,何使民视为厉府,而诸生曾不得实用乃尔!且也,岁而校,亦岁而构,是扰民终无已时也。去扰求安,非革不可,惟时以偬遽未遑[6]。

年冬,乃檄云南州邑查所供额金,二年得三十有奇。稍以他金益之,召工度堂前作长亭二十五楹,度两阶作广廊左右各三十楹,而地势不足,不得已拓二门十数尺广之。于是,合之可试士五百有奇,而危危掀掀[7],视前瘅室状,不啻远矣。

工人跽告余曰[8]:"室屋犹人身也,一尺之面而仅一尺之躯,奈不称何?今蓬亭厂豁[9],亦一尺面也,愿请图之。"余踟蹰久之,仰视列屋,已半有陊陀者[10],革之亦惟其时。于是,内自中堂、穿堂、后堂、正寝,皆撤而更之,视旧广可增十二,高增十三;外自醮门、两垣表,皆撤而徙之,各远出二丈许。其左右,则胥吏、门隶、厨湢之所[11],或修或创,皆犁然备矣[12]。

工人复跽进曰:"是如胅夫[13],顾然伟矣。门益出而屏益进,室益大而后益缩,瘠其背而闭其口,于喘息荣卫宜乎[14]?"于是署地且尽,则问之前后之居者凡十一家,厚其值而购之,得屋凡二十余间,撤其后以为崇楼,撤其前为明庭,中竖屏壁,旁列府邑两厅,余以居诸执事者。屏壁之前,辟为射圃,其南建射亭。于是,登堂则金马如几[15],出门则流泉如带,登楼则四望云山,皆如屏如戟,列侍环拱。滇中之胜,此为大观矣!

夫是岂尽初念也?革则俱革,以一蓬亭故致此。然自蓬亭具,而士就试者始获一日之安,小民之视岁考也始免供办挟索之苦,即往日岁编,且从此可永裁。则虽以百烦费而博此一便,私心犹窃快之。是真所谓"不知其然而实有不得不然"者。盖昔王仲淹有言[16]:"劳人逸己,胡宁是营?"此龙门令所以不累广舍也。是于广舍事颇类,顾如前云者,为诸生,为细民,果且出逸己否?余不得而隐者,抑古人兴作,类尽役民。今物取诸直,工取诸佣[17],小民名托子来,实以恋糈至耳[18],果且出劳民否?余又不得而隐也。非逸己,非劳民,《革》所谓"征吉无咎",余不知有合乎否也。姑述所以,令观者得从而是非之。

是役也,肇工于己酉十二月十八日,竣于辛亥十月二十日。费金可八百有奇,皆出租廪,抚台周公助料可百金有奇,合之可近千金。买民房十一家,契共十二张,价银共一百二十五两五钱,其刻碑阴。督工官按察司检校陈奇、中卫知事郑纯仁,例得并书。其他琐细,可无尽纪也。

【作者简介】

黄琮(?—1863),字象坤,号矩卿,云南昆明人。道光六年进士,选庶吉士,授编修。累擢兵部侍郎,以亲老乞养回籍。咸丰七年(1857),云南"回乱方炽",命琮偕在籍御史窦垿治团练。琮在省城被围时,登陴固守有功,又劝捐出力,官复原职。同治二年(1863),回将马荣诈降,入城杀害总督潘铎,黄琮遇害,赠右都御史。

【注释】

[1]己酉:道光二十九年,1849年。

[2]蒙翳:谓天空阴暗,光线不好。痹埝:音bì niàn,谓道路潮湿泥泞。痹:湿病。此谓潮湿。埝:土埂。

[3]绕缴:围绕,缠绕。引申为曲折迂回。苦窳:粗糙质劣。指试院号舍。窳:音yǔ。

[4]间阎:里巷,泛指民间。胥皂:指旧时官府中的小官吏、差役。

[5]倍莅:亦作"倍屣"。谓数倍。莅:五倍。

[6]偬遽:仓促。未遑:没时间顾及,来不及。

[7]危危:高峻貌。掀掀:敞亮貌。

[8]跽:音 jì,长跪,挺直上身两膝着地。

[9]厂豁:常作"豁厂"。宽敞。厂,通"敞"。

[10]陁陊:音 tuó duò,崩塌。

[11]门隶:守门的仆役。厨湢:厨房浴室。湢,音 bì。

[12]犁然:井然有序貌。

[13]肸夫:谓丈夫,俊男。肸,音 xī。

[14]荣卫:中医学名词。荣指血的循环,卫指气的周流。荣气行于脉中,属阴;卫气行于脉外,属阳。荣卫二气散布全身,内外相贯,运行不已,对人体起着滋养和保卫作用。

[15]金马:此指金马山。提学署东望金马山,如几案。

[16]王仲淹:王通(584—617)字。隋河东郡龙门县(今山西万荣)人。以教书育人为业,卒后,门人私谥曰文中子。其孙王勃,为初唐四杰之一。通著述颇丰,合称《王氏六经》。

[17]佣:卖力受值酬曰佣。

[18]糈:音 xǔ,粮。

 # 审明焚毁十三行中夷楼案折(节选)

清·祁 墫　程矞采

【提要】

本文选自《羊城风华录》(花城出版社 2006 年版)。

当今为世人瞩目的全球经济一体化,实际上是在经历了 16 世纪中叶至 18 世纪末叶以商品流通为基础的贸易全球化、19 世纪中叶产业革命完成后的产业全球化后的第三个历史发展阶段。在贸易全球化后期,清政府尽管实行"时开时禁,以禁为主"的对外贸易的政策,但却对广州(包括广东)实行开放对外贸易的特殊政策,尤其是到了乾隆二十二年(1757)撤销江、浙、闽三海关,仅留粤海关的广州一口贸易时期,广州就成为全国唯一合法对外贸易的大港,广州的海外贸易额当然迅猛增长。

康熙二十四年(1685)在广州设立粤海关进行管理,由海关监督总管全部海关事务,直属清中央政府领导。监督由内务府官员充任,由皇帝直接任命,而且绝大多数是满族人。粤海关的职能是征收关税和管理贸易。次年四月间,两广总督吴兴祚、广东巡抚李士桢和粤海关监督宜尔格图共同商议,将国内商税和海关贸易货税分为住税和行税两类。住税征收对象是本省内陆交易一切落地货物,由税课司征收;行税征收对象是外洋贩来货物及出海贸易货物,由粤海关征收。为此,建立相应的两类商行,以分别经理贸易税饷。前者称金丝行,后者称洋货行,即十三行。

清政府既要开放广州对外贸易,但又要防止外国商人直接与中国商人做生意,于是建立和实施一种"以官制商,以商制夷"的措施,即指定一些商人作为中介同外国商人进行贸易,这些中介商人所开设的对外贸易的组织称为"洋货行",俗称十三行。这样,偌大的中国对外贸易就集中在广州,由十三行行商居间贸易。

十三行商并不是随便一个商人就可以担任的。按清政府规定,行商必须是"身家殷实"的富有商人向户部提出申请,并交纳相当的费用(少则三四万两银子,多则二十多万两),经户部批准,发给"部帖",方可承充行业。可见,十三行商是具有半官半商性质的对外贸易商业集团。

所谓十三行,只是一个对洋货行商业集团的统称,并非说只有十三家。实际上时多时少,据统计,多时达四五十家,少时只有四家,只有道光十七年(1837)刚好是十三家。

行商们为了自己能垄断广州对外贸易的利益,康熙五十九年(1720)联合起来成立公行团体,并在神前杀鸡歃血为盟,订立行规十三条。但由于外商强烈反对,成立的第二年即告解散。至乾隆二十五年(1760),由行商潘振承等九家联合呈请清廷批准设立公行,但也由于外商反对,又加上潘振承收受英国东印度公司 1 万两白银的贿赂而解散。至乾隆四十七年(1782),才恢复公行。此后由粤海关监于行商中择其身家殷实、"居心公正"者充任公行总商,总理洋行事务,首任总商是同文行的潘振承,他因此成为 18 世纪世界首富。此总商制度和公行制度互为表里,抑制行商内部竞争,垄断对外贸易。

从十三行到公行、从总商制度到保商制度的演变,构成了清代广州外贸管理体系发展轨迹,使十三行真正成为清政府对外贸易的代理人,成为中外商人之间的中介。十三行商正是利用手中独操中国对外贸易的垄断特权,大发其财。据当时美国旗昌洋行的合伙人亨特(William C. Hunter)记述,伍氏行商以拥有 2 600 万银两的资产而成为世界富豪之一,该行不但在广州有大量的房地产、店铺、茶山和巨款,还在美国投资铁路建设,从事证券交易和保险业务,以致美国曾有一艘商船下水时以"伍浩官"命名。

十三行商虽然在清雍正至道光(1723—1840)110 多年间,成为贸易全球化浪潮中中国对外贸易垄断商业集团而显赫一时、发财致富,但是由于其是在清政府控制、官吏勒索和外商高利贷盘剥的夹缝中经营贸易,因此在重税和重商欠的情况下,不断走上破产和衰落的道路。乾隆六十年(1795)行商石中和因拖欠外商巨额贷款,入狱监禁并发配伊犁;嘉庆元年(1796)万和行商蔡世文因欠债 50 万两而自杀。其他行商也十有八九破产衰落。

在此情况下,散商在对外贸易中日渐活跃和重要,大有取代行商之势。道光二十二年(1842),英国强迫清政府签订《南京条约》十三款,其中第五款宣布废除十三行商制度,"外商与何商贸易,听其自便"。这样一来,广东十三行独揽对外贸易的行商制度宣告结束。

十三洋行建筑,多为三层楼结构,底层做货仓,二三层为公寓。十三洋行建筑华丽,宛如西洋画。十三洋行建筑中,最有名的是"碧堂",《扬州画舫录》记述:"盖西洋人好碧,广州十三行有碧堂,其制皆联房广厦,蔽日透月为工。"扬州四桥烟雨中的澄碧堂就是仿效广州十三行碧堂建筑形式而建造的。

十三行开设洋行的同时,还修建了一批夷馆,廉价租给外国人办理事务、住宿或做仓库,在清道光年间,一共有13所,所以有十三夷馆的称谓。这些商馆在今天的广州市文化公园内西南一带,从商馆到江边,还有广场和花园。

十三洋行及夷馆逐渐形成十三洋行街区,大致为今天广州南濒珠江、北至和平东路、东至仁济路、西至长乐路的区域。值得一提的是,十三行行商的行号相对分散,大多在十三行街之外;而夷馆既是西洋人的居住之地,也是他们的商铺、账房,悉数位于十三行街,即今天的十三行路。夷馆房屋都坐北朝南,面向珠江。夷馆与珠江之间,还有两片广场,分别被命名为"美国花园"与"英国花园"。十三街的南侧中西商馆杂处,以西洋夷馆为主,这是乾隆为了使规模日益扩大的贸易顺利进行而采取的集中管理措施。

清代十三行街以南至河边地,已经成为西关的主要商业区域,各地轮渡码头集中在那里,各地洋行代理、金银业、洋行也集中在此,是广州商业中心之一。屈大均有诗云:"洋船争出是官商,十字门开向二洋。五丝八丝广缎好,银钱堆满十三行。"

十三行建筑多为白色、浅黄和棕色,瓦面用灰白色、砖红色,整个商馆区由三条街道切过,西面是同文街,第二条是平行于同文街的靖远街,第三条是东面的新荳栏街。

十三行街北是广州城的郊区,正北的街口是故衣街,正对同文街北口是行商公所,横过西濠涌的桥北为通事馆,商馆和政府的沟通就靠通事馆译人,木匠广场即为行商专造木制品的多排店铺,有70家以上,东侧经官行、茂官行、浩官行等,即今天宝顺大街和怡和街。

广州十三行从形成至逐步消亡的二百多年间,先后发生过多次大火。1822年,十三行附近一家饼店失火,波及十三行,大火连续烧了两日,夷馆、洋行多间被烧毁,损失惨重。据统计,11家洋行未被烧的只有5家。外商的货物全部烧毁,所有行商房屋货栈变成了灰烬,牵连附近的房屋店铺千余家。第二次大火是鸦片战争后的道光二十二年(1842),英军士兵在"十三行地面设摊"的陈亚九的水果摊上"取食橙子二个",要钱不给,还用刀"划伤陈亚九右手背",激起了广州民众的愤慨。半夜,广州民众火烧英国商馆,广州清政府官兵前往救火,被群众掷来的密集石头阻截,不能前进。大火一直烧到第二天才熄灭。

第三次大火是第二次鸦片战争期间,驻扎在十三行地区的英军,为阻止中国军民对外国商馆的袭击,拆毁了十三行地区周围大片民居,留下一片空地以防止中国军民的偷袭。12月14日深夜,痛恨侵略者的广州民众从被拆毁的铺屋残址上点火,火势瞬间蔓延至十三行外国商馆区。15日凌晨烧及美法商馆,下午2时延至英国商馆,到下午5时,十三行地区除一栋房子幸存外,全部化为灰烬。当时南海知县华延杰在《触藩始末》一书描写:"夜间遥望火光,五颜六色,光芒闪耀,据说是珠宝烧烈所至。"英军失去据点,被迫撤回泊于珠江上的军舰。十三行商馆区从此结束了它的历史。

十三行的街道空间,为"竹筒式"排列格局。十三行商馆房屋太密,又多是木质结构,容易着火。再者,咸丰六年(1856),十三行地区遭受炮毁,难于重建,西方列强目光又转向十三行西侧的浅水沙洲——即今天的沙面。英法联军在占领广州5年后,终于迫使清廷租借沙面。

从此广州十三行废墟一直保存到清末,才在灾区内建起房子,开通街道。

现在,有关专家呼吁恢复十三行街区旧貌。

两广总督革职留任臣祁𡎴、三品顶戴广东巡抚臣程矞采跪奏：为民人焚毁夷楼泄忿，互毙人命，拿获寻殴放火及乘火抢夺银物匪徒，审明分别办理，恭折奏祈圣鉴事：

上年十一月初六日，省城外十三洋行地面，民夷因事争闹，并夷楼被焚被抢一案，先经臣祁𡎴与前臣梁宝常[1]，查明夷馆烧去四间，民夷共伤毙五命，并拿获抢火匪犯，业将大概情形，会折具奏。钦奉谕旨"祁𡎴等奏，民夷因事争闹及夷楼失火被抢一折。此次夷人强买民人食物，致相争闹，是夜夷楼失火被抢，经该地方官弹压救护。旋据该酋仆鼎查[2]，询明此事，该督正言回复，所办甚是。粤省士民，因该夷情形傲慢，激成公愤，迥非借端滋事可比。惟该夷甫经就抚，边衅未可再开[3]。伊里布将次到粤[4]，着即会同祁𡎴、梁宝常细心秉公，妥为办理。总当使该夷输服，不至有所借口，到妨抚局，尤不可屈抑士民，使内地民心，因而解体，方为妥善"钦此。臣等当即钦遵，转行遵照。嗣经查询此案，系南海县卖果民陈亚九，因英吉利黑夷强买橙子，起衅争闹。解散后，复有县民苏亚炳，纠众寻殴，起意放火，叶亚潮下手燃烧夷楼，互毙人命，匪徒胡亚顺等，乘火抢取银物等情。先据府县会营、督率兵役，陆续拿获放火之叶亚潮一名，乘火抢夺之胡亚顺、岑亚宽、陆亚万、刘亚女、梁亚洗、叶亚才、李亚二、冯亚奇八名，图抢未得财之陈亚贵、谭亚佑、潘亚扬、廖云秀、麦亚宝五名，连起获原赃，洋银、夷服等物，录供通禀，当经行司，饬府督审办。

兹据广州府知府易长华，督同南海、番禺二县，将现犯审拟，由藩臬二司复审[5]，招解前来。臣等督同司道，亲提研鞫[6]。缘现获之叶亚潮、胡亚顺等，籍隶南海、清远等县，向在省城十三行附近佣工，挑担度日。有陈亚九，亦在十三行地面设摊，摆卖水果。道光二十二年十一月初六日申刻，英吉利黑夷向陈亚九摊上取食橙子二个。陈亚九向索钱文，黑夷不给，转身欲走。陈亚九拉住该夷后衣不放，黑夷用刀划伤陈亚九右手背。陈亚九负痛松手，大声叫喊。有在附近卖羔之李亚华及往来行人，共为不平，帮同向黑夷理斥。黑夷自知理亏，避入夷楼，将门关闭。众人追呼拥至，围住夷楼。黑夷在楼上，用砖瓦向下掷打。经臣祁𡎴等闻知，饬令南海、番禺二县、会营驰赴弹压，督饬兵役喝止，旋各走散。随有苏亚炳、李亚二、何亚裕、叶亚潮及李亚乾、蒋亚坚、不识姓名之亚翰、亚升，并不识姓名多人，闻知十三行地方民人与夷人争闹，前往观看。初更时候，行抵该处，向陈亚九问知情由。陈亚九等当各转回。苏亚炳当以夷人过于欺侮，起意商同李亚二等，找寻夷人殴打报复。李亚二等，及不知姓名各人，均以夷人平日傲慢凌辱，现复强买伤人，各抱公忿，情愿帮同前往。

苏亚炳遂带李亚二等，及不识姓名各人，走至夷行门首，拾石打开夷门，声言报复，一同拥进夷楼。时英吉利夷商，雇有泥水木匠人等，在行修整楼屋。夷商与工匠黄昌俸等，因见人众势凶，即从后门走出。李亚乾、蒋亚坚、亚翰、亚升，从后追赶寻殴。

时苏亚炳因见地上遗有工匠煲茶炉火，起意将其夷楼烧毁泄忿；密与叶亚潮、何亚郁、李亚二商允，叶亚潮即将炉火举向夷楼第二进院内堆积碎木刨花处所丢弃。何亚郁、李亚二,未经动手。须臾起火,经看守夷行工人梁恩等看见畏惧,不敢拦阻。黑夷多人,上前扑救。苏亚炳喝殴,叶亚潮等各拔出身带顺刀[7],与不识姓名人,随同苏亚炳,向黑夷殴砍,黑夷各放手枪抵御。内有黑夷二名,被伤倒地。苏亚炳、李亚二、何亚郁,亦各被手枪砂子中伤倒地。因彼此乱殴,且烟火迷目,并未见何人致伤何夷及何人系被何夷枪伤。李亚二、苏亚炳、何亚郁及两黑夷、俱各重伤,旋即殒命。

经臣祁𡏄等督饬文武员弁,添派兵役弹压,查拿叶亚潮等及不识姓名各人,亦即陆续走散,将火救息。

当火发时,另有胡阿顺、岑亚宽、陆亚万,在街观见火起,各自起意纠伙,乘机抢夺。胡亚顺纠得刘亚女,岑亚宽纠得梁亚洗、叶亚才,陆亚万纠得李亚三、冯亚奇,又有不识姓名多人,陆续纠伙,一同走入行内,各自抢得洋银三十余圆及一百圆零不等,并夷服等物跑走。

又陈亚贵、谭亚佑、冯亚扬、廖云秀、麦亚宝五人,亦因火起,各自起意前往抢夺;行抵该处,正在入行图抢,即经广州府督率兵役,连叶亚潮等一并拿获。并于火息后,拿获各赴火场,拨取灰土捡拾货物之黄亚福、陈亚帼、王亚三、张亚升、陈亚胜、叶亚同、陈亚就七名,连原赃解案,讯供通禀[8],并会营勘验。先经臣等奉奏谕旨,转行钦遵查照,并确查起火实情,分别究办……

【作者简介】

祁𡏄(1777—1844),字竹轩,山西泽州高平人。嘉庆元年(1796),以二十稚龄中进士,授刑部主事,不久升迁刑部员外郎。辗转郎官三十多年后,道光九年(1829)升至刑部右侍郎,充武科殿试读卷官,寻授广西巡抚。道光十三年(1833),调任广东巡抚。两广任上,力主禁烟,巡查海防,造新式轮船,购外国武器,修筑炮台,建筑沙田粮仓,疏河通航,赈灾救民,屯田开荒,编练义勇,数次和英军交战。道光十八年(1838),擢刑部尚书。

程矞采(1783—1857),谱名新胜,字蔼初,号晴峰,江西新建县人。嘉庆十六年(1811)进士,散馆授编修,授礼部仪祭司主事,军机处行走,升京畿道、江南道监察御史、户部给事中。累官甘肃按察使,调广东按察使,升广西布政使,擢广东巡抚。会同两广总督修筑虎门炮台,重兵防守。累官云贵总督、湖广总督。太平军起,因赴湖南防堵不力被革职留任。矞采为官贪婪,留任期间遭弹劾充军新疆。获释归家途中去世。

【注释】

[1] 梁宝常:直隶天津人。道光二十二年(1842)正月任广东巡抚,十二月改山东巡抚。

[2] 仆鼎查(1789—1856):英国人,初入海军至印度 40 年。清道光二十一年被英国政府任命为侵华全权代表,并签订中英《南京条约》。

[3] 边衅:边界上的争端。

[4] 伊里布(1772—1843):爱新觉罗氏,字莘农,满洲镶黄旗人。嘉庆六年(1801)进士。历任通判、知府、知州、按察使、布政使及陕西、山东、云南巡抚。道光十八年(1838)任云贵总督、协办大学士,次年十二月调任两江总督。鸦片战争期间,坚持妥协、投降,为琦善出卖香港行径辩护;并违抗道光帝收复定海之命,终被革去两江总督一职,押京定罪。道光二十二年(1842)一月,英军照会道光帝,若必议和,须派伊里布筹办。七月,耆英、伊里布等代表清政府

同英军统帅仆鼎查在下关江面英舰上签订了丧权辱国的中英《南京条约》。

[5]藩臬:藩司和臬司。明清两代的布政使司和按察使司的并称。

[6]研鞫:勘问,审讯。鞫:音jū,审讯,查问。

[7]顺刀:双刃刀。

[8]讯供:谓审问取口供。通禀:禀报。

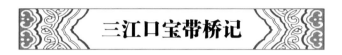

三江口宝带桥记

清·魏 源

【提要】

本文选自《古微堂外集》(上海国学扶轮社宣统元年铅印本)

宝带桥是中国古代多孔薄墩联拱石桥,中国古代四大名桥之一。位于江苏苏州吴中区长桥镇京杭大运河边,跨澹台湖口玳玳河,为历代纤道所经。桥全长约317米,宽4米。

宝带桥始建于唐元和十一年至十四年(816—819),由苏州刺史王仲舒主持建造。

唐代,漕运已空前繁忙,但以苏州到嘉兴的一段运河,系南北方向,载满皇粮的漕船,秋冬季节要顶着西北风行进,不背纤是很难前行的。可是,纤道在澹台湖与运河交接处,却有个宽三四百米的缺口,需填土作堤,"以为换舟之路"。可是,"填土作堤"也就切断了众湖泊经吴淞江入海的通路,且路堤又会被汹涌湍急的湖水冲决,以桥代堤,势在必然。苏州刺史王仲舒,为保证漕运的顺利畅通,决计下令拓纤道,建桥湖上,并且捐出自己玉质宝带以充桥资,宝带桥因此得名。桥建成后,屡经兴废,唐、宋、元、明、清各代多次重建、重修。

道光三年(1823),吴越大涝,名臣陶澍、林则徐相继疏奏修浚淤塞的三江。"十二年,陶公总督两江,巡抚林公复与督府会奏,浚刘河、白茆河,旋又通七浦、徐六泾之口,修昆山之至和塘,浚太湖之茆淀,而告成于三江口之宝带桥。"负责宝带桥工程的是元和县知县黄冕。

宝带桥用坚硬素朴的金山石筑成,桥长316.8米;53孔,孔径总长249.80米,其中孔径最高的第15孔为7.45米,它与第14、16孔(高4.6米)形成全桥拱形弧线的顶端,供大型船舶通过,其余各桥孔平均为4.6米;石桥南端引桥墩长43.08米,北端引桥长23.20米,桥堍呈喇叭形,宽6.10米。桥两端原有青石狮各一只,桥北有石碑亭和石塔各一座。第27孔与28孔之间水盘石上也有石塔一座。

值得一提的是,这座桥的设计具有经济、实用和美观的特点。桥形的大小孔结合,既可降低桥面,亦节省工程费用。针对桥址地基软弱的情况,工程采用木桩基,每墩用直径15—20厘米的圆木桩60根,桩头间用石块嵌紧,上建较窄的条石墩基,这样的墩基坚实可靠且不阻碍泄洪。勘察得知,自北端起第27号墩是由两个桥墩并立而构成的刚性墩,能抵抗单向推力,专家称,这种应用联拱的方法,对其他若干个桥墩能起保护作用。

宝带桥桥身之长、桥孔之多、结构之精巧,为中外建桥史上所罕见,与赵州安济桥、泉州万安桥、灞桥并列为中国四大古桥(按:四大古〔名〕桥说法不一,此为一种)。

陶澍、林则徐为官两江、江苏期间,采取了许多利国便民的经济改革措施。江苏旱涝灾情严重,他们不顾朝廷斥责,上奏历陈民间困苦,坚请缓征受灾州县漕赋;致力兴修水利工程,疏浚白茆、刘河、徒阳运河等河道。因此,魏源在文末感慨地说:"因时制宜,举废兴滞,吴民其庶有瘳乎!"

东南之水潴于震泽,尾闾于三江,而吴江长桥、元和宝带桥钥其门户[1]。自宋迄清七、八百年,代浚代淤,要未尝竟源委,讨积病,一举而大治。道光三载[2],吴、越大涝,龟鳖生万灶,蛟鼍嬉千里,东南田赋什不一二,始厎聘于三江之淤塞[3]。五年,兵部侍郎陶公自安徽移江苏,承海运之后,始奏疏吴淞江。十二年,陶公总督两江,巡抚林公复与督府会奏,浚刘河、白茆河,旋又通七浦、徐六泾之口,修昆山之至和塘,浚太湖之茆淀,而告成于三江口之宝带桥。三载经营,百废备举,先后靡金钱若干万。而刘河则以元和知县黄冕奉檄总其役[4],宝带桥又元和所辖也。

惟东南水道,今昔异形势,今之修浚三江,异昔人者有二:吴淞自昔以建闸御潮为首要,今宫保陶公以吴淞为中条正干[5],非支河汊港比,宜宣不宜节,独去其闸,直其湾,阔其源,深其尾,塞其旁泄,使溜大势专足以敌潮,刷沙东下。故道光十一年、十三年,江潦连岁横溢,而吴田不告大灾,皆吴淞泄水之力,此其异昔而收效于今者一。刘河、白茆河自昔以通海口为要,今抚部林公与督府会筹,以为三江并行,必淤其一二。今正溜专趋吴淞,则不宜多杀其势,而刘、茆二海口内外,高下平等,旧苦咸潮倒灌,介虫逆上害田稿[6],尤不宜引寇入户。于是坝其海口,使不通潮,而专蓄清水。十四年,太湖发蛟,江水骤涨丈余,急决海口大坝,不三日,水骤退,吴田大熟。而海啸风潮时作,亦不致倒侵内地。太仓、常熟、昭文沽溉数万顷,此其异昔而收效于今者二。故三江之役,不第今昔相反也,即此江之役与彼江亦相反也。图度于事前,而不旋踵收功于事后,其经费则皆拮据于财赋劳瘵之余[7],视昔人尤不易,非大府恫心民瘝[8],断莫之举也。

古君子为政有成,则必述其始终经划之本末,以诏后人,故春秋役民力必书。今斯桥扼三江之要,为诸壑喉,为漕艘冲,后之守土者道出其间,览泽国之形势,念东南农田之利病,慨然于周、海诸君子之遗烈,洞然于此江与彼江之异形,今江与昔江之共势,因时制宜,举废兴滞,吴民其庶有瘳乎[9]! 遂勒石桥右,既以揭各贤牧伯经营数载之用心,且以劝后。

【作者简介】

魏源(1794—1857),原名远达,字默深,湖南邵阳人。中国近代启蒙思想家,政治家,文学家,林则徐好友。道光九年(1829)应礼部会试,与龚自珍双双落第,房考刘逢禄作《两生行》哀之,从此龚魏齐名。道光二十一年(1841),魏源入两江总督裕谦幕府。后见清政府和战不定,投降派昏庸误国,愤而辞归,立志著述。道光二十四年(1844),再次参加礼部会试,中进士,以知州用,分发江苏,任东台、兴化知县。其间改革盐政、筑堤治水。并编成《海国图志》50 卷,后经修订、增补,至咸丰二年(1852)成为百卷本。它囊括了世界地理、历史、政治、经济、宗教、历法、文化、物产等,对强国御侮、匡正时弊、振兴国脉之路作了探索,提出"以夷攻夷""以夷款夷"和"师夷之长技以制夷"的观点。咸丰元年(1851),魏源授高邮知州,后被革职,旋复职,不就。晚年,潜心学佛,法名承贯。其诗文被辑为《魏源集》。

【注释】

[1]元和:县名。在今苏州境内。清雍正二年(1724)分长洲县东南部置。

[2]道光三载:1823 年。

[3]豗聒:音 huī guō,喧哗鼓噪。

[4]奉檄:犹奉命。

[5]宫保:太子太保、少保的通称,清代用以称太子少保。陶澍任两江总督时加太子少保衔。

[6]介虫:有甲壳的水族。

[7]劳瘅:劳累病痛。瘅:音 dàn,由劳累造成的病。

[8]恫心:痛念。民瘼:民众的疾苦。

[9]瘳:音 chōu,病愈。

湖 北 堤 防 议

清·魏　源

【提要】

本文选自《古微堂外集》(上海国学扶轮社宣统元年铅印本)

随着湖广成为国家的粮仓,湖北长江堤防,明清时成为朝廷水利的重中之重。湖北堤防分为两支,一是长江大堤,一是汉江大堤。长江流经湖北荆州地区,上起枝城、下至湖南城陵矶约 340 公里的河段称为荆江。荆江左岸江堤全长 180 余公里,称为荆江大堤。大堤内的耕地 800 万亩以上;"汉水则发源汉中,挟兴安、郧阳万山溪涧之水以东,又受德安、安陆之水于郧口,皆山潦横暴,每夏秋汛,与江争涨,则分脉入江陵之长湖,下达潜、监、沔阳之沌口,港汊纵横,数百里弥望,是为汉患"。

明清以来,长江、汉水屡发洪水。道光九年(1829),湖北大涝。湖北洪水为何愈演愈烈? 魏源分析,"秦蜀老林棚民垦山"日剧,"泥沙随雨尽下,故汉之石水斗泥",所以,年年怪江汉堤防不牢固,可乎? "元、明以还,海堰尽占为田,穴口止存其二,堤防夹南北岸数百里。而下游之洞庭,又多占为圩垸,容水之地尽化为阻水之区。洲渚日增日阔,江面日狭日高,欲不轶溢为害,得乎?汉自钟祥以下,昔各有支河以杀其势,民贪其肥浊易淤,凡滩唇洲尾,多方围截以成圩,自襄阳南下千余里,则皆大堤以障之。于是汉底亦日高,堤外地日下,溃则破缶,潦则侧盂。人与水争地为利,而欲水让地不为害,得乎?"因此,魏源总结说:"左堤强则右堤伤,右堤强则左堤伤,左右俱强则下游伤。"

魏源提出,要治理湖北水患,须"相其决口之成川者,因而留之,加浚深广,以复支河泄水之旧""下游圩垸之溃甚者,因而禁之,永不修复,以存陂泽潴水之旧":即"因败为功""因败制宜"的以水治水二策。

魏源不无自豪地称:"得是说而通之,以治天下水无难焉,于江、汉何有?"

荆州其川江、汉,据西南建瓴之势,自古不闻为患,而近灾岁告,其堤防几与河、淮并亟。盖大江出峡,至江陵始漭泆横恣[1],而下游洞庭夏涨,又挟九江之水奔腾出口,以横截大江之去,又东则汉口截之,又东则彭蠡口截之,每相敌相汇,则回逆旁溢,而洲渚莫盛于荆,是为江患。

汉水则发源汉中,挟兴安、郧阳万山溪涧之水以东,又受德安、安陆之水于郧口,皆山潦横暴,每夏秋汛,与江争涨,则分脉入江陵之长湖,下达潜、监、沔阳之沌口[2],港汉纵横,数百里弥望,是为汉患。

斯二者,或委之天时焉:谓蛟水骤涨数丈,所至溃突,非汛水日长尺寸之比,则其发有时,固不应天灾之岁告也。或委之人事焉:谓秦蜀老林棚民垦山[3],泥沙随雨尽下,故汉之石水斗泥,几同浊河,则承平生齿日倍[4],亦不能禁上游之不垦也。故今治江、汉者,则专从事于堤防,且岁咎于堤防之不固。乌乎!天下固有致患之由,执为防患之术者乎?

江之在上世也,有七泽以漾之,有南云、北梦八百里以分潴之。夏秋潦盛,则游波宽衍[5],有所休息。自宋世为荆南留屯之计[6],陂堰成田,日就淤塞,而孟珙、汪叶之知江陵[7],尚修三海八堰,以设险而蓄水;又有九穴十三口以分泄江流,犹未尽夺水以地也。元、明以还,海堰尽占为田,穴口止存其二,堤防夹南北岸数百里。而下游之洞庭又多占为圩垸,容水之地尽化为阻水之区,洲渚日增日阔,江面日狭日高,欲不轶溢为害[8],得乎?汉自钟祥以下,昔各有支河以杀其势,民贪其肥浊易淤,凡滩唇洲尾,多方围截以成圩,自襄阳南下千余里,则皆大堤以障之。于是汉底亦日高,堤外地日下,溃则破缶,潦则侧盂,人与水争地为利,而欲水让地不为害,得乎?

且古之治水者,但闻疏浚以深川,不闻曲防以壑邻。故曰:左堤强则右堤伤,右堤强则左堤伤,左右俱强则下游伤。沏其势,不孙其理,虽神禹不能为功[9]。然今日而欲弃地予水,徙田墓、庐舍、邑里,决堤防以避之,固有所不能。然则如之何而可?曰:患在天者,人力无可如何。无已,则惟有相其决口之成川者,因而留之,加浚深广,以复支河泄水之旧,庶因败为功之一策乎!患在人者,上游之开垦亦无如何,惟乘下游圩垸之溃甚者,因而禁之,永不修复,以存陂泽潴水之旧[10],亦因败制宜之二策乎!弃少而救多,事半而功倍,虽江汉之浅深,洲渚之亘袤,非人力所能排浚,而水无所壅,则其力自足以攻沙而深川也!是之谓以水治水,其贤于堤防曲遏也,利害相百也。

道光九年,湖北大涝,婺源王君凤生以旧运使奉檄赴楚[11],总理堤工。既而知其事不可成,引疾告退,因笔其利害,为《江汉宣防图说》二卷,《汉江纪程》二卷,总命之曰《楚辖纪略》。盖身亲曲折,始知天下事不瀹其本原[12],而徒警偏抚弊之果不足为也。得是说而通之,以治天下水无难焉,于江、汉何有?此代陶文毅叙王运使书也,存之以当水利议[13]。

【注释】

[1] 㳽㳿:广大貌。

[2] 潜、监、沔阳:俱在今湖北。潜,潜江;监,监利。

[3] 棚民:指清代在山上搭棚居住的流民。

[4] 生齿:小孩长出乳齿。借指人口、家口。

[5] 宽衍:宽而平。

[6] 留屯:驻军屯田。

[7] 孟珙(1195—1246):字璞玉,随州枣阳(今属湖北)人,南宋杰出的军事家,被后世军史家称为"机动防御大师",以一人之力统御南宋三分之二战线上的战事。

[8] 轶溢:漫溢。

[9] 泐:同"勒"。孙:同"逊",让。

[10] 潴水:蓄水。

[11] 王凤生(1776—1834):号竹屿,安徽婺源人(今属江西)。嘉庆十年(1805),援例纳赀,往浙江任试用通判,并摄知县事,政绩显著。累官嘉兴知府、乍浦同知、归德知府、彰卫怀道台等。道光九年(1829),署两淮盐运使。道光十二年,湖北遭水灾,应调赴鄂,总办水利,筹划修筑武昌、荆州、黄州及安陆所属各县河堤,往返跋涉。但由于秋洪骤发而新堤又决,引咎退归。一生以仕为学,所至多有建树,尤谙治水、盐政。有《江淮河运图》《汉江纪程》《淮南北场河运盐走私道路图》《楚北江汉宣防备览》等。

[12] 瀹:音 yuè,疏导。

[13] 按:此文是魏源以陶澍的名义,为王凤生《楚辖纪略》一书所写的序。叙,即序。

附:岳州府新筑永济堤记

明·李东阳

岳州府城北十五里有矶曰城陵,当川、广、云、贵之冲。官所置有驿,有巡检司,有递运河泊二所。凡朝所遣使有事于西南诸藩,牧伯而下方巡岁代,及执事役夫之宣教布令,商贾民庶之往来,胥此焉集。其为地至要也。

顾其西,则长江奔流,冲啮无定;东则白石、翟家二湖所汇地,势卑垫。每夏秋际,洞庭、江、汉与二湖合,浩荡掀播,茫无畔涯。舟行则多限风涛,或累信宿;陆行则巡山历涧，纡回三百余里，艰阻万状，人甚苦之。

前知岳州府眉山吴侯行骖，欲筑堤构桥，以得代，弗果。福清戴侯某继守，始就二湖口构木为梁，颇利病涉，但冬置春设，岁费烦扰，利与劳不相直。

成化癸卯，弋阳李君文明知府事。事既就绪，乃命筑土为堤，长四千丈，广二丈，缘地势为平，高者七八尺。堤成，名曰"永济"。傍夹树柳二万以固积壤，又凿巨石于华容之层山，为桥二于旧所置梁处，广二丈，高倍半，长五倍之，不可容舟。桥成，名其南与堤同，其北曰"广通"。复虑水涨则舟不能出入，乃仿规运河，甃石为闸，于二桥之北，广五丈，高丈有二尺，长加高之三尺。架木梁以通车马，建亭列室以为官属迎候之地，而堤之事始备。盖始于甲辰十月，越一年丙午某月。为工二十有七万，金三千余两而成。

初，城陵居民与水高下，依山并矶以附市集。至是，乃募民俾自占堤筑土架屋，市廛咸凑，烟火相接，户累数百，无复有转徙虑；堤东隙地，旧为萑荻之区者，恃其障蔽，渐可耕艺，以顷计者，要其成，可至数百云。

夫堤堰之制，起于中古，所以障蔽水患，为田壤计，鲜有专为道途设者。然民之生，彝险劳逸，亦惟所在而为之利，独田也哉！城陵之险，惟道途最急。今易水为陆，缩远为近，就平彝而脱危阻，其利可知也甚者。变槎居为市集，化弃地为膏沃，又昔之所未有者。盖一举而数利兼焉！古称更旧政者，不十倍利则不必兴，有如是役，亦可以兴矣。且其费必公出，工必佣致，虑定而事动，期克而功集，改听易视而民不知，微李侯之贤，其曷克臻兹哉！堤以"永济"名者，自唐已有之。今名存实废，不可复考。

是堤也，吴侯之志，戴侯略施之，李侯实大成之。嗣是以往，如数侯者，异时而同志，则斯名也，其亦可以称情矣乎！李侯名镜，举己丑进士，历刑部员外郎。廉明公恕，修学校，饬公宇，百度具作，而堤之功为多。佐是役者，某官某。请予记者，山东参政邓君宗器、四川按察副使柳君拱之及其乡大夫也。

按：本文选自《古今图书集成》职方典，卷一二二五（中华书局、巴蜀书社影印本）。

重修沙洋堤碑

明·曾省吾

禹抑洪水江汉，功半之。其朝宗皆出楚，楚故泽国也。余入蜀，涉江源入秦浮汉，其势并建瓴而下，奔腾震激，导波如雷。第两山壁立，夹束乎其中，势莫得逞。山稍夷，即横流四溢，矧楚当二水冲，地独卑旷哉！乃在荆承为甚。

江由西陵达荆汉，由竹山达承若，辽阔矣，而利病实共之。承之荆门，东去一百八十里曰沙洋镇。镇控荆门、江、监、潜、沔五州县之上流，汉水自芦麻口直冲。镇北岸旧有堤为防，军民廛居其上，堤内田可耕者度数百里。岁嘉靖丁未，堤决，水直趋江陵龙湾市而下，分为支流者九，遂不可复塞。塞之辄复坏，卒成河，通舟黍稷之场,淫为巨浸。两郡民死徙相半,甚苦,乃在荆为甚。盖汉与江交病之矣。顾久之,不事复塞,民延颈嗷嗷,无所控,徒待毙耳。

今中丞赵公往守荆州,属丙寅秋,汉水复大溢。公临流望洋叹曰:"嗟乎!是不有成事可睹乎。向非无堤,废而不讲者谁耶?独奈何难虑始,忍陷溺吾民也。"乃与承守何公亟图之。请诸大夫,发帑金,益以二郡赎锾,共得金六千四百九十两有奇。部署官属,各有经纪。肇工于隆庆元年九月二十六日,至明年戊辰八月二十六日堤成。上设武安祠,铸二铁牛镇之。又明年,复请得四百金,并堤武安祠砌水口要害一百二十丈,高二丈。堤乃益固,蜿蜒隆崇,屹屹如山。昔为巨浸,今粒而耕;昔死徙无方,今室家有常,颂声洋洋,美哉功乎!越七年于兹矣。

乃者壬申秋,公奉命抚楚。席不暇暖,常周回江汉之墟,问民所疾苦,至于堤上,居民童叟以千数,稽首环公辙曰:"吾侪小民,何遽不为鱼鳖,本公赐也。不意今者幸得复见!"公且喜且泣,而分守王公、分巡余公感民情,移檄有司,谓"兹堤也,功及二郡甚盛,后亦将睹成事,可无征乎?"乃抚实走使入蜀,问记余。

窃观古今独慕禹功,以治水也。后世吏称循良者,要未始不以是为急。开白渠,凿离碓,起勺陂,筑镜湖,斯最著矣。襄有大堤,歌咏至今。宣房之塞至勤,汉天子自临而沉璧马,仅乃得之。此岂细故哉!顾事不易任,非真有不忍人之心,挟必然之见,行以定力,无论治水,即余事难成矣。故在禹也,思天下有溺者,由己溺之,胼手胝足于八九年间而无所恤,然后地平天成,万世永赖。任事者亦何莫不然?

余生长汉滨,自结发时闻沙洋堤决,民病久矣。间议塞,曰:"道傍多异同,塞有利弗利。"又曰:"其费巨。"夫费诚巨矣,苟可以久民利浮于害者,斯择而为之矣。矧昔不塞,视今奚利;今塞之,视昔奚害?是存乎人耳。彼猥有托而自便安计者巨哉,宁敢望公!乃公之利济人,实出天性。闻昔每驰往督堤,犯波涛,历寒暑,捐俸佐牛酒,费劳来诸役。五州县往役之,民如恐后。一切伐木、辇石、竹楗、土垺、畚锸之具,纤巨咸饬。以故不逾年而底绩,此非心诚不忍于民?其见既定,而行之又力,安得此堤成而两郡晏如、共倚以为命也!

今海内缙绅先生尝谓国家二百余年以来,二千石异等被褒增秩者才两见。嘉隆之际,独赵荆州一人耳,名岂虚制哉!顾公德政,彰彰大者,更仆未易数。余所记,独在堤,又独在沙洋,其以俟史氏论撰矣。

余前过家,长老为言堤幸固耳。汉水独射齿盘薄,其下不即去。脱竹筒河淤涩如故,不大浚,犹将可虞;又滨江大堤岁遭决者,往往如是,不得尽如沙洋堤。余久于四方,诚不知其果否。独念公守荆州,河澜已远,况乃抚全楚哉。无何,读邸报,公已一一入经略疏中矣。其叙民胥溺之状,至不可读。诗曰:"滔滔江汉,南国之纪。"沱潜导而云土梦乂,全楚不复见乎,成永赖哉。夫公自守荆州以至今日,功已半禹;即佐天子,都要津,随所任以利济天下,功之全,讵出禹下乎?姑附记于此,亦王公、余公意也。

按:本文选自《古今图书集成》职方典,卷一一四六(中华书局、巴蜀书社影印本)。

长江水师事宜(节选)

清·曾国藩

【提要】

本文选自《曾国藩全集》(中国致公出版社2001年版)。

19世纪中叶的清朝,内忧外患不断。

外患:1840年,外敌军舰的炮声在虎门外口响起,林则徐等清朝诸远见卓识之人也认为水师技不如人,根本无法与战,只能退守陆防。林则徐认识到"以船炮而言,本为防海必须之物,虽一时难以猝办,而为长久计,也不得不先事筹维"(《密陈办理鸦片不能歇手片》),并委托魏源编写出版了《海国图志》,首次明确了"师夷长技以制夷"的思想。

然而遗憾的是,当时的整个帝国除了极少数的有识之士以外,依然沉浸在古老的迷梦中,尽管道光帝曾经下令东南各省赶造战船,但整顿海军的尝试随着《中英南京条约》的签订停滞了。

内忧:1853年,太平天国攻占武汉,大军水陆并进,摧枯拉朽迅速攻占江宁(今南京),长江上百舸千帆尽是太平军战船,大清帝国水师兵败如山倒,迫使曾国藩重新组建了湘军水师。

太平天国武装力量被湘军等镇压之后,曾国藩立刻在1865年上《长江水师事宜》奏折,提出长江水师的各项事宜。"查江南太平府河,外通江,内通湖,可扎战船数十营,右达皖南宁国府,南濒固城诸湖,左达江苏高淳、溧水两县,石臼、丹阳诸湖,兼可扼东坝之要隘",曾国藩建议长江水师提督衙署设在太平府,而不再建署芜湖。

最高机关办公地点确定后,提督行署设在湘军重镇之一的岳阳,提督轮驻安徽当涂县城十字街中段(今提署街)和岳州府竹荫街。长江水师太平府辖提标五营,岳州辖镇标四营,另外还有汉阳、湖口、瓜洲狼山镇等处或设总兵、或为镇标营,总兵力2万人左右。长江水师从原来的湘军水师一跃成为朝廷经制之师。

从此,长江水师成为清朝江河上的重要防卫力量。但从水师的主要装备——战舰来看,吨位最大的长龙船亦不是当时西方已很普遍的铁甲船,水师中广泛使用的舢板船基本都为木制战船,所以船只损坏是家常便饭,于是曾国藩建议在湖北汉阳、江西永修吴城、江宁草鞋峡设立船厂。

有了长江水师这杆大旗,原有各省、各相关兵营都划归水师统一管理,建衙、造炮位、造大船各项事宜,曾国藩事无巨细,一一条画清楚。曾国藩甚至还为水师编写《得胜歌》:三军听我苦口说,教你水战真秘诀。第一船上要洁净,全仗神灵保性命。早晚烧香扫灰尘,敬奉江神与炮神。第二湾船要稀松,时时防火又防风。打仗也要去得稀,切莫拥挤吃大亏。第三军器要齐整,船板莫沾半点泥;牛皮圈子挂桨柱,打湿水絮封药箱……第四军中要肃静,大喊大叫需严谨;半夜惊营莫急躁,探听贼情莫乱报……第五打仗不要慌,老手心中有主张……若是好汉打得近,越近贼船越有劲。第六水师要演操,兼习长矛并短刀;荡桨要快舵要稳,打炮总要习个准……第七不可抢贼赃,怕他来杀回马枪;又怕暗中藏火药,未曾得财先受伤。第八水师莫上岸,只许一人当买办;其余个个要守船,不可半步走河沿……

因为曾国藩,长江水师从杂牌军成为了"嫡系部队",曾被誉为"天堑雄师"。但因其墨守陈规,未能及时进行武器装备的更新,故未完成向近代江防舰队的过渡,最后沦落为维护长江治安、保证商务畅通的三流武装力量。

第一条,提督建衙芜湖

长江水师提督驻扎,原议在于芜湖建立衙署。查芜湖内河甚小,冬令水涸[1],不能安泊战舰。若泊大江之中,则洪涛巨浸,其患莫测。查江南太平府河,外通江,内通湖,可扎战船数十营,右达皖南宁国府,南滶固城诸湖[2],左达江苏高淳、溧水两县,石臼、丹阳诸湖,兼可扼东坝之要隘,拟以提督驻扎太平府,设立衙署。

第二条,提督立行署于岳州

长江水师提督管辖之地,上自荆州、岳州,下至江苏崇明[3],两岸支河内湖均归统辖。计程近五十余里,分列五省。若仅驻扎太平府恐其照料难周。拟于岳州府设立行署,该提督分月轮驻。以半年驻下江太平府,以半年驻上江岳州府。每年周历巡查,驻上江则巡阅至洞庭湖荆州止,驻下江则巡阅至狼山止。

第四条,长江共立六标

长江水师共立六标[4]。提督驻扎太平府,所辖提标五营。岳州设一总兵,所辖镇标四营。汉阳设一总兵,所辖镇标四营。湖口设一总兵,所辖镇标五营。瓜州设一总兵,所辖镇标四营。狼山镇总兵,兼隶长江所辖镇标二营。通共二十四营。

第五条,长江与各省水面分界

长江水师与各省河湖交界之处,应即划分界限,各有汛地[5],以专责成。湖北除江面千余里,全归长江提督外[6],其自荆州以上溯江至宜昌、巴东,汉阳以上溯汉至襄阳、郧阳,及各支河湖汉,应由湖北另行设防,归湖广总督、湖北提督统辖。湖南除江面及洞庭湖归长江提督外,其湘、沅二水,应由湖南另行设防,归湖南巡抚、湖南提督统辖。江西除江面及鄱阳湖归长江提督外,其吴城以上省河[7],及东西支河,应由江西另行设防,归江西巡抚统辖。安徽除江面与傍江之湖归长江提督外,其淮河自正阳关以下至洪泽湖止[8],并接连苏属之支河湖荡,应另设淮扬水师,归淮扬镇总兵统带,两江总督、漕运总督、安徽巡抚兼辖。江苏除江面归长江提督外,其自镇江以东,凡江南之支河湖荡,应另设太湖水师,归两江总督、江苏巡抚、江南提督统辖。其旧设海口之狼山、福山、苏松三镇[9]，除福山、苏松二镇，悉仍其旧外，拟以狼山镇兼隶长江提督标下，仍听两江总督、江南提督节制。

第六条，副参游沿江建衙

副将、参将、游击各有专营，自应设立衙署。唯长江水师营汛[10]，其责任专重在水面，并无防守城池弹压市镇之责[11]。其立汛建署，须择有港汊内河可收泊战舰者，庶免风涛覆溺之患。虽孤州野岸，亦可修造衙署。宜距城市稍远乃为妥善。

第七条，都司以下不立衙署

水师官兵皆宜以船为家，不准登岸居住。如违例住岸上者，官即革职，兵即革粮。自都司以下，皆系哨官，即以哨船为办公之所，不准建衙陆居。至长江提、镇，除例给坐船外，各给督阵舢板二号，每船额设守备哨官一员，兵二十名。内舵兵一名，头兵一名，炮兵二名，桨兵十六名。凡提、镇衙门巡捕、跟丁执事人等[12]。轮流派此船之人值班听差，下班仍以船为家，不准在岸居住。副、参、游督阵舢板各一号，悉如之。

第八条，营制船数

副将营制，战船四十三号，内长龙船二号，舢板船四十号，督阵大舢板船一号。参将营制，战船三十三号，内长龙船二号，舢板船三十号，督阵大舢板船一号。游击营制，战船二十三号，内长龙船二号，舢板船二十号，督阵大舢板船一号。其虽系游击营制，而用船三十三号者，唯岳州、汉阳二营。凡专立之营，皆以都司二员管驾长龙为领哨，其各散哨员弁[13]，均受约束。左领哨专管本营钱粮，右领哨专管本营船炮军装及一切差遣巡查诸务。其舢板之以守备充哨官者为副领哨，每守备率领船十号。

第九条，战船人数

长江水师额兵，副将营督阵舢板船一号，兵二十名。长龙船二号，每船二十五人，共兵五十名。舢板船四十号，每船十四人，共兵五百六十名。共额兵六百三十名，共哨官四十三员。参将营督阵舢板船一号，兵二十名。长龙船二号，每船二十五人，共兵五十名。舢板船三十号，每船十四人，共兵四百二十名。共额兵四百九十名，共哨官三十三员。游击营督阵舢板船一号，兵二十名。长龙船二号，每船二十五人，共兵五十名。舢板船二十号，每船十四人，共兵二百八十名。共额兵三百五十名，共哨官二十三员。其游击营亦有用三十三船者，全仿参将营之例，稿书、书识均不在内[14]。

第十条，都司于本船之外另有打仗舢板

领哨都司除长龙战船一号有兵外，另给无兵之舢板船一号。如遇出兵入小河港汉,恐长龙迟滞,则由长龙拨兵归此舢板乘坐。领哨出队,以期便捷。

第十四条,另给座船

长江水师提督给座船四号。总兵给座船三号。副、参、游给座船二号。各营哨官都司、守备以下直至外委皆无衙署,每哨各给座船一号,以抵陆营衙署马匹之费。提督,每座船月支价银十六两。总兵、副、参、游每座船,月支价银十四两。都司以下,每座船月支价银十二两。

第十七条,三处设药弹局

长江水师炮位,大者千余斤,次者亦数百斤。所需子药最多,须常设子药局,以资操演,而备不虞。查湖北省城、安徽省城造药均有牛碾,最为稳便。该二省应各设火药局,常川制造。江苏、江西应办硝斤,协济安徽药局。湖南应办硝斤,协济湖北药局。至生铁产于湖南,应在长沙设立子弹局,常川制造封门大子,熟铁群子,分解湖北、安徽两省。所有楚境各营,均赴武昌请领子药。江境各营,均赴安徽请领子药,至三局造办子药之费,由武昌、江宁两盐道库,于厘金项下拨给。

第十八条,三处设立船厂

长江战船,大炮震惊,最易朽坏。定每届三年,修理一次,十二年即行更换。应于湖北之汉阳、江西之吴城、江南之草鞋夹三处,各设船厂,排定子丑寅卯等年,某年应修整某营某哨之船,某年应更换某营某哨之船,轮流兴工。江境两厂,由两江总督暨长江提督委员监修。楚境一厂,由湖广总督暨长江提督委员监修。所有船厂经费,亦由江宁盐道、武昌盐道两库拨给。其风篷一件[15],三年即须更换一次。杆索缆纤等物,每届修整之年,亦须酌量添换。均准在于船厂请领。

第十九条,雨篷旗帜等费

长江战船,并无竹篷木舿,唯以布棚遮避雨露霜雪,名曰雨棚,最易朽腐。又如锚木、脑索、炮绳、旗帜、红油、白油等项,均须时常修换。不能待三年之期,亦不能赴船厂请领。此五者名曰杂费,酌定长龙战船每年发银六十两,舢板战船每年发四十两,交该哨官采办修饬,以壮军容。江境之船,由江宁盐道发给。楚境之船,由武昌盐道发给。

第二十四条,不准私借战船

长江水师,各有汛地,不得私离。且长龙舢板均系官物,非同私物可以借用。

凡各省文武出差人员,虽有紧急公务,非奉有长江提督及五省督抚专札派坐战船者,不得私借战船乘坐,以图便易。违者照不应驰驿、妄行驰驿例议处。各营哨官,非奉有专札,而以战船私借客官及朋友乘坐者,照私离汛地例议处。

第二十五条,船式炮数

长江水师修造战船式样:长龙底长四丈一尺,底中宽五尺四寸;舢板底长二丈九尺,底中宽三尺二寸;督阵舢板略加长大。长龙设大炮前后左右六位。舢板设大炮前后两位,左右设车转小炮两位,小枪、短刀、长矛、喷筒,随宜配用。

第二十六条,海口添造大船

狼山镇总兵,现改归长江提督管辖。该处江宽百余里,洪涛浩瀚,海风不测。长龙、舢板船身太小,有风即不能出港。狼镇所辖,均系洋面。近来宁钓沙船,带有炮位枪械,每以捕盗为名,趁风行劫。拟每营造大舢板二十号,并造大船数号,如红单、拖罟式样,多安炮位,巡缉内洋,以壮声威。又拟造轮船数号,分布狼山、崇明等处,于江海防务,更资得力。

第二十七条,不准私设炮船,亦不准水师干预盐务

炮船为江中利器,然可以御暴,亦可以为暴。如准商民私造炮船,则强盗亦可造船以行劫,盐枭亦可造炮船以护私。假名伪旗,万难稽查。此后既立长江经制水师[16],应将民间私造炮船一概禁革。虽文武官员亦不准私设炮船,以杜奸民影射,难于查察。如有私立炮船不立时禀报者,唯该汛之水师是问。至巡缉私盐本,以炮船为最便,然亦只准于瓜州、汉阳两镇标下,奏派战船若干号,巡缉某处。某未经奏派之战船,概不准干预盐务,尤不准包庇私盐。如有包庇者,由两江总督、湖广总督严行参办。

第二十八条,建衙经费

长江水师提镇暨副、参、游驻扎之处,均须设立衙署。军装即取诸酌留厘卡[17]。一俟部议覆准,即由臣等会同江、楚总督、长江提督派员勘估,次第建造,事竣核实报销。

第二十九条,沿江旧日水师改隶长江提督

江南之京口、狼山等营,江西之湖口营,湖北之汉阳营,湖南之岳州等营,凡向有水师之名,而无炮船之实者,今各该处均立标营改从新章,应悉归长江水师节

制,以昭画一。其向无水师名目者,不必更改。

【作者简介】

曾国藩(1811—1872),初名子城,字伯涵,号涤生,谥文正,清湖南长沙府湘乡县人。道光十八年(1838)进士,成为军机大臣穆彰阿的得意门生。在京十多年间,先后任翰林院庶吉士,累迁侍读、文渊阁值阁事、内阁学士、礼部侍郎、吏部侍郎等职,十年七迁,连跃十级,官至二品。太平天国起事,曾国藩回乡办团练,组建湘军。1864 年,湘军在其弟曾国荃的率领下攻下天京,成为镇压太平天国的功臣。后又与李鸿章的淮军合力镇压了捻军,但同治九年(1870)的天津教案,曾国藩因办理不力,引起朝野群起唾骂。作为晚清重臣,曾国藩官至两江总督、直隶总督、武英殿大学士,封一等毅勇侯。他还是晚清散文"湘乡派"的创立人。有《曾文正公全集》传世。

【注释】

[1]冬令:谓冬季。

[2]漪:水波纹。此谓连通。固城诸湖:在今江苏高邮,由众多小湖连接在一起。

[3]崇明:今属上海。

[4]标:清朝绿营军队建制一般是各省设标,由总督统辖的称督标,巡抚统辖的称抚标,提督统辖的称提标;标以下设协,协由副将统;协下设营,由参将、游击、都司、守备分别统领;营下设汛,由千总、把总分别统领。绿营以营建制,各标均以营为基本单位,每营 500 人左右。清朝绿营总人数一般保持在 60 万人左右。

[5]汛地:明清时称军队驻防地段。

[6]提督:古代军队中官名,明清时多为一省之最高武官。

[7]吴城:在今江西修水的鄱阳湖畔,是一座古老的商贾水埠。

[8]正阳关:在今安徽寿县,地处淮河、颍河、淠河三水交汇处,扼三水之咽喉,是淮河中游重要水运枢纽,有"七十二水通正阳"之说。明朝成化间在此设立收钞大关,直属户部管理。

[9]狼山:在今江苏南通市南郊,由狼山、马鞍山、黄泥山、剑山和军山组成,南临长江,山水相依,通称五山。因它据江海之会,"上接大江,下达巨海,绝江南渡,八十里抵苏州常熟县福山镇,顺江而东,至崇明沙,扬帆乘顺风,南抵明州定海,顷刻可至"(《读史方舆纪要》),历来为兵家必争之地。福山:福山位于常熟城北 18 公里的长江之滨,梁大同六年(540)曾为常熟县治所在地。境内有 7 座山峰,其一为覆釜山(今殿山),五代后梁乾化年间改称福山,后因以名镇。苏松:因道为名,在今上海。一般全称为分巡苏松太兵备道,或称苏松太仓道,因驻地在原上海县并兼理江海关,又简称为上海道、沪道、江海关道、关道等,辛亥革命后撤销。

[10]营汛:军队戍防地,亦指戍防军队。

[11]弹压:镇压,制服。

[12]跟丁:旧时跟随在主人身边供使唤的人。亦喻指走卒。

[13]员弁:低级文武官员。

[14]稿书:旧时掌管文书、录事等工作的人员。书识:旧时军队基层文员。

[15]风篷:船帆。

[16]经制:治国的制度,此谓(国家)经理节制。犹今之野战军。

[17]厘卡:旧时征收厘金的机构,掌征收、查验和缉私。

遵议安徽省城仍建安庆折

清·曾国藩

【提要】

本文选自《曾国藩全集》(中国致公出版社 2001 年版)。

这是一篇"遵旨筹议"安徽省府是否仍然设在安庆的奏折。

清乾隆二十五年(1760)开始,安庆成为安徽省会。但太平天国起事,战马嘶鸣,战舰如梭,1853 年 2 月 24 日、6 月 9 日太平军二克安庆,由于没有驻军镇守,安庆遂成"弃土"。9 月 26 日,天京派石达开"赴安庆一带安民"(《家园记》)。石达开入驻安庆巡抚衙门,下令在安庆设防:一、安抚黎庶,稳定民心,并将不愿留在城内的百姓放出。二、将安庆城垣增高五尺,培厚加倍。将五门封筑,仅留小南门出入。北门一带,形势险要,太平军在这里广设枪炮,重点防守。三、取民间门扇窗格,修筑黄花亭、马山、准提庵诸土城,筑迎江寺炮台,加强城外要地的防御工事。四、在城厢内外,遍立望楼,以为瞭望指挥之助。五、分军进驻枞阳等地,拱卫安庆侧翼。六、在城外各庄"打先锋",索贡献;在城外开炉,"添造刀矛",以利久守。

1861 年,安庆被曾国藩的湘军攻克后,曾按照朝廷的旨意,申述安庆仍为省会的理由:一、安庆古称重镇,省会如改设庐州,不但"于皖南鞭长莫及,亦距江较远,无从设防";二、安庆失守,主要因为太平军水陆并进,现亦可在长江设立水师,"九江镇亦归节制,则声势联络,江防更为周密";三、省会设立安庆,公事禀报、钱粮收缴、刑名断决、兵备调度立刻气理顺畅,而当前皖南、皖北星散沙落,颇不便事。

在曾国藩的眼里,江防这一关系重大的事情,经彭玉麟、杨载福等经营,"船只至千余号之多,炮位至二三千尊之富",长江巨堑已成"巨观"。

安庆为安徽省府一直到 1937 年。

奏为遵旨筹议,恭折复陈,仰祈圣鉴事。

窃臣承准议政王军机大臣字寄,咸丰十一年十二月初四日[1],奉上谕:"有人奏咸丰三年贼陷安庆,并未据守。自周天爵等奏请改建省会于庐州,贼窥安庆无备,始图占踞。遂致全皖糜烂。查安庆古称重镇,若省会改于庐州,非惟于皖南鞭长莫及,亦距江较远,无从设防。今幸安庆克复,应将安徽省城仍建该府。并宜添设提督,统辖水陆各营。其江西九江镇,即就近归新设安徽提督节制。查福建、广东两省均设有水陆提督,现在江防较海防吃紧,可否于该二省内,裁并一缺,移设安庆,则兵饷均无须另筹等语。贼匪据有长江之险,以致江皖糜烂。现在安庆克复,亟应整顿江防。所称安徽省城仍应建于安庆,巡抚藩臬如前驻扎[2],并设立提督,统辖水陆官兵,九江镇亦归节制,则声势联络,江防更为周密,均不为无见。即着曾国藩、彭玉麟、毓科就现在地方军务情形[3],悉心筹划,会同妥议具奏!至所请于福建等省裁缺以资移设之处,应俟该大臣等复奏到日,再降谕旨等因。钦此!"

仰见皇上眷怀南服[4],慎重江防之至意。臣查安徽一省,跨乎大江。江以北四府、四州,江以南四府、一州。安庆府城处滨江适中之地,实为形势所必争。咸丰三年安庆城陷,江面悉为贼有,千艘往来,飘忽莫测,官军无一舟一筏可以应敌。周天爵等请以省城改建庐州[5],系属一时权宜,舍此亦别无自全之策。是年腊月,庐州复陷,官军屯于郡北定远一带。于是合肥以南之州县尽沦于贼。而皖南中隔大江,贼氛遍布,文告梗阻,巡抚不复能过而问焉。咸丰四年谕旨,令徽宁等属暂归浙江巡抚兼辖[6]。廷臣因上疏,请仿照前明南赣、郧阳之例,设立皖南巡抚。

文宗皇帝饬吏部核议,不设巡抚,而稍重皖南道之权,令其仿照台湾道例,专折奏事。另添皖南总兵一员。数载以来,皖南道一缺,例由两江督臣保荐。皖南之钱粮、刑名不隶藩臬奏报,不归巡抚,俨若另为一省。而皖北抚藩等官,散处于颍、寿、临、淮、泗州等处,几无定所。公事废搁,号令纷歧。改建省城之弊,此其明证。现在安庆已复,江路疏通。欲办苏浙之贼,必自力图皖南始。欲办皖南之贼,必自守定安庆始。臣愚以为宜如原奏所请,安徽省城仍应建于安庆。巡抚藩臬如前驻扎,庶足以资控制,而一事权。

至所称设立提督,统辖水陆官兵,江西九江镇就近归安徽提督节制一条。查水师、陆兵判然两途,犹耕织皆所以资生,而不能使一人而治两业。安徽寿春镇所辖,向系群捻出没之地[7],皖南镇所辖,又系万山丛杂之区,皆与江防毫不相涉,应请仍归安徽巡抚节制;江西九江镇所辖,如抚州、建昌等处,距大江六七百里,亦系陆路专政,应请仍归江西巡抚节制。该两省巡抚,向兼提督衔,均应遵守旧章,无庸更改。

至江防局面宏远,事理重大。臣愚以为应专设长江水师提督一员,目下大江水师归彭玉麟、杨载福等统率者[8],船只至千余号之多,炮位至二三千尊之富。实赖逐年积累,成此巨观。将来事定之后,利器不宜浪抛,劲旅不宜裁撤。必须添设额缺若干,安插此项水师,而即以壮我江防,永绝中外之窥伺。其提督衙门,或立安庆,或立芜湖等处。自提督而下,总兵应设几缺,副参以至千、把,各设几缺,暨分汛、修舰各事宜,统俟谕旨允准之日,再由吏、兵等部详核议奏。臣等如有所见,亦必续行奏咨,略参末议。至俸薪、口粮、修补船炮等项,当于长江酌留厘卡数处,量入为出,不必另由户部筹款。其福建、广东原设水师提督,似不必遽议裁缺,转至疏防[9]。所有遵旨筹议缘由,谨会同安徽巡抚臣李续宜、署江西巡抚臣李桓[10],恭折复奏,伏乞皇上圣鉴训示!谨奏。

【注释】

[1] 咸丰十一年:1861 年。

[2] 藩臬:藩司和臬司。明清两代布政使和按察使的并称。

[3] 彭玉麟(1816—1890):字雪琴,祖籍衡州府衡阳县(今属湖南衡阳),生于安徽安庆。

清朝著名政治家、军事家。湘军水师创建者、清末水师统帅,人称"雪帅"。与曾国藩、左宗棠并称"大清三杰",与曾国藩、左宗棠、胡林翼并称大清"中兴四大名臣"。官至两江总督兼南洋通商大臣,兵部尚书。曾国藩评价他"书生从戎,胆气过于宿将,激昂慷慨,有烈士风"。胡林翼称他"忠勇冠军,胆识沉毅"。毓科(?—1865):清道光十三年进士,入仕途为提牢官,刑部四川司主事,转承德府、宣化府、兰州府知府,迁湖南按察使、云南按察使、江西巡抚(江西巡抚兼提督衔)等。

[4]南服:古代王畿以外地区分为五服,称南方为"南服"。

[5]周天爵(1772—1853):字敬修,今山东阳谷县人。嘉庆十六年(1811)进士。曾任濮阳知县、卢州知府、江西按察使、陕西布政使、漕运总督、河南巡抚、湖广总督等职。因犯庇护罪,被革职,遣伊犁。后奉命赴广东鸦片战争前线,因抗英有功,同年被赏二品顶戴,起任漕运总督,兼河南河道总督。道光三十年(1850),复任广西巡抚,会同钦差大臣李星沅,镇压太平军。咸丰元年(1851),因镇压太平军加总督衔,专办军务。次年三月,因未能阻止太平军发展而被革总督衔。五月又因镇压太平军免罪,并任兵部侍郎衔。九月死于军营,归葬原籍。追赠尚书衔,谥"文忠"。

[6]徽宁:徽州府、宁国府。安徽江南四府之二,另二府为太平、池州。

[7]捻:即捻军。太平天国时期北方的农民起义军。嘉庆以后,活动于皖北泗水和涡河流域的捻子集团日多,小捻子数人、数十人,大捻子一二百人不等。咸丰三年(1853),捻子发动大规模起义。

[8]杨载福:即杨岳斌(1822—1890),原名载福,字厚庵,湖南善化(今长沙)人,行伍出身,晚清湘军水师统帅。为避同治(载淳)、光绪(载湉)皇帝讳,由曾国藩建议改名岳斌,取文武兼备之意。累官湖北提督、福建陆师和水师提督、陕甘总督。中法战争中,率湘西苗兵协助左宗棠作战,再立战功。死后,追赐太子太保。

[9]疏防:疏于防备。

[10]李续宜(1822—1863):字希庵,湖南湘乡人。咸丰二年(1852),随罗泽南在湘乡办团练。咸丰十一年,因军功擢升安徽巡抚。同治元年(1862)七月,被任命为钦差大臣,督办安徽全省军务。旋丁母忧回籍。病卒。李桓(1827—1892):字黻堂。湘阴(今属汨罗市)人。咸丰五年(1855)以道员任职江西,次年兼署按察使。后累官督粮道、布政使、陕西布政使。因整饬财政赋税得罪曾国藩,直降三级。湖南巡抚李翰章以其捐助巨饷有功,请准赏还二品顶戴。从此弃官还乡,专心著述。有《国朝耆献类征》七百二十卷、《宝丰斋类稿》七十四卷等。

江南贡院工竣请简放考官折

清·曾国藩

【提要】

本文选自《曾国藩全集》(中国致公出版社 2001 年版)。

江南贡院,又称南京贡院、建康贡院。位于江苏南京城南秦淮河边,毗邻夫子庙,是中国古代最大的科举考场。它东接桃叶渡,南抵秦淮河,西邻状元境,北对建康路,为古之"风水宝地"。

南宋孝宗乾道四年(1168),知府史正志创建江南贡院,起初为县府学考试场所。明太祖朱元璋定都南京后,乡试、会试都在南京的江南贡院举行。因江南地区人文荟萃,应试士子日益增多,原有考场便越来越显得狭小。明、清两代,江南贡院不断扩建,逐渐成为一座超大考院:其中考试号舍 20 644 间,主考、监临、监试、巡察以及同考、提调执事等考务房千余间,再加上膳食、仓库、杂役、禁卫等用房,更有水池、花园、桥梁、通道、岗楼的用地。其规模之大、占地之广、房舍之多为全国考场之冠。

同治三年(1864)六月,曾国荃攻入南京后,九月十一日,曾国藩上此折。南京甫一平定,一向重视教育的曾国藩立刻"鸠工庀材,饬派记名臬司黄润昌监视兴修",到九月初九日,"所有主考、监临、提调、监试、房官各屋、誊录、对读、弥封、供给各所,新造者十之九,修补者十之一。号舍一万六千余间,新造者十之一,葺补者十之九"。动作之迅捷,可见一斑。不仅如此,考虑到江南向为人文荟萃之地,还在"闱外圈入隙地,以备将来添建号舍之用",细心的曾国藩"逐段勘验,现仅号板未全,牌坊及油漆未毕"。为乡试打下了坚实的基础。所以,他上折请求朝廷简放考官。

明远楼是江南贡院内楼宇之一,作四方形,飞檐出甍,四面皆窗。位于贡院中间,原是用来监视应试士子考试期间的行动,察看士子与执役员工有无传递关节的设施。"明远"是"慎终追远,明德归原"的意思。楼下南面曾悬楹联,系清康熙年间名士李渔所撰并题:"矩令若霜严,看多士俯伏低徊,群嚣尽息;襟期同月朗,喜此地江山人物,一览无余。"从联中也可看出明远楼设置的目的和作用。它与楼内 20 余处明清碑刻、楼后的至公堂、复建号舍 40 间等一起,现为今天中国最大的科举考场展厅。

江南贡院遴选出大量杰出之士,唐伯虎、郑板桥、吴敬梓、袁枚、林则徐、施耐庵、方苞、邓廷桢、曾国藩、左宗棠、李鸿章、陈独秀等均为江南贡院的考生或考官。中国最后一个状元刘春霖也出于此。据统计,清代,从江南贡院走进殿试考场中状元者,江苏籍 49 名、安徽籍 9 名,共计 58 名,占全国状元总数的 51.78%。

奏为江南贡院建修工竣,定于十一月举行乡试,恳请简放考官[1],仰祈圣鉴事。

窃江南乡试自咸丰九年在浙江借闱特开万寿恩榜[2],并补行乙卯正科后,尚有戊午、辛酉、壬戌、及本届四科,历经奏请展缓办理[3]。迨本年六月江宁省城克复,臣亲勘贡院,幸未全毁。当即鸠工庀材,饬派记名臬司黄润昌监视兴修[4]。于八月十三日,奏陈大概,旋据该员以要工完竣,绘图呈验。臣于九月初一日自安庆启程,初七日舟抵金陵,初九日至贡院,查验工程。所有主考、监临、提调、监试、房官各屋、誊录、对读、弥封、供给各所[5],新造者十之九,修补者十之一;号舍一万六千余间,新造者十之一,葺补者十之九;又因江南人文荟萃,向虑号舍不敷,酌就闱外圈入隙地[6],以备将来添建号舍之用。臣逐段勘验,现仅号板未全[7],牌坊及油饰未毕。约计九月二十日前,一律完竣。工坚料实,焕然一新。两江人士,闻风鼓舞,流亡旋归,商贾云集。现在已通饬各属,出示晓谕,定于十一月举行乡试。

江南监临向系江苏安徽两省巡抚分科轮办。本届甲子及补行戊午各正科,系属江苏轮值之年。臣已咨明抚臣李鸿章请其届时前来入闱,办理监临事务。其提调、监试各官,向例于江、安两省藩、臬,道府大员中调派。内帘十八房[8],则于科第出身,实缺州县中考充,如实缺人数不敷,即于两省候补之即用大挑、拣发各班挑选[9]。现值地方多系新复,实缺人员寥寥无几。所有内外帘各执事,应由监临官循例分别调取。至江南正副考官向章八月乡试[10],系于六月二十二日简放主考,礼部于二十日进本。此次十一月举行乡试,似应于九月二十二请旨简放考官,向章江南主考由徐州、临淮、滁州驿路行走。目下滁州等驿尚未整饬,应改由清江浦、扬州驰驿南来,以免迟误。前此咸丰九年借用浙闱举行己未恩科,并补行乙卯正科。安徽取中正额,因皖北赴考人数较少,奏准先中六成,酌留四成。计两科存留中额三十六名[11],俟皖北肃清后,于下科乡试补中。目下英、霍贼退[12],全皖将次肃清,应否将所留三十六名,于本科补中之处,请旨敕下礼部核议,知会正副主考查照办理。所有贡院工竣,举行乡试,请旨简放考官缘由,恭折由驿五百里驰奏。伏乞皇太后、皇上圣鉴训示! 谨奏。

【注释】

[1] 简放:清代谓经铨叙派任道府以上外官。

[2] 闱:本意古代宫室两侧的小门。此谓科举时代的试院。

[3] 展缓:推迟,延缓。

[4] 黄润昌(1831—1869):字邵坤,湘潭人。廪生。1859 年(咸丰九年)入曾国荃安徽军营,从攻太平军,陷安庆,授知县。嗣招编皖南一带地方武装,组成"坤"字营,随各营湘军攻下繁昌、南陵、芜湖,累迁至知府,加道员衔。同治初参与进攻天京,后假归,又奉调参与镇压贵州苗民起义,中伏,全军覆没而死。

[5] 监临:谓科举制度中乡试的监考官。提调:负责指挥调度的人。对读:犹校对。弥封:把试卷上填写姓名的地方折角或盖纸糊住,以防止舞弊。

[6] 隙地:空地。

[7] 号板:科举考试时,号子中供生员答卷兼睡觉用的木板。

[8] 内帘:科举制度乡试和会试时,为防舞弊,试官在帘内阅卷,阅毕才允许撤帘回家,故称试官为"内帘"。

[9] 大挑:乾隆十七年(1752)定制,三科(原为四科,嘉庆五年改三科)不中的举人,由吏部据其形貌应对挑选,一等以知县用,二等以教职用。每六年举行一次,意在使举人出身的士人有较宽的出路,名曰大挑。挑选重在形貌与应对,须体貌端正,言语畅明,于时事吏治素有研究。拣发:清制,各省总督、巡抚、提督、总兵,如部下出缺,可奏请皇帝于候选人员中,择其人地相宜者,分布若干员,归其补用,称为拣发。

[10] 向章:谓先前章程、惯例。

[11] 中额:录取的名额。

[12] 英、霍:即今湖北英山、安徽霍邱。

新造轮船折

清·曾国藩

【提要】

本文选自《曾国藩全集》(中国致公出版社 2001 年版)。

近代史上,御侮图强是朝野的共识,重臣曾国藩也不例外,亲自带头践行了诸多近代化事业。

1861 年,曾国藩由于"愤西人专揽制机之利,谋所以抵制之",便"奏举奇才异能并以宾礼罗置幕下","以学作炸炮,学造轮舟等俱为下手功夫,但使彼之长技,我皆有之"(《洋务运动》(八)第 23 页)。首先,同治初年,在安庆设立内军械所,制造洋枪洋炮、轮舟。它是我国最早生产近代武器的工厂。安庆军械所成立才 7 个月,其设计制造的轮船汽机就试验成功。这是我国第一台蒸汽机的雏型,曾国藩称:"虽造成一小轮船,而行驶迟钝,不甚得法。"内军械所迁至南京后,制成了我国第一艘汽轮船"黄鹄号"。曾国藩希望以此为起步,"俾各处仿而行之,渐推渐广,以为中国自强之本"。

1863 年 10 月,曾国藩派从美国留学回来的容闳出洋购买造器之器,购买数量一百多台,这是中国历史上第一次较大规模直接引进西方先进的机器设备。这批机器奠定了中国规模巨大的第一个近代军工厂——江南制造局基础。

1863 年 12 月,曾国藩谋划设立新式机器厂。按照容闳的建议:"此厂当有制造机器之机器,此立一切制造厂之基础。"这一建议成为曾国藩后来建设江南制造局的指导方针。1865 年 6 月,江南制造局成立时,曾国藩虽已离任两江总督,但在江南制造局仍有很大的发言权和影响力。到 1891 年,江南制造局共有 14 个工厂,其中 9 个是在曾国藩回任两江总督后设立的,1869 年,职工总数达到 1 629 人。1868 年 6 月、1871 年 11 月,曾国藩两次来江南制造局视察,表示了他对制造局的特别重视和支持。江南制造局的设立与成就,与曾国藩的努力是十分密切的。容闳说:"世无文正,则中国今日不知能有一西式之机器厂否耶","此局实乃一永久之碑,可以纪念曾文正之高识远见"(容闳《西学东渐记》第 112—113 页)。

1868 年 8 月,曾国藩主持制造的第一艘轮船造成,曾国藩命名"恬吉"。"恬吉"号的汽炉和船壳,都是江南厂制造。"'恬吉轮船'意取四海波恬,厂务安吉","恬吉"号轮船"身长十八丈五尺,阔二丈七尺二寸。先在吴淞口外试行,由铜沙直出大洋,至浙江舟山而旋复"。而且,曾国藩亲自登船试行至采石矶,感觉很好,认为轮船"坚致灵便,可以涉历重洋"。1869 至 1870 年,江南制造局按曾国藩的计划陆续造成"澡江""测海""威靖"等多艘带螺旋桨的轮船,都是由曾国藩命名。这些船只标志着中国工业和军事历史的一个新时期(参见陈绛《曾国藩与江南制造局》,载《学者笔下曾国藩》第 169 页)。

文中,曾国藩还介绍了江南制造局新厂情形。在上海城南购地 70 余亩,建成气炉厂、机器厂、熟铁厂、洋枪楼、木工厂、铸铜铁厂、火箭厂,外加库房、栈房、煤房、文案房、工务厅,"房屋颇多,规矩亦肃"。

不仅如此,1867 年,曾国藩接受徐寿的建议,于制造局内设立翻译馆,因为他认为"翻译一事,系制造之根本"。到 1870 年 4 月,江南翻译馆共翻译西方科技著作 10 种,计 118 卷,到 1909 年,共译书 158 种,1 075 卷。

奏为新造第一号轮船工竣,并附陈上海机器局筹办情形,恭折仰祈圣鉴事。

窃中国试造轮船之议,臣于咸丰十一年[1]七月复奏购买船炮折内,即有此说。同治元、二年间[2],驻扎安庆,设局试造洋器,全用汉人,未雇洋匠。虽造成一小轮船,而行驶迟钝,不甚得法。二年冬间,派令候补同知容闳出洋购买机器[3],渐有扩充之意。湖广督臣李鸿章自初任苏抚,即留心外洋军械。维时丁日昌在上海道任内[4],彼此讲求御侮之策,制器之方。四年五月,在沪购买机器一座,派委知府冯焌光、沈保靖等开设铁厂[5]。适容闳所购之器,亦于是时运到,归并一局。始以攻剿方殷[6],专造枪炮。亦因经费支绌[7],难兴船工。至六年四月,臣奏请拨留洋税二成,以一成为专造轮船之用。仰蒙圣慈允准!于是拨款渐裕,购料渐多。苏松太道应宝时及冯焌光、沈保靖等朝夕讨论[8],期于必成。

查制造轮船,以气炉、机器、船壳三项为大宗。从前上海洋厂自制轮船,其气炉机器均系购自外洋,带至内地装配船壳,从未有自构式样,造成重大机器、汽炉全具者。此次创办之始,考究图说,自出机杼[9]。本年闰四月间,臣赴上海察看,已有端绪。七月初旬,第一号工竣,臣命名曰"恬吉轮船",意取四海波恬,厂务安吉也。其汽炉、船壳两项,均系厂中自造;机器则购买旧者,修整参用。船身长十八丈五尺、阔二丈七尺二寸。先在吴淞口外试行,由铜沙直出大洋,至浙江舟山而旋复。于八月十三日,驶至金陵,臣亲自登舟试行,至采石矶。每一时上水行七十余里,下水行一百二十余里,尚属坚致灵便[10],可以涉历重洋。原议拟造四号,今第一号系属明轮,此后即续造暗轮。将来渐推渐精,即二十余丈之大舰,可伸可缩之烟囱,可高可低之轮轴,或亦可苦思而得之。上年试办以来,臣深恐日久无成,未敢率尔具奏。仰赖朝廷不惜巨款,不责速效,得以从容集事。中国自强之道,或基于此。各委员苦心经营,其劳勋亦不可没也。

溯自上海初立铁厂,迄今已逾三年。先后筹办情形,请为皇上粗陈其概。开局之初,军事孔亟[11]。李鸿章饬令先造枪炮两项,以应急需。惟制造枪炮,必先有制枪制炮之器,乃能举办。查原购铁厂修船之器居多,造炮之器甚少。各委员详考图说,以点线面体之法,求方圆平直之用。就厂中洋器,以母生子,触类旁通,造成大小机器三十余座。即用此器以铸炮炉,高三丈,围逾一丈,以风轮煽炽火力,去渣存液,一气铸成。先铸实心,再用机器车刮旋挖,使炮之外光如镜,内滑如脂。制造开花、田鸡等炮,配备炮车、炸弹、药引、木心等物,皆与外洋所造者,足相匹敌。至洋枪一项,需用机器尤多,如辗卷枪筒、车刮外光、钻挖内膛、旋造斜棱等事,各有精器,巧式百出。枪成之后,亦与购自外洋者无异。此四、五年间先造枪炮,兼造制器之器之情形也。

该局向在上海虹口暂租洋厂,中外错处,诸多不便。且机器日增,厂地狭窄不能安置。六年夏间,乃于上海城南兴建新厂,购地七十余亩,修造公所。其已成者曰气炉厂,曰机器厂,曰熟铁厂,曰洋枪楼,曰木工厂,曰铸铜铁厂,曰火箭厂,曰库房、栈房、煤房、文案房、工务厅暨中外工匠住居之室,房屋颇多,规矩亦肃。其未成者,尚须速开船坞,以整破舟;酌建瓦棚,以储木料;另立学馆,以习翻译。盖翻译一事,系制造之根本。洋人制器,出于算学,其中奥妙,皆有图说可寻。特以彼此文义扞格不通[12],故虽日习其器,究不明夫用器与制器之所以然。本年局中委员于翻译甚为究心,先后订请英国伟烈亚力、美国傅兰雅、玛高温三名专择有裨制造之书[13],详细翻出。现已译成《气机发轫》《气机问答》《运规约指》《泰西采煤图说》四种,拟俟学馆建成,即选聪颖子弟,随同学习。妥立课程,先从图说入手,切实研究,庶几以理融贯,不必假手洋人,亦可引伸,另勒成书。此又择地迁厂,及添建翻译馆之情形也。

兹因轮船初成之际,理合一并附奏。该局员等殚精竭虑,创此宏规,实属卓有成效!其尤为出力各员,可否吁恳天恩,给予奖叙!恭候命下遵行!如蒙俞允[14],臣当与李鸿章、丁日昌酌核清单,由新任督臣马新贻会奏[15]。所有新造第一号轮船工竣,并附陈机器局筹办情形,谨会同湖广总督臣李鸿章,江苏巡抚臣丁日昌,恭折具陈,伏乞皇太后、皇上圣鉴训示!谨奏。

【注释】

[1]咸丰十一年:1861年。

[2]同治元、二年:1862、1863年。

[3]容闳(1828—1912):字达萌,号纯甫,广东香山县(今珠海市)人,中国近代史上首位留学美国的学生、中国近代早期改良主义者、中国留学生事业的先驱,被誉为"中国留学生之父"。1847年,容闳赴美留学。1850年,他进入耶鲁大学学习。学成归国后,容闳从事过洋人秘书、译员、海关职员等工作。他希望更多的中国青年接受西方的教育,于是开始四处奔走。1860年,他到了南京,去找太平天国的领导人,提出了关于政治、军事、经济和教育的七条建议,但洪秀全没有接受他的主张。此后容闳投奔曾国藩幕府,继续倡导他的公派留学主张。1870年容闳再次提出留学计划,建议选派120名学生到外国去留学15年,以供国家日后之用。曾国藩被容闳说动,同意领衔上书,奏请朝廷派遣子弟出洋学习,很快获准。1872年夏,容闳组织第一批留学幼童30人渡洋赴美,中国公派留学的大幕自此开启。

[4]丁日昌(1823—1882):字禹生,又作雨生,号持静,广东丰顺人。历任广东琼州府儒学训导、江西万安、庐陵县令、苏松太道、两淮盐运使、江苏布政使、江苏巡抚、福州船政大臣、福建巡抚、总督衔会办海防、节制沿海水师兼理各国事务大臣。是中国近代洋务运动的风云人物和中国近代四大藏书家之一。

[5]冯焌光(1830—1878):字竹儒,广东南海(今广东佛山)人,咸丰二年(1852)举人。从曾国藩军,积功升为海防同知。平时留心西学,素习算造之术。1864年署理江南机器制造局局务,后任江南制造局总办。1875年任上海道台。同年2月开设洋务总局。次年捐银2万两创设求志书院,并用道库银创办《新报》,国人谓之"官场新报",外侨则称为"道台的嘴巴"。时

英商修建的淞沪铁路竣工,并开始运行,受命与英国领事往还交涉,终将其购买,后拆除。以劳瘁卒。沈保靖:生卒年未详。字仲维,江苏江阴人,咸丰八年(1858)举人。父翟鋆,湖北通判,武昌陷,骂贼被害。保靖出入贼中觅遗骸,三载始得死事状,得赐恤立祠。李鸿章督师上海,招参幕事,积功至道员。同治十一年(1872),授江西广饶九南道。时英使订约烟台,议于江西湖口轮舟停泊起卸货物,保靖以有碍九江关税务,力争之,总署卒废约。擢按察使,摄布政使。光绪七年(1881),迁福建布政使。法越事起,方事急,城闭,钱米歇业,居民汹汹将为乱。保靖出谕,发库款三十万以济市面,人心始定。以他事夺职,旋复官,遂不复出。

[6]方殷:谓正当剧盛之时。

[7]支绌:亦作"支诎"。"支左诎右"的省称。谓处境窘促,顾此失彼,穷于应付。

[8]应宝时(1821—1890):字敏斋,浙江永康人。1862年太平军进攻上海时,曾以候补知州身份与当地士绅联合外侨设立会防局,筹措械饷,迎李鸿章率淮军来沪。1864年,以候补松江知府代理上海道台。5月1日,接受英国领事巴夏礼的建议,设立洋泾浜北理事衙门,派理事一人(海防同知)赴英国领事馆,由英国副领事作陪审官,共同审理英租界内涉及华人的讼案。1865年署理上海道台(先署后任)。到任不久,即拒绝英商淞沪铁路公司修造淞沪铁路的请求。1867年,购得南园西李氏吾园废基,筹建讲堂、楼廊、舍宇,扩建原设在南园的龙门书院。任内还曾与英、美等国领事议订《洋泾浜设官会审章程》,据此洋泾浜北首理事衙门改组为会审公廨。

[9]机杼:本指织布机。喻指机椟、机关。引申为(诗文)新构思、布局。

[10]坚致:(质地)坚实细密。

[11]孔亟:很紧急,很急迫。

[12]扞格:互相抵触。扞,音 hàn。

[13]伟烈亚力(Alexander Wylie, 1815—1887):生于英国伦敦。1847年,伟烈亚力作为印工,被伦敦教会派往上海,在墨海书馆负责圣经和福音书籍的印刷。其间,他学习了法、德、俄文,以及满文和蒙古文,甚至希腊、维吾尔文和梵文。开始广泛阅读中国乃至东亚历史、地理、科学、宗教、哲学和艺术等方面的书籍。在墨海书馆内,伟烈亚力与中国学者李善兰、华蘅芳、徐寿、徐建寅等人积极合作,翻译了大量西方科学著作。1857年,伟烈亚力在上海创办《六合丛谈》。该杂志后来成为晚清中国最有影响的综合刊物之一。1867年,江南制造局翻译馆成立,伟烈亚力积极参与了翻译馆的译书工作。1864年麦都思等创立格致书院,伟烈亚力被推选为四位西人董事之一;这一年,又被推举开具科学书目,实为格致书院实际负责人之一。1874年,伟烈亚力接替《教务杂志》的编辑工作,在杂志上发表了大量地理、历史类文章。1877年,伟烈亚力年事已高,且积劳成疾,双目几近失明,返回英国。傅兰雅(John Fryer, 1839—1928):生于英格兰海德镇。近代在中国办报的英国传教士、学者,中文报纸《上海新报》主编。同治七年(1868),受李鸿章雇佣任上海江南制造局翻译馆译员,达28年,编译《西国近事汇编》。光绪二年(1876),创办格致书院,自费创刊科学杂志《格致汇编》,所载多为科学常识,带有新闻性。光绪三年(1877)被举为上海益智书会干事,从事科学普及工作。清政府曾授予三品官衔和勋章。后加入美国籍。译西方科技书籍129部,是在华外国人中翻译西方书籍最多的一人。玛高温(D. Macgown 1814—1893):美国传教士、医生。1851年翻译出版的《博物通书》是我国在近代史上第一本中文电磁学著作,同年创办的《中外新报》是浙江省第一份近代中文报刊。

[14]俞允:《书·尧典》:"帝曰:'俞'。"俞,应诺之词。后称允诺为"俞允"。多用于君主。

[15]马新贻(1821—1870),字谷山,号燕门,回族,山东菏泽人。27岁中进士,先后任安徽

建平知县、合肥知县、安徽按察使、布政使、浙江巡抚、两江总督兼通商大臣等职。同治九年(1870)7月26日遇刺身亡。皇上亲赐祭文、碑文,特赠太子太保,赐予骑都尉兼云骑尉世袭,谥"端敏"。江宁、安庆、杭州及菏泽都为他建有专祠,有地方还规定每年春秋,官为之祭。

拟选子弟出洋学艺折

清·曾国藩

【提要】

本文选自《曾国藩全集》(中国致公出版社2001年版)。

曾国藩开洋务运动风气之先者还有办教育。

1867年,曾国藩揭开了中国近代科技教育的第一页。曾国藩首先罗致科技人才,容闳说:"凡法律、算学、天文、机器等专门家,无不毕集,几于举全国人才之精华,汇集于此。"在曾国藩周围,汇聚了中国近代第一批新型科技知识分子群体。他利用这个群体,在江南制造局厂旁办起了中国近代史上第一所技工学校。招中国学生肄业其中,讲授机器工程理论与试验,以期中国将来不必用外国机器及外国工程师。这无论在教学目的、教学内容、教学形式及教学方法上都是新的。学堂不是以科举取人才,不是用孔孟之道教育学生,毕业后不是做官:完完全全的新式教育模式。

曾国藩还开了中国近代留学教育风气之先。"前任江苏巡抚丁日昌奉旨来津会办,屡与臣商榷,拟选聪颖幼童,送泰西各国书院,学习军政、船政、步算、制造诸书,约计十余年业成而归。"曾国藩与李鸿章、丁日昌、容闳、陈兰彬、刘翰清等人力推留学计划,领袖自然是位尊德高的曾国藩。从派遣留学生的条例、章程制定,到留学生的两处管理机构——出洋局和沪局的设置及关防,曾国藩每每亲历亲为,"刊刻饬发"。在这份奏折中,曾国藩事无巨细从"商知美国公使照会大伯尔士顿",到从上海、宁波、福建、广东等地挑选幼童、正负委员、驻洋薪水等等,各项事宜无论巨细一一酌定。

1872年,清政府向美国派遣第一批官派留学生出发,主要学习科技、工程等办洋务急需的学科。考虑到语言问题,最终决定选10岁到16岁的幼童出国。按照计划,首期留美幼童名额为120名。从1872年起每年派30名,至1875年派完,预计留学时间15年,经费一律由清廷支付。当时清人眼里的美国是"蛮夷之邦",一般人家都不愿把孩子送去。詹天佑的父亲詹作屏出具的保证书写道:"兹有子天佑,情愿送赴宪局带往花旗国肄业学习技艺,回来之日听从差遣,不得在国外逗留生理。倘有疾病,生死各安天命。"后来,在这些留美幼童之中,不少人成为了近代中国历史上的佼佼者,除著名铁路工程师詹天佑外,还有矿冶工程师吴仰曾、民国政府第一任国务总理唐绍仪、清华大学第一任校长唐国安等。

"领队"容闳回忆,第一批留学生出洋时曾国藩虽已辞世,但实为留学教育的

"创业之人"。"今莘莘学子,得受文明教育,当知是文正之遗泽,勿忘所自来矣"(参见宋镜明、宋俭《容闳、曾国藩与中国近代首次官派留学生计划》)。官派留学生对中国近代教育、近代先进文化的发生发展的作用,对中国近代社会发展的推动,是不可估量的。

曾国藩在近代中国,开创了多个第一:第一个奏提出"师夷智以制船造炮",第一个开办近代工厂,第一个造轮船,第一个派人出洋购买成套"制器之器",第一个开展科技教育,领导派遣学生出洋留学,其洋务运动首倡者的地位无人能取代。

奏为拟选聪颖子弟前赴泰西各国[1],肄习技艺,以培人才,恭折仰祈圣鉴事。

窃臣国藩上年在天津办理洋务,前任江苏巡抚丁日昌奉旨来津会办,屡与臣商榷,拟选聪颖幼童,送赴泰西各国书院,学习军政、船政、步算、制造诸书,约计十余年业成而归。使西人擅长之技,中国皆能谙悉,然后可以渐图自强。且谓携带幼童前赴外国者,如四品衔刑部主事陈兰彬、江苏候补同知容闳皆可胜任等语[2]。臣国藩深韪其言,曾于上年九月[3]、本年正月两次附奏在案。臣鸿章复往返函商。窃谓自斌椿及志刚、孙家谷两次奉命[4],游历各国,于海外情形,亦已窥其要领,如舆图、算法、步天、测海、造船、制器等事[5],无一不与用兵相表里。凡游学他国,得有长技者,归即延入书院,分科传授,精益求精;其军政、船政,直视为身心性命之学。今中国欲仿效其意,而精通其法,当此风气既开,似宜亟选聪颖子弟携往外国,肄业实力讲求,以仰副我皇上徐图自强之至意。查美国新立和约第七条,内载嗣后中国人欲入美国大小官学,学习各等文艺,须照相待最优国人民一体优待。又,美国可以在中国指准外国人居住地方,设立学堂,中国人亦可在美国一体照办等语。本年春间,美国公使过天津时,臣鸿章面与商及,允俟知照到日,即转致本国,妥为照料。

三月间,英国公使来津接见,亦以此事有无相询,臣鸿章当以实告,意颇欣许,亦谓先赴美国学习;英国大书院极多,将来亦可随便派往。此固外国人所深愿,似于和好大局有益无损。臣等伏思外国所长,既肯听人共习,志刚、孙家谷又已导之先路,计由太平洋乘轮船径达美国,月余可至,当非甚难之事。或谓天津、上海、福州等处已设局,仿造轮船枪炮军火,京师设同文馆,选满汉子弟延西人教授。又,上海开广方言馆,选文童肄业,似中国已有基绪,无须远涉重洋。不知设局、制造、开馆、教习,所以图振奋之基也。远适肄业,集思广益,所以收远大之效也。西人学求实济,无论为士、为工、为兵,无不入塾读书,共明其理,习见其器,躬亲其事,各致其心思,巧力递相师授,期于月异而岁不同。中国欲取其长,一旦遽图尽购其器,不惟力有不逮,且此中奥密,苟非遍览久习,则本源无由洞沏,而曲折无以自明。古人谓学齐语者,须引而置之庄岳之间[6],又曰百闻不如一见,比物此志也。况诚得其法归,而触类引伸,视今日所为孜孜以求者,不更扩充于无穷耶? 惟是试办之难有二:一曰选材,一曰筹费。盖聪颖子弟不可多得,必其志趣远大,品质朴实,不牵于家累,不役于纷华者,方能远游异国,安心学习,则选材难;国家帑项[7],岁有常额,增此派人出洋肄习之款,更须措办,则筹费又难。凡此二者,臣等亦深知其难。

第以成山始于一篑。蓄艾期以三年[8],及今以图,庶他日继长增高,稍易为力,爰饬陈兰彬、容闳等悉心酌议,加以覆核,拟派员在沪设局访选。沿海各省聪颖幼童,每年以三十名为率,四年计一百二十名,分年搭船赴洋,在外国肄习十五年后,按年分起,挨次回华。计回华之日,各幼童不过三十岁上下,年力方强,正可及时报效。闻前此闽、粤、宁波子弟,亦时有赴洋学习者,但只图识粗浅洋文洋话,以便与洋人交易,为衣食计。此则入选之初,慎之又慎。至带赴外国悉归委员管束,分门分类,务求学术精到。又有翻译教习,随时课以中国文义。俾识立身大节,可冀成有用之材。虽未必皆为伟器,而人才既众,当有瑰异者出乎其中。此拔十得五之说也。至于通计费用,首尾二十年需银百二十万两,诚属巨款,然此款不必一时凑拨,分析计之,每年接济六万,尚不觉其过难。除初年盘川发给委员携带外,其余指有定款,按年预拨交与银号,陆续汇寄,事亦易办。总之,图事之始,固不能予之甚吝,而遽望之甚奢;况远适异国,储才备用,更不可以经费偶乏,浅尝中辍。近年来,设局、制造、开馆、教习,凡西人擅长之技,中国颇知究心,所需经费均蒙谕旨准拨,亦以志在必成。虽难不惮,虽费不惜,日积月累,成效渐有可观。

兹拟选带聪颖子弟赴外国肄业事,虽稍异意,实相同。谨将章程十二条恭呈御览,合无仰恳天恩。饬下江海关于洋税项下,按年指拨,勿使缺乏。恭候命下,臣等即饬设局,挑选聪颖子弟,妥慎办理。如有章程中未尽事宜,并请敕下,总理衙门酌核更改。臣等亦可随时奏请更正。所有拟选聪颖子弟前赴泰西各国肄习技艺缘由,谨合词恭折具奏。伏乞皇太后、皇上圣鉴训示! 谨奏。

谨将挑选幼童前赴泰西肄业酌议章程,恭呈御览:

一、商知美国公使照会大伯尔士顿,将中国派员每年选送幼童三十名至彼中书院肄业缘由,与之言明,其束脩膏火一切均中国自备[9],并请俟学识明通,量材拨入军政、船政两院肄习,至赴院规条悉照美国向章办理。

一、上海设局经理挑选幼童派送出洋等事,拟派大小委员三员,由通商大臣札饬在于上海、宁波、福建、广东等处挑选聪慧幼童年十三四岁至二十岁为止,曾经读中国书数年,其亲属情愿送往西国肄业者,即会同地方官取具亲属甘结[10],并开明年貌籍贯存案[11],携至上海公局考试。如姿性聪颖并稍通中国文理者,即在公局暂住,听候齐集出洋,否即撤退以节糜费。

一、选送幼童,每年以三十名为率,四年计一百二十名。驻洋肄业十五年后,每年回华三十名,由驻洋委员胪列各人所长[12],听候派用,分别奏赏顶戴官阶差事。此系官生,不准在外洋入籍逗留,及私自先回遽谋别业。

一、赴洋幼童学习一年,如气性顽劣,或不服水土,将来难望成就,应由驻洋委员随时撤回,如访有金山地方华人年在十五岁内外,西学已有几分工夫者,应由驻洋委员随时募补,以收得人之效,临时斟酌办理。

一、赴洋学习幼童入学之初,所习何书,所肄何业,应由驻洋委员列册登注。

四月考验一次,年终注明等第,详载细册,赍送上海道转报。

一、驻洋派正副委员二员,每员每月薪水银四百五十两。翻译一员,每月薪水银二百五十两。教习二员,每员每月薪水银一百六十两。

一、每年驻洋公费,银共约六百两,以备医药、信资、文册、纸笔各项杂用。

一、正副委员、翻译、教习来回川费,每员银七百五十两。

一、幼童来回川费及衣物等件,每名银七百九十两。

一、幼童驻洋束脩、膏火、房租、衣服、食用等项,每名每年计银四百两。

一、每年驻洋委员将一年使费,开单知照上海道转报。倘正款有余,仍涓滴归公[13];若正款实有不足之处,由委员随时知照上海道禀请补给[14]。

一、每年驻洋薪水、膏火等费,约计库平银六万两,以二十年计之,约需库平银一百二十万两。

【注释】

[1] 泰西:犹极西。旧泛指西方国家,一般指欧美各国。

[2] 陈兰彬(1816—1895):字荔秋,广东吴川人,咸丰三年(1853)进士。拔为翰林院庶吉士,充国史馆纂修,后改任刑部候补主事。同治十一年(1872),陈兰彬率领第一批留学生30人赴美。光绪四年(1878),陈兰彬以太常寺卿身份出使美国、西班牙、秘鲁,为我国首任驻美大使。后奉调回国,历任兵部、礼部侍郎及会试阅卷大臣等职。晚年归里,先后主编《高州府志》《吴川县志》等。

[3] 上年:即同治九年(1870)。

[4] 斌椿:字友松,满洲旗人。曾任山西襄陵知县,官郎中。1860年初,中国海关总税务司、英国人赫德要回国休假,行前向清政府建议,带几名同文馆学生到英国开开眼界,以培养同英国打交道的人。63岁的斌椿为首席代表,率团赴欧。1866年3月,斌椿一行从北京出发,先后游历法国、英国、荷兰、丹麦、瑞典、芬兰、俄罗斯、德国、比利时等11个国家,历时4个多月,开中国官方旅游团赴欧洲的先河。行前,周围人纷纷劝阻,但他却说:"天公欲试书生胆,万里长波作坑坎。"这次观光,斌椿写下《海国胜游草》《天外归帆草》两部诗集及《乘槎笔记》,都是晚清关于西方最早的亲历记述。志刚、孙家谷:同治七年(1868)二月,清政府第一个外交使团一行30人,由担任驻华公使6年之久的美国公使、即将离任回国的蒲安臣担任中国首任全权使节(办理中外交涉事务大臣),率团自上海虹口黄浦江码头乘坐"格斯达哥里"号轮船起航前往美国旧金山。随同出访的还有两名中国官员:海关道志刚和礼部郎中孙家谷。随后,志刚与孙家谷秉承着浦安臣的遗志,继续拖着辫子,举着龙旗出使比利时、西班牙、意大利,呈递大清国书。"唐人街"一词首先出现便是在1872年志刚撰写的《初使泰西记》中。

[5] 舆图:地图(大多指疆域图),此或谓地理学。步天:谓天体星象的运转。

[6] 庄岳:齐街里名。《左传·襄二十八年》:孟子引而置之庄岳之间。注:庄岳,齐街里名也。

[7] 帑项:国库里的钱财,款项。

[8] 蓄艾:《孟子·离娄上》:"今之欲王者,犹七年之病求三年之艾也,苟为不畜(蓄),终身不得。"本指蓄藏多年之艾以治久病,后以"蓄艾"喻长期积蓄以备急用。

[9] 束脩:送给教师的报酬。脩,古时称干肉。膏火:谓供学习用的津贴。

[10] 甘结:旧时交给官府的一种画押字据。此谓立文据保证。

[11] 年貌:年龄容貌。

[12] 胪列：罗列，列举。

[13] 涓滴：点滴的水。喻极少量的钱、物或贡献。

[14] 禀请：向上请求。

江宁府学记

清·曾国藩

【提要】

本文选自《曾国藩全集》（中国致公出版社 2001 年版）。

江宁府学位于今南京市朝天宫东侧，清代建筑。据《中国文物地图集·江苏分册》：府学"沿轴线自南而北，依次为头门、两庑、明伦堂、尊经阁、飞霞阁、御碑亭、飞云阁等，尊经阁面阔五间、高二层，已毁，其基址于 20 世纪 30 年代建南京博物院文物库房。今存头门面阔三间，进深七檩，硬山顶；两庑面阔三间，进深五檩，硬山顶；明伦堂面阔五间，进深九檩带前轩，硬山顶。周边回廊将头门、两庑、明伦堂围成四合院。原尊经阁后为山坡，山巅有飞霞阁，阁外有亭，系乾隆御碑亭。亭为六角攒尖顶，内竖御碑，汉白玉质。乾隆六下江南，五次来南京。每次至南京都至朝天宫，每次吟诗一首，记事抒怀，分别刻在碑的正面、背面、东西两侧、碑额的背面。亭之西北有飞云阁，高二层、广五楹，檐下有清代学者莫友芝所题之'飞云阁'匾额。"

江宁府学始创于顺治九年（1652），时应天府总督马国柱将明国子监修葺一新，改为江宁府学，地址在鸡鸣山一带。同治四年（1865），李鸿章改建江宁府学于现址，经曾国藩、马新贻等前后三任两江总督，江宁府学终于建成。

在这篇写于同治九年（1870）的《记》中，曾国藩深感"逐华而悖本"必会"斫自然之和"，无礼无学，贼民斯兴，所以积极兴学。

现存于南京博物馆内的《江宁府学记》碑长 2.5 米、宽 1.1 米，碑文为楷体，共 20 行，满行 54 字。文章落款为同治九年二月记。曾国藩同治九年二月日记载，自二十日开始作《江宁府学记》，在附记中记有"作学记"，以后连续几天的日记中都记载有"作《江宁府学记》"，至二十五日"作《府学记》，约千余字，芜陋极矣"。前后花 6 天时间才写完，其间还叹息自己"苦探力索，竟不能成一字，固属衰惫之象，亦由昔年本无实学，故枯竭至此，深可叹愧"。实为作文之认真。《江宁府学记》在作完之后并未立即刊刻，至同治十二年曾国藩去世一年后才由其弟曾国荃付刊。

现在的南京市博物馆就是当年的江宁府学，在南朝、唐、宋、元时期为道观。明洪武十七年（1384），明太祖朱元璋取"朝拜上天""朝见天子"之意，下诏赐名为"朝天宫"，使这里成为了朝廷举行大典前和官僚子弟袭封前演习朝见天子礼仪的场所，亦为道观。明迁都北京后，这里为南京国子监。清顺治七年（1650）改南京国子监为江宁府学。

同治三年(1864)九月,两江总督府迁至金陵。同治四年,曾国藩命李鸿章改建江宁府学,在后山兴建孔子庙,并为前殿两侧牌楼书对联曰:"德配天地、道贯古今。"通过不断地改、扩建,江宁府学成为江南地区建筑等级最高、面积最大的建筑群体。

曾国藩力倡文教兴国之事,除府学外,还倡导建立官办印刷出版机构——官书局。早在咸丰十一年(1861),曾国藩奉旨镇压太平天国,进兵安庆之时,便派莫友芝遍访遗书,为建立官书局做准备。同治三年(1864)四月,曾国藩授意在安庆创设书局。江宁收复后不久移局于铁作坊,后又移至江宁府学飞霞阁,组建了举世闻名的金陵官书局。初期由曾私人出资,旋即改由公款支付。其刊印图书以经史为主,诗文次之。刊印范围包括《唐人万首绝句选》《楚辞》《白喉治法》《蚕桑辑要》等图书,《几何原本》《重学》《圆曲线说》《则古昔斋算学》等西方科技著作也在刊印之列。前后刻印图书 56 种,计 2 776 卷、690 册。金陵官书局所刻印书籍,因其校雠由四方饱学之士担任,加上雄厚的经济实力作后盾,校勘底本多为善本,曾国藩又坚持"但求校雠之精审,不问成本之迟速"的原则,故所刻诸书皆为善本。

同治四年[1],今相国合肥李公鸿章改建江宁府学,作孔子庙于冶城山[2],正殿门庑,规制粗备。六年,国藩重至金陵。明年,菏泽马公新贻继督两江,赓续成之[3]。凿泮池[4],建崇圣祠、尊经阁,及学官之廨宇。八年七月,工竣。董其役者,为候补道桂嵩庆暨知县廖纶、参将叶圻。既敕既周,初终无懈。

冶城山颠,隋、唐、宋、元皆为道观。明曰"朝天宫",盖道士祀老子之所也。道家者流,其初但尚清静无为,其后乃称上通天帝。自汉初不能革秦时诸畤,而渭阳五帝之庙,甘泉泰一之坛,帝皆亲往郊见[5]。由是圣王祀天之大典,不掌于天子之祠官,而方士夺而领之。道家称天,侵乱礼经实始于此。其他炼丹烧汞,采药飞升,符箓禁咒,征召百神,捕使鬼物诸异术,大率依托天帝[6]。故其徒所居之宫,名曰"朝天"亦犹称"上清""紫极"之类也。嘉庆、道光中,宫观犹盛,黄冠数百人[7],连房栉比,鼓舞甿庶[8]。

咸丰三年,粤贼洪秀全等盗据金陵,窃泰西诸国绪余,燔烧诸庙群祀[9]。在典与不在典,一切毁弃。独有事于其所谓天者,每食必祝。道士及浮屠弟子,并见摧灭,金陵文物之邦,沦为豺豖窟宅,三纲九法,扫地尽矣。原夫方士称天以侵礼官,乃老子所不及料,追粤贼称天以恫群神,而毒四海,则又道士辈所不及料也。

圣皇震怒,分遣将帅,诛殛凶渠[10],削平诸路。而金陵亦以时戡定[11],乃得就道家旧区,廓起宏规,崇祀至圣暨先贤先儒,将欲黜邪慝而反经[12],果操何道哉?夫亦曰隆礼而已矣。先王之制礼也,人人纳于轨范之中,自其弱齿,已立制防,洒扫、沃盥[13]有常仪,饔食、肴胾[14]有定位,绂缨、绅佩有恒度[15]。既长,则教之冠礼,以责成人之道;教之昏礼,以明厚别之义[16];教之丧祭,以笃终而报本。其出而应世则有士,相见以讲让[17],朝觐以劝忠。其在职,则有三物以兴贤,八政以防淫[18]。其深远者,则教之乐舞,以养和顺之气,备文武之容;教之《大学》,以达于本末终始之序,治国平天下之术;教之《中庸》,以尽性而达天。故其材之成,则足以辅世长民;其次,亦循循绳矩[19],三代之士无或敢遁于奇邪者,人无不出于学,学无不衷于礼也。

老子之初,固亦精于礼,经孔子告曾子、子夏,述老聃言礼之说至矣。其后恶末世之苛细,逐华而悖本,斫自然之和。于是矫枉过正,至讥礼者忠信之薄,而乱之首,盖亦有所激而云然耳。

圣人非不知浮文末节,无当于精义。特以礼之本于太一,起于微眇者,不能尽人而语之[20]。则莫若就民生日用之常事为之制,修焉而为教,习焉而成俗。俗之既成,则圣人虽没,而鲁中诸儒犹肄乡饮、大射[21],礼于冢旁,至数百年不绝,又乌有窈冥诞妄之说[22],淆乱民听者乎?

吾观江宁士大夫材智虽有短长,而皆不屑诡随以徇物[23]。其于清静无为之旨,帝天祷祀之事,固已峻拒而不惑[24]。孟子言:"无礼无学,贼民斯兴。"今兵革已息,学校新立,更相与讲明此义,上以佐圣朝匡直之教,下以辟异端而迪吉士[25]。盖廪廪乎企向圣贤之域,岂仅人文彬蔚[26],鸣盛东南已哉!

【注释】

[1]同治四年:1865年。

[2]冶城山:在今南京市水西门、莫愁路东侧,山上有以朝天宫为中心的古建筑群。

[3]赓续:继续。

[4]泮池:古时学校前的水池。

[5]畤:音zhì,秦汉时祭天地和五帝的祭坛。渭阳五帝庙:西汉文帝下令在渭阳修建五帝庙。渭阳,邑名,在渭城境内,位于今陕西咸阳东北。甘泉太一:西汉武帝定郊祀之礼,祠太一于甘泉,就乾位。甘泉:西汉六大宫殿之一。太一:天神名。主宰宇宙一切之神。

[6]符箓:亦称符字、墨箓、丹书。道家法术之一。符箓是符和箓的合称。符是指书写于黄色纸、帛上的似字非字、似图非图的符号、图形;箓是指记录于诸符之间的天神名讳秘文,一般也书写于黄色纸、帛上。道教称,符箓是天神的文字,是传达天神旨意的符信。

[7]黄冠:黄色的冠帽,多为道士戴用。

[8]甿庶:百姓。甿,音méng。

[9]咸丰三年:1853年。绪余:犹余绪。此指洪所信奉的基督教。

[10]诛殛:诛剿。殛:音jí,诛杀。

[11]戡定:克定,平定。戡:音kān,用武力平定叛乱。

[12]邪慝:犹邪恶。《孟子·尽心下》:"君子反经而已矣,经正则庶民兴,斯无邪慝矣。"朱熹注:反,复也;经,常也,万世不易之常道也。

[13]沃盥:浇水洗手。

[14]肴胾:鱼肉等比较丰盛的菜肴。胾:音zì,切成大块的肉。

[15]绥緌:亦作"缨绥",冠带与冠饰。緌:音ruí,古时帽带打结后下垂的部分。

[16]昏礼:婚娶之礼。古时于黄昏举行,故称。古时婚礼有六:纳采、问名、纳吉、纳徵、请期、亲迎。

[17]讲让:讲劝礼让。

[18]三物:犹三事。指六德、六行、六艺。《周礼·地官·大司徒》:"以乡三物教万民,而

宾兴之。一曰六德:知、仁、圣、义、忠、和。二曰六行:孝、友、睦、姻、任、恤。三曰六艺:礼、乐、射、御、书、数。"

　　[19] 循循:有顺序貌,遵循规矩貌。

　　[20] 太一:指天地未分前的混沌之气。微眇:亦作"微渺"。细小,微末。

　　[21] 肆:陈列、陈设。

　　[22] 窈冥:亦作"杳冥"。深奥。

　　[23] 诡随:谓不顾是非而妄随人意。《诗·大雅·民劳》:"无纵诡随,以谨无良。"毛传:"诡随,诡人之善,随人之恶者。"

　　[24] 峻拒:严厉拒绝。

　　[25] 辟:古同"避"。躲开。迪:进,引导。

　　[26] 彬蔚:文采美盛貌。

重修广东督学署记

清·何廷谦

【提要】

　　本文选自《广州碑刻集》(广东高等教育出版社2006年版)。

　　广东督学署在今天广州西湖路、教育路交界处南方剧院北侧,今名九曜园。

　　广东督学署,在清朝虽然屡经易名,但任务性质则基本如旧。督学署驻址,都位于广州西湖古药洲,为著名地方名胜。明代嘉靖元年(1522),在此设立广东提学道署,称为"南国铸经地"。到清代又继续成为学政署的所在地,将药洲九曜石风景区作为后花园。明代的"传经地"演变成清代的"文宗地"。历经驻粤学政官员们的悉心经营,药洲不断得到美化更新。

　　同治时期,学政何廷谦到来时看到的是"上者穿,旁者裂,直者欹,平者侧,坚者摧,脆者折",一副破败不堪的景象。于是,他与中丞李公福会商后,拿出"修贡院的余金","召工匠,储木石,度方位,定时日,敝者更之,敝未甚者仍之,本有者复之,未有而宜具者增之。"官署之外,还对署后的环碧园进行改造,"为室、为亭、为台、为桥、为泉、为池"。巡试北江回来之后,他看到的已是"故者新矣,败者成矣"。

　　正如何廷谦文中所述,药洲"几故几新,几败几成"。到光绪时,学政徐琪,再次大修,并将环碧园改称"喻园",并赋学署八景诗:芝移垂钓、补莲消夏、环碧新阴、校经晴日、书台平眺、掌仙寻诗、光雾延辉、鸳藻联吟。

　　清代,学政署的任务是继承前代文教历史官署的传统任务发展而来的。宋代在全国各路省设提举学事司时,规定"司掌一路文风"。入清,其主管任务变得更为宽泛并以"谕旨"颁行全国。清雍正时,谕旨作出"督学一官,尤人伦风化所系……表扬忠孝节义,崇祀先圣先贤,访求山林隐逸,搜罗名迹藏书"(《清实录·雍正朝实录》)的规定。黄本骥《清代官职表》载,学政任务"除负责监察学校学生之学业行动外，兼管所辖地方一切有关教化、文物、学术之事。小事札饬州县，大事与督抚会衔办理"。清代，学政的任务包括：执行朝廷意旨，宣扬德政，表彰地方忠孝节义之士；传扬诸儒经典，编刊书文作地方学人士子的教材；巡查访问名贤祠墓、名胜古迹，酌情予以维修保护；访求隐逸贤儒、名家著作和手迹，加以推荐和刊行；办理科举考试，选拔人才，处理科场舞弊和学人纠纷；管理民间书刊印刻、流行和买卖，严防官民利用书刊谋反；督导学宫、书院、学校应兴应革事宜，推动地方文教事业发展；巡访地方官员政治得失，民情动向，密折上奏，以尽纠正弹劾之责。可见，学政署的任务，涉及思想、文化、教育、出版和文物等领域。

　　修缮环碧园，也是何廷谦的职责之一。

　　凡物不故不新，不败不成。虽然故矣，败矣，而非适际其时，则亦不新不成。余以庚午八月，奉天子命，督学广东，未至即闻署之故且败也。至而询诸吏，则犹今中丞令番禺时所修，垂三十年矣！上者穿，旁者裂，直者欹，平者侧，坚者摧，脆者折。

　　前使以其费大役重，屡欲言而意未决也。及余见前使，语及署，则曰："自大堂以前修未久，以后惟东西厅，不甚朽坏，余则木啮于蚁，土穴于鼠，日蚀月销，内茁外腐[1]，非兴大役，不可与处。"因与周览而喟然曰："金必数千，工必累月，衣尘之未浣，而斯役之是亟，谁其与我乎？"不得已，以白中丞，中丞曰："噫！微子言，吾固知其故且败也。虽然，有修贡院之余金在，以为是不难。"翌日则檄藩库[2]，核所存以报。翌日则谕守令谋所以兴工者，议既定，未十日即移摄广西。篆相国瑞公[3]，以总督兼抚事，札汪司马（以增）、陈别驾（善圻）监修，而饬何少尉杰驻工。所以署西北隅斜，而促购民地数丈益焉。

　　于是召工匠，储木石，度方位，定时日，敝者更之，敝未甚者仍之，本有者复之，未有而宜具者增之。又以余力及后之环碧园，凡其为室、为亭、为台、为桥、为泉、为池者，而亦修之，平之，凿之，澄之。统计仍之而重葺者，为屋四十有二间；更之而新造者，十有二间；本有而复者，桥二、亭二、廊二；未有而增者，厢一、对厅一、过棚一、后厦一、书室一、幕宾之后房一。费金三千二百有奇。以辛未正月经始，四月工竣。余六月巡试北江，回复周览，而喟然曰："故者新矣，败者成矣。"然官署，传舍也[4]。方其为也，不知来此而居之为何人也，惟其有焉已矣。及其居也，不知后我而至之为何人也，惟其无覆压焉已矣。此前使所以欲新未新，欲成未成，至吾而始新之成之也。然非中丞，吾安得新之成之，且使吾之来，中丞之去，彼此相后先十余日，又乌测其何以新之成之也。吾所谓适际其时者此也。

　　按《志》，署本南汉刘龑南宫故地[5]，所谓药洲者是也。明嘉靖时，始为提学道署。国初为平藩住扎所，后又为左镇大厅。逮康熙四十九年，学使张公明先力清旧址，乃复为学署。迄今百七十年，几故几新，几败几成，而后至余。余赖中丞新之成之，而窃意后之新之成之者，未必若是之际其时也。独惜修甫竟，中丞已证道于桂林节署[6]。非惟不及见，抑不及闻，可胜叹哉！

　　任既满，代者且至。乃追述而纪于石，亦欲后我来者，知居此而无岩墙之惧，中丞力也。中丞为谁？济宁甲辰进士李公福泰也[7]。

同治十有二年岁次癸酉仲冬上浣[8]。工部左侍郎前日讲起居注官詹事府詹事广东提督学政定远何廷谦撰并书,潘石朋刻字。

【作者简介】

何廷谦(1814—1879),字地山,安徽定远县人。道光二十五年(1845)进士,入仕途为翰林院庶吉士、编修,累官福建乡试副考官、陕西乡试正考官,同治二年提督江西学政,入翰林院为侍讲、侍讲学士,迁少詹事,同治九年(1870)任提督广东学政,官至内阁学士、工部左侍郎、提督顺天学政。擅书画。

【注释】

[1] 芤:音 kòu,中空。

[2] 檄:晓谕。藩库:清代布政司所属的钱粮储库。

[3] 篆:官印的代称。犹摄。

[4] 传舍:古时供行人休息住宿的处所。

[5] 刘龑:本名刘岩。南汉开国之君。龑:音 yán,刘岩自创的字。

[6] 证道:指去世。

[7] 李福泰(1806—1871):字星衙,一作浚颐,山东济宁人,道光进士。咸丰四年(1854)任番禺知府。咸丰六年,英法联军进攻广州,率军民堵击敌船,后收复广州。同治三年(1864)奉命督办东、北江军务,迁广东布政使。擢福建巡抚。同治八年调任广西巡抚。历任兵、工等部侍郎,两湖、两广、云贵总督等,加太子少保衔,擢体仁阁大学士。谥曰文达。

[8] 上浣:上旬。唐宋官员实行旬休,即任官九日,休息一日。休息日多行浣洗。

江宁布政使署重建记

清·李宗羲

【提要】

本文选自《园综》(同济大学出版社 2004 年版)。

江宁布政使署为明朝开国大将徐达的私家邸园——瞻园,位于今南京瞻园路 208 号,现为太平天国历史博物馆。

明初,瞻园是徐达王府的一部分。嘉靖初年,徐达七世孙徐鹏举始筑为徐府之西花园。经徐氏七世、八世、九世三代人修缮与扩建,到明万历年间已颇具规模。清顺治二年(1645),清廷设江南行省,该园先后成为江南行省左布政使署、安徽布政使署。乾隆第二次(1757)巡视江南,驻跸此园,以欧阳修"瞻望玉堂,如在天上"而命名并御题"瞻园"匾额。且谕内务府仿瞻园造园艺术,在京城长春园内建如园。乾隆二十五年(1760)十月三日,安徽布政使署迁安庆,于此设江宁布政使署,瞻园开始由封闭的私人宅园变为半开放型衙署花园。

咸丰三年(1853),太平军攻陷南京,瞻园先后为东王杨秀清府、夏官副丞相赖汉英衙署和幼西王肖友和府。同治三年(1864),清军夺取天京,瞻园毁于兵燹。同治四年(1865)、光绪二十九年(1903),瞻园两度重修,但已非旧时景况。

李宗羲此文记录的就是1865年使署的重建:"凡为大门五楹,为仪门五楹。仪门之内为大堂五楹,堂之左右为客次;又其左右,吏胥居焉。又其内为二堂五楹,堂南西入为便坐,以待宾客;又西入为屋五楹者,凡五重,其最南亦为客坐,其后则治事之所,燕私之居也。"不仅如此,奉祭栗主之楼、幕客用房、储藏之室乃至井灶庖湢,一应俱全,私家宅邸变为公共建筑,其规模、形制随之发生的变化清晰可见、章法分明。

修缮完成后,随之而来的就是同治(1862—1874)中兴的太平时期。

民国时期,瞻园先后成为江苏省长公署、国民政府内政部、水利委员会、中统局、宪兵司令部看守所。瞻园历经侵削,范围日狭,花木凋零,峰石徙散。虽曾几度修葺,均不能止其圮败。两朝名园,遂又沦为败庑荒地。

1960年,我国著名古建专家刘敦桢主持瞻园的恢复整建工作,不仅保留了原有的格局特点,而且还充分地运用了苏州古典园林的研究成果,推陈出新,创造性地继承和发展了我国传统的造园艺术。1985年后,国家旅游局拨瞻园扩建经费250万元,瞻园二期修建工程开始。两年后,瞻园增园林面积近4 000平米、楼台亭阁1座,建筑面积2 882平方米,且东西二园合一。其山水布局既保留明清园林风格,又汲取现代南北方造园艺术精华,园内庭院相连,亭楼假山错落分布,有乔灌木800余株,竹类面积400平方米。

现在的瞻园分东西两个部分,二进大厅上有郭沫若题写的"太平天国历史陈列"匾额,主要陈列文物有天父上帝玉玺、天王皇袍、忠王金冠、大旗、宝剑、石槽等300多件,总陈列面积约1 200平方米。该馆现已收集到太平天国文物1 600余件,其中有42件一级文物。这是该园东半部。

西半部是一座典型的江南园林,园内古建筑有一览阁、花篮厅、致爽轩、迎翠轩及曲折环绕的回廊,这些建筑和回廊把整个瞻园分成5个小庭院和一个主园。静妙堂位于主园中部,三面环水,一面依陆,堂之南北各有一座假山,水脉相通,西边假山有岁寒亭一座。

瞻园是南京仅存的一组保存完好的明代古典园林建筑群,与无锡寄畅园、苏州拙政园和留园并称为"江南四大名园"。

江宁布政使之署,在城南大功坊,前明大将军徐中山王之故邸也。堂宇阔深,园沼秀异,在省城推为甲第。咸丰三年[1],奥逆既陷金陵[2],城中官寺无一存者。后十年为今上同治三年[3],官军既克金陵,于是两江总督大学士毅勇侯曾公由安庆移节而来[4],宗羲实从兵火之余,瓦砾遍地,官斯土者,率寓民居,其时兵事尚棘,馈饟方殷[5],未遑言营缮也。

四年秋,宗羲由两淮运使,迭蒙简命[6],为藩江宁,时苏抚肃毅伯李公摄督篆[7],常谓:布政司本元、明行省之旧,治官理财,为事尤繁,所关綦重[8],而莅事无所[9],假馆以居,非所以崇政体、系民望也。命宗羲以兵财之余,先葺治之。乃以六年正月赋功[10],阅八月而毕役。

凡为大门五楹,为仪门五楹。仪门之内为大堂五楹,堂之左右以为客次[11];又其左右,吏胥居焉[12]。又其内为二堂五楹,堂南西入为便坐,以待宾客;又西入为屋五楹者,凡五重,其最南亦为客坐,其后则治事之所,燕私之居也[13]。而为楼五楹,二于堂之北,以奉王之栗主[14],用故事也。楼之东幕客居焉。储峙有库[15],架阁有房,寮吏各守其职,府吏咸有所栖,井灶庖湢,凡百具备。外设华表,周以缭墙,表里完固,观瞻肃然。盖虽壮伟之规,游眺之乐,未能复于旧时;而以莅官出政,行省之体,庶其称矣。

又一年,北方余寇悉平[16],东南无事,年丰民乐,庶绩有绪。宗羲乃于署之西偏"瞻园"故址,因其水石之旧,薙莽除秽[17],扶陁累倾[18],临池为榭,冠阜以亭,匪以自娱,略存遗迹。

宗羲窃念寇乱以来,前后十余载,今虽以天子威灵,四方底定[19],而流亡者无定居也,还归者或露外也;守官斯土,幸蒙国恩,顾得出据堂皇,入安深靓[20],夫岂无恧于心[21]?是以修葺之际,务求浑坚,禁绝雕饰。然而睹室居之潭广,则有念于风雨不庇之虞;计工用之浩繁,则有念于脂膏供亿之苦[22]。至于登高明、远眺望,则尤悚然于民之情,或避远而无繇自达也。吏之治,或烦苛而不能尽平也,然则崇其体者,乌可不既其实;享其逸者,乌可不勉其劳也哉?是用备书为记,既以自警,亦谂来者[23]。

同治八年仲春之月[24],川东李宗羲。

【作者简介】

李宗羲(1818—1884),号雨亭,四川开县(今属重庆)人。中进士后,入仕为英山、太平等知县。1853年太平军攻下安庆,李宗羲协助曾国藩管理军务。因功1869年升任山西巡抚,受到慈禧两次召见。同治十二年(1873)升两江总督,并办理南洋大臣事务。1874年,因病上疏辞职,次年归家。

【注释】

[1]咸丰三年:1853年。

[2]奥逆:谓西南逆贼。奥:房屋西南角,洪秀全起事于广西,故称。

[3]同治三年:1864年。

[4]曾公:曾国藩。移节:旧称大吏转任或改变驻地。

[5]馈饷:谓运送粮饷。

[6]简命:选派任命。

[7]李公:即李鸿章。督篆:总督的大印,借指总督的官位。平太平起义后,李鸿章受封一等肃毅伯,1865年署理两江总督。

[8]綦:极,很。

[9]莅事:视事,处理公务。

[10]赋功:谓开始营建。

[11] 客次：指客舍。

[12] 吏胥：地方官府中掌管簿书案牍的小史。

[13] 燕私：闲居休息。

[14] 栗主：指徐氏先祖神主。以栗木做成，故称。

[15] 储峙：亦作"储跱"。储备物资以备用。

[16] 余寇：指捻军。至 1868 年 8 月，捻军东西军均被李鸿章、左宗棠击溃消灭。

[17] 薙：音 tì，除去。茀：音 fú，草多貌。

[18] 阤：音 yǐ，塌颓。《说文》：小崩也。

[19] 底定：达到平定。引申指平定，安定。

[20] 深靓：深邃宁静。靓，通"静"。

[21] 恧：音 nǜ，惭愧貌。

[22] 脂膏：指财富。供亿：按需要而供给。

[23] 谂：音 shěn，规谏，劝告。

[24] 同治八年：1869 年。

曲 园 记

清·俞 樾

【提要】

本文选自《园综》(同济大学出版社 2004 年版)。

曲园小，小得五脏俱全，小得清幽雅致，曲园是典型的文人住宅型园林。

曲园在今苏州人民路一深巷内，是清朝朴学大师俞樾在友人资助下买下的。原是一块废地，他亲自动手设计，利用弯曲的地形凿池叠石，栽花种竹，建屋 30 余楹，取《老子》"曲则全"句意，将其命名为"曲园"，并自号为曲园老人。

曲园占地 2 800 平方米，正宅居中，自南而北分五进，其东又建配房若干，与正宅之间以备弄分隔又相互沟通。其西、北为亭园部分，成曲尺形状，对正宅形成半包围格局。正宅门厅和轿厅皆为 3 间。第三进为全宅的主厅，名"乐知堂"，面阔三间，进深五界，为全宅唯一大木结构，采用扁作抬梁式的形制，用料较为粗壮，装饰朴素简洁。这里为俞樾当年接待贵宾和举行生日祝寿等喜庆活动的场所。第四、五进为内宅，即居住用房，与主厅间以封火山墙相隔，中间以石库门相通；均面阔五间，以东西两厢贯通前后，组成四合院落。乐知堂西为春在堂，面阔三间，进深四界。堂前缀湖石，植梧桐，为俞樾以文会友和讲学之处。南面为"小竹里馆"，为俞樾读书之处，馆南小院栽竹。春在堂北突出一歇山顶小轩，名"认春轩"。轩北杂植花木，叠湖石小山为屏，中有山洞蜿蜒。穿山洞有折，东北隅为面阔两间的"艮宧"，为昔日琴室。循廊西行，有书房三间，名"达斋"。出达斋沿廊南行，有一小亭，三面环水，池名"曲池"，亭名"曲水"。池东假山上有"回峰阁"与亭相对，假山中原有小门与内宅相通。亭南有曲廊通春在堂。

园中两处建筑尤值一说：

一是春在堂。这是曲园主要建筑之一。据说俞樾参加翰林考试，试题为"澹烟疏雨落花天"，俞樾依题作诗，首联为"花落春仍在，天时尚艳阳"，意即希望仍在，大志犹存，深得阅卷官曾国藩的赏识，于是名列前茅。因之俞樾以"春在"作堂名，并且把自己 250 卷著作称为《春在堂全书》。

二是认春轩。此轩因白居易"认得春风先到处"得名。这些景观布置得自然天成，玲珑剔透，令人赏心悦目。俞樾造园，乱世中心境阳光明媚。看其园中题咏："园中一曲柳千条，但觉扶疏绿荫绕。为惜明月无可坐，故于水面强为桥。平铺石板俨成路，俯倚红栏刚及腰。处置梯桄通小阁，差堪布席置茶铫。"

建国后不久，俞樾后人俞平伯将曾祖这处故居捐献国家。

"曲园"者，一曲而已，强被园名，聊以自娱者也。余故里无家，久寓吴下。岁在己巳[1]，赁马医巷潘文恭旧第而居之[2]。至癸酉岁[3]，太夫人自闽北归，以所居隘，谋迁徙，而无当意之屋[4]。适巷之西头，有潘氏废地求售，乃以钱易之，筑屋三十余楹，用卫公子荆法[5]，以一"苟"字为之。取《周易》"乐天知命"之义[6]，颜其厅事曰"乐知堂"，属彭雪琴侍郎书而榜诸楣[7]。

堂之西，为便坐，以待宾客，颜以曾文正所书"春在堂"三字[8]，别详《春在堂记》。"春在堂"后，尚有隙地，乃与内子偕往相度，而成斯园，即于春在堂后，连属为一小轩，北向，颜曰"认春"，白香山诗云[9]："认得春风先到处，西园南面水东头"。吾园在西，而兹轩适居南面，"认春"所以名也。认春轩之北，杂莳花木，屏以小山。山不甚高，且乏透、瘦、漏之妙，然山径亦小有曲折，自其东南入山，由山洞西行，小折而南，即有梯级可登，登其巅，广一筵，支砖作几，置石其旁，可以小坐。

自东北下山，遵山径北行，又得山洞。出洞而东，花木翳然，竹篱间之，篱之内，有小屋二，颜曰：艮宦。艮宦之西，修廊属焉。循之行，曲折而西，有屋南向，窗牖丽楼，是曰：达斋。曲园而有达斋，其诸曲而达者欤？由达斋循廊西行，折而南，得一亭，小池环之，周十有一丈，名其池曰：曲池，名其亭曰：曲水。由曲水亭循廊而南，至廊尽处，即春在堂之西偏矣。

大都自南至北，修十三丈，而广止三丈；又自西至东，广六丈有奇，而修亦止三丈，其形曲，故名"曲园"。所谓达斋者，与认春轩南北相值[10]。所谓曲水亭者，与回峰阁东西相值。艮宦则最居东北隅，故以"艮"名。艮，止也，园止此也。然艮宦南，有小门，自吾内室往，可从此入，则又首艮宦，艮固成终成始也。

嗟乎！世之所谓园者，高高下下，广袤数十亩，以吾园方之，勺水耳，卷石耳[11]。惟余本窭人[12]，半生赁庑，兹园虽小，成之维艰。《传》曰："小人务其小者"，取足自娱，大小固弗论也。

其助我草堂之资者，李筱荃督部，恩竹樵方伯，英茂文、顾子山、陆存斋三观察，蒯子范太守，孙欢伯、吴焕卿两大令。其买石助成小山者，万小庭、吴又乐、潘芝岑三大令。赠花木者，冯竹儒观察。备书之，矢勿谖也[13]。

【作者简介】

俞樾(1821—1907),字荫甫,号曲园,湖州德清县(今属浙江)人。清道光进士,官至河南学政,被罢官后居苏州,主讲紫阳书院。晚年又主讲杭州诂经精舍。俞樾长于经学和诗词、小说、戏曲研究,一生著述不倦。有《春在堂全书》《小浮梅闲话》《右台仙馆笔记》《茶香室杂钞》等。

【注释】

[1]己巳:同治八年,1869年。

[2]潘文恭:潘世恩(1769—1854),字槐堂,号芝轩,江苏吴县人,卒谥文恭。乾隆五十八年(1793)状元,授修撰。历任侍讲学士、内阁学士、户部左侍郎等职。偕纪昀经理《四库全书》事宜,嘉庆十二年(1807)充续办《四库全书》总裁、文颖馆总裁。次年任翰林院掌院学士。累官工部尚书,户部、吏部、礼部尚书,武英殿总裁、国史馆总裁。道光十三年(1833)拜体仁阁大学士、国史馆总裁。次年为军机大臣。鸦片战争爆发后,支持林则徐广东禁烟,力主严内治,方能御外侮。二十四年奏请开发甘肃、新疆,召民垦种,节饷实边。咸丰帝即位后下召求贤,以八十岁高龄保荐林则徐、姚莹等人。

[3]癸酉:1873年。

[4]当意:称意,合意。

[5]卫公子:《论语·子路》:子谓卫公子荆,善居室。始有,曰:"苟合矣。"少有,曰:"苟完矣。"富有,曰:"苟美矣。"原意是孔子赞扬卫国的公子荆善于理财理家。刚开始有一点,他说"差不多也就够了",稍多一点时就说"差不多就算完备了",更多一点说"差不多算是完美了"。

[6]乐天知命:《周易·系辞上》:乐天知命故不忧。

[7]彭雪琴:彭玉麟(1816—1890),字雪琴,祖籍衡州府衡阳县(今属湖南衡阳),生于安徽安庆。清末水师统帅,湘军首领,人称雪帅。与曾国藩、左宗棠并称"大清三杰",与曾国藩、左宗棠、胡林翼并称大清"中兴四大名臣"。与曾国藩创建湘军水师,是中国近代海军奠基人之一。官至两江总督兼南洋通商大臣、兵部尚书。

[8]曾文正:即曾国藩。

[9]白香山:即白居易。唐代诗人。其《认春戏呈冯少君、李郎中、陈主簿》:认得春风先到处,西园南面水东头。柳初变后条犹重,花未开前枝已稠。暗助醉欢寻绿酒,潜添睡兴着红楼。知君未别阳和意,直待春深始拟游。

[10]相值:相对,相当。

[11]卷石:如拳大之石称之。

[12]窭人:贫苦人。窭:音jù,贫苦。

[13]矢:誓,陈列。谖:音xuān,忘记。

清·俞　樾

【提要】

本文选自《园综》(同济大学出版社 2004 年版)。

留园在苏州阊门外,与拙政园、北京颐和园、承德避暑山庄齐名,为中国"四大名园"之一。

万历年间,太仆徐泰时建园,称东园。

徐泰时(1540—1598),原名三锡,字大来,号舆浦,明长洲(今苏州)武丘乡人。进士及第后,入仕途为中顺大夫,后授工部营缮主事,在修缮皇后居住的慈宁宫时,因徐"区画精详,巨细毕举,暑月不坐,乘不张盖,立赤日中,指挥匠者"。被万历皇帝看到而"心嘉之"。竣工后以劳绩进营缮郎中。万历十二年(1854),明神宗为兴建寿陵(即明十三陵中的定陵),徐泰时也被派到工地总理寿宫,皇帝念徐前劳,晋俸二级,加衔光禄寺少卿。徐泰时一到工地,就"相土宜,定高下,鸠工役,量经费,聚财用,裁冗滥"。这些工作都是费时费力的艰巨活,如选择陵地就历时二年半,挑剔的万历帝亲自去了 4 次,选了 17 处,还处分了包括申时行的姻亲、礼部尚书徐学谟在内的 5 名大臣。建定陵造成了国库空虚,徐泰时则以见材付款,防止商人冒领费用,并"捐俸造室百楹",使工匠有了安定的居住环境,而不再"坐卧风雨中"。在疾病流行时,设"医局"施药,同时设"病局"收养病号,使"民赖以安,所全活者万众"。由于徐的认真管理,工程进展迅速且"所省金钱动逾数十万缗,工不豫计而事办,材不宿购而力完"。在定陵告成之时,万历皇帝车驾临视表示满意,特恩赐麒麟服,以彰显宠异,进秩太仆寺少卿,仍掌部事。后因徐平时慷慨任事,自持才高,得罪了上司与同僚,被弹劾,受控为"受贿匿商,阻挠木税",于万历十七年冬回籍听勘,虽"多所谣诼",四年后查实"无庇商之私",但仍罢职不用。

本是建定陵的功臣,却因遭诬陷而罢官,徐感慨:"人生如驹过隙耳,吾何不乐哉。"于是"归而一切不问户外,益治园圃⋯⋯置酒高会,留连池馆"(以上引文均自范允临《明太仆寺少卿舆浦徐公暨元配董宜人行状》)徐氏仰慕范文正公,取《岳阳楼记》义,题园中主体建筑名后乐堂。堂前有楼,楼下左右隅植牡丹芍药,又在堂右数步外植野梅一林,在堂后请叠山高手周时臣(丹泉)垒石屏作普陀、天台诸峰峦状,山上梅岩相得,势若拱遇,袁宏道说这座高三丈、阔可二十丈的石屏美似一幅"山水横披画"。堂侧有池盈二亩,池旁垒上竖有著名的太湖石瑞云峰,层灵叠秀,高三丈余,妍巧甲于江南。池堤上红杏垂杨间植,堤尽有亭一座,亭之阳有建筑名逃禅庵。徐氏构筑的园林简洁疏朗,充满自然野趣,反映了禅宗美学思想的超凡脱尘原则,而疏朗与野趣正是明代文人园林的特点。

徐泰时去世后,园子传子及孙,逐渐衰落,园亦易主。乾隆五十九年(1794),

园归刘恕,经过5年修复、扩建,嘉庆三年(1798)始成。园内竹色清寒,波光澄碧,又以其中多植白皮松,故名寒碧庄。随后,园子又相继为盛康、盛宣怀所有。

占地30亩的留园内,厅堂、走廊、粉墙、洞门等建筑与假山、水池、花木等组合成数十个大小不等的庭园小品。全园分为4个部分,分别表现山水、田园、山林、庭园四种不同景色:中部以水景见长,池水明洁清幽,峰峦环抱,古木参天,为全园的精华所在;东部以建筑为主,重檐叠楼,曲院回廊,疏密相宜,著名的有佳晴喜雨快雪之亭、林泉耆硕之馆、还我读书斋、冠云台、冠云楼等十数处斋馆亭轩,院内池后立有3座石峰,居中者为名石冠云峰,两旁为瑞云、岫云两峰;北部为村野风光;西区为全园最高处,假山甚奇,环境僻静,富于山林野趣;北部竹篱小屋,颇有乡村田园风味。池南涵碧山房与明瑟楼是留园主要建筑。

赏留园首看建筑。建筑约占留园总面积的三分之一。全园分成主题不同、景观各异的东、中、西、北四个景区,景区之间以墙相隔,以廊贯通,又以空窗、漏窗、洞门使两边景色相互渗透,隔而不绝。园内有蜿蜒高下的长廊670余米,漏窗200余孔。一进大门,留园的建筑艺术处理就不同凡响:狭窄的入口内,两道高墙之间是长达50余米的曲折走道,造园家充分运用了空间大小、方向、明暗的变化,将这条单调的通道处理得意趣无穷。过道尽头是迷离掩映的漏窗、洞门,让中部景区的湖光山色若隐若现。绕过门窗,眼前景色才一览无余,欲扬先抑的造园手法让人叫绝。留园内的通道,通过环环相扣的空间造成层层加深的气氛,游人看到的是回廊复折、小院深深,这些都是接连不断错落变化的建筑组合。园内精美宏丽的厅堂,则与安静闲适的书斋、丰富多样的庭院、幽僻小巧的天井、高高下下的燠馆凉台、迤逦相属的风亭月榭巧妙地组成有韵律的整体,使园内每个部分、每个角落无不充满诗情画意。

留园建筑艺术的另一重要特点,是它内外空间关系格外密切,并根据不同意境综合运用多种造园手法。建筑面对山池时,欲得湖山真意,则取消面湖的整片墙面;建筑各方面对着不同的露天空间时,就以室内窗框为画框,室外空间作为立体画幅引入室内。室内外空间的关系既用建筑围成庭院,也让庭园包围建筑;既用小小天井取得装饰效果,也让室内外空间融为一体。这样一来,园林景观显得千姿百态、赏心悦目,趣味无穷。

留园集住宅、祠堂、家庵、园林于一身,综合了江南造园艺术,以水为中心,以独创一格、收放自然的精湛建筑艺术而享盛名。层层相属的建筑群组,变化无穷的建筑空间,藏露互引,疏密有致,虚实相间,旷奥自如,令人叹为观止。其营构大小、曲直、明暗、高低、收放等变化,巧妙吸取四周景色,形成一组组层次丰富、错落连续、节奏收放自如、色彩明暗天成、对比自如有度的空间体系,处处显示出的是咫尺山林、小中见大的精湛造园手法。

更加上集太湖石"瘦、皱、漏、透"四奇于一身的冠云峰,"五峰仙馆"楠木殿、幅宽一米左右、厚度仅15毫米的大理石天然画"鱼化石"等留园三绝;贯穿全园、长达六七百米、通幽渡壑的曲廊壁上,嵌有历代著名书法石刻300多方,其中有名的是董刻二王帖,为明代嘉靖年间吴江松陵人董汉策所刻,历时二十五年,至万历十三年始刻成。

需要提出的,明徐泰时创建该园时,林园平淡疏朗,简洁而富有山林之趣;至清代刘恕时,建筑虽然增多,仍不失深邃曲折幽静之趣,明代园林气息尚存;盛氏时,留园变得富丽堂皇起来,昔日山林深邃之气消失殆尽。

1961年,留园被国务院公布为第一批全国重点文物保护单位之一。1997年,包括留园在内的苏州古典园林被列为世界文化遗产。

出阊门三里而近,有刘氏寒碧庄焉,而问寒碧庄,无知者,问有刘园乎?则皆曰:有。盖是园也,在嘉庆初,为刘君蓉峰所有,故即以其姓姓其园,而曰:"刘园"也。

咸丰中,余往游焉,见其泉石之胜,华木之美,亭榭之幽深,诚足为吴中名园之冠。及庚申、辛酉间[1],大乱荐至[2],吴下名园,半为墟莽,而阊门之外尤甚。曩之阗城溢郭、尘合而云连者,今崩榛塞路,荒葛罥涂[3],每一过之,故蹊新术[4],辄不可辨,而所谓刘园者,巍然独存。同治中,余又往游焉,其泉石之胜,华木之美,亭榭之幽深,盖犹未异于昔,而芜秽不治,无修葺之者,兔葵燕麦[5],摇荡于春风中,殊令人有今昔之感。

至光绪二年[6],为毗陵盛旭人方伯所得,乃始修之、平之、攘之、剔之,嘉树荣而嘉卉苗,奇石显而清流通,凉台燠馆[7]、风亭月榭,高高下下,迤逦相属。春秋佳日,方伯与宾客觞咏其中,而都人士女,亦或掎裳连袂而往游焉[8]。于是出阊门者[9],又无不曰"刘园""刘园"云。

方伯求余文为之记,余曰:"仍其旧名乎?抑肇锡以嘉名乎[10]?"方伯曰:"否否[11]!'寒碧'之名,至今未熟于人口,然则名之易而称之难也;吾不如从其所称而称之,人曰'刘园',吾则曰'留园',不易其音而易其字,即以其故名而为吾之新名。昔袁子才得隋氏之园而名之曰'随园',[12]今吾得刘氏之园而名之曰'留'。斯二者,将毋同[13]。"

余叹曰:"美矣哉,斯名乎!称其实矣。夫大乱之后,兵燹之余,高台倾而曲池平,不知凡几,此园乃幸而无恙,岂非造物者留此名园以待贤者乎?是故泉石之胜,留以待君之登临也;华木之美,留以待君之攀玩也;亭台之幽深,留以待君之游息也。其所留多矣,岂止如唐人诗所云:'但留风月伴烟萝'者乎[14]?自此以往,穷胜事而乐清时,吾知'留园'之名,常留于天地间矣。"因为之记,俾后之志吴下名园者,有可考焉。

【注释】

[1]庚申、辛酉:1860、1861年。

[2]荐:音jiàn,重,再。

[3]罥:音juàn,捕捉鸟兽的网。此谓缠绕。

[4]术:办法。此谓道路。

[5]兔葵:植物名。茎紫黑色,花白似梅。燕麦:一二年生草本植物,子实多做饲料,也叫野麦。兔葵燕麦:成语。多用来表示荒凉萧条的景象。

[6]光绪二年:1876年。

[7]燠:音yù,温暖,热。

[8]掎裳连袂:牵裙连袖。谓人多。袂:音yì,衣袖。

[9] 阊门:苏州城门名。为古城西门,通往虎丘方向。

[10] 肇锡:谓拟名赐予。肇:开始,初始。

[11] 否否:犹不是不是。多用于应对。

[12] "昔袁子才"句:见本卷上册《随园记》。

[13] 将毋同:谓莫非相同,恐怕相同。亦作"将无同"。

[14] "唐人诗"句:唐人汪遵《金谷》诗:晋臣荣盛更谁过,常向阶前舞翠娥。香散艳消如一梦,但留风月伴烟萝。

怡 园 记

清·俞 樾

【提要】

本文选自《苏州历代名园记》(中国林业出版社 2004 年版)。

"顾子山方伯,既建春荫义庄,辟其东为园,以颐性养寿。"怡园是苏州诸名园中建造得最晚的一座,建于清同治、光绪年间。此园位于今苏州市人民路中段,距观前街不远。怡园原为顾文彬的私家花园,东部本为明代尚书吴宽的住宅,西部为顾氏扩建。

所谓晚出转精,出于名画家顾承(顾文彬之子)之手的怡园注意吸收各名园之长,又试图自成一格。复廊,是学沧浪亭复廊的做法;假山,参照环秀山庄布置;荷花池,与网师园里的水池相近;旱船,取法于拙政园中的香洲;面壁亭里悬镜,仿拙政园、网师园;假山洞壑也有狮子林之趣。由于当时造园设计有任伯年等花卉画家参与,所以好多地方又表现出花卉画的章法。

怡园是由花园、住宅、义庄、祠堂组合而成的完整的、典型的江南绅宦私人宅园。小巧玲珑,其总面积约 8 亩余,花了 20 万两银子,造了 7 年。怡园分东西两部分,中间用一道复廊隔开。

怡园东部以建筑为主,主要建筑物为坡仙琴馆和拜石轩。由园门进入东部小院,循走廊曲折南行至玉延亭。亭跋载:"万竿戛玉,一笠延秋,洒然清风",此处多竹,故取此名。亭及前面廊壁中或刻或嵌王羲之、怀素和米芾等人的书法石刻多方,汇为"怡园法帖"。

与玉延亭相近的是四时潇洒亭。从此分两廊,向南入坡仙琴馆(又名石听琴室)。再向南,对面是一座四面厅,北面天井里有很多怪石,取"米颠拜石"。南面天井里遍植松柏、冬青、老梅、山茶、方竹,名为"岁寒草庐"。

从四时潇洒亭往西,是留客处。再西行,为玉虹亭。玉虹亭西为石舫,此处窗外两面皆有湖石,舫中陈设着全套石刻家具。舫屋之西为复廊尽头,出廊就到西部花园。

锁绿轩是西部的起点,轩隐于丛林中,前为一环云墙围住的小院,与复廊北面尽头处相联接。出月洞门,西部园景即展现在眼前,迎面假山上下,奇峰罗列,蔚为壮观。西行上假山,山上有六角亭名"小沧浪",颇便揽景。

自"小沧浪"下山,山下有洞,洞内有石桌石凳,洞顶垂挂石钟乳。入洞拾级,登上山顶的螺髻亭,也可俯瞰全园。从亭侧循石级下行,出慈云洞,便到池中部抱绿湾北岸。沿池北行,入绛霞洞,因洞外多桃花,开花时灿若红霞,故名。出洞便到荷花池北岸。再沿池东行到金粟亭(金粟即桂花),由此向南,过曲桥到池南四面厅。这就是园内的主体建筑,内部作鸳鸯厅形式。北半厅称"藕香榭",轩前有平台临池,以供夏日赏荷,故亦名"荷花厅"。南半厅为"锄月轩",意取萨都刺诗:"今日归来如昨梦,自锄明月种梅花。"亭南空地叠不规则湖石花台,上立石峰,植牡丹、芍药、杉、桂、白皮松等。花台以东有梅花数十株,故南半厅又叫梅花厅。藕香榭内陈列有黄杨、楠木等古老的树根桌椅,一半天然,一半人工,古雅奇趣。中间一椅嵌有文字,是清初冒辟疆遗物。藕香榭东有南雪亭,亭名取自杜甫诗句:"南雪不到地,青崖粘未消。"南雪亭在复廊的南端,东面是岁寒草庐,南面是梅林,北面遥对金粟亭,面面景致大不同。

怡园在造园艺术上,充分吸取宋、元、明、清园林组景长处。鉴于面积较小,园林布局采用空间划分、对景、借景等手法,将假山、曲桥、建筑参差交错,配合成多层次立面轮廓,使园景幽深曲折,迂回不尽,达到小中见大,以少胜多,在有限的空间内获得丰富景色的效果。比如,面壁亭前一湾绿水,以石梁将大块水面分割,隔池怪石磷峋,构成一个静谧安逸的景观空间。亭后壁置一大镜,面壁对镜,峰巅螺髻亭正入镜中。颇有"镜里云山若画屏(唐·鲍防)"之意。

全园景致幽深,有山有水,组成可行可居可游的整体。特别是从各地搜觅来的石峰,或立庭院,或伴嘉树,姿态玲珑奇特。立之可观,卧之可赏,使人犹入丘壑,如游名山。总体观之,园内建筑物形体小巧,很少高堂大厅,其位置安排妥帖,庭院处理精练,布局巧妙,故园虽小但景却很丰富。园景曲折幽深,小中见大,层次分明,疏朗宜人。如今,怡园仍保持原来的山石池水、亭台楼阁旧貌。

史料说,顾承造此园,还邀请了任伯年等有名画家一起参与规划布局。

顾子山方伯,既建春荫义庄,辟其东为园,以颐性养寿,是曰怡园。入园,有一轩,庭植牡丹,署曰:看到子孙。轩之东,有屋如舟,署曰"舫斋赖有小溪山",涪翁句也。其前,三面环水,左侧苍松数十株,余摘司空表圣句,颜之曰"碧涧之曲,古松之荫"。其上有阁,曰松籁。凭槛而望,郭外青山,隐隐见眉妩矣[1]!

绕廊东南行,有石壁数仞,筑亭面之,名曰面壁。又南行,则桐荫翳然,中藏精舍,是为碧梧栖凤。又东行,后屋三楹,前则石阑环绕,梅树数百,素艳成林;后临荷花池,石桥三曲,红阑与翠盖相映。俗呼其前曰梅花听事;后曰藕香榭云。梅花听事之西,凿环于垣,曰:遁窟。窟中有一室,曰旧时月色。亦余所署也。

循廊东行,为南雪亭;又东为岁寒草庐。有石笋数十株,苍然可爱。其北为拜石轩,庭有奇石,佐以古松。又北为坡仙琴馆,以藏东坡琴也。馆之右,有石似老人,伛偻而听琴[2],筑室其旁,曰石听琴室。又西北行,翼然一亭,颜以坡词,曰:绕遍回廊还独坐[3]。廊尽此矣!

亭中有芍药台,墙外有竹径,遵径而南,修竹尽而丛桂见,用稼轩词意,筑一亭,曰"云外竹婆娑"。亭之前,即荷池也。循池而西,至于山麓,由山洞数折而上,度石梁,登其巅,则螺髻亭也。自其左,履石梁而下,得一洞,有石天然,如大士像[4],是曰"慈云洞"。洞中石桌、石凳咸具,石乳下注磊磊然[5],洞外多桃花,是曰"绛云洞"。洞之北,即余所谓古松之阴也。出松林,再登山,有亭曰"小沧浪"。亭后叠石为屏,其前俯视,又即荷花池矣。

兹园东南多水,西北多山,为池者有四,曲折可通,山多奇峰,极湖岳之胜。

方伯手治此园,园成遂甲吴下,精思伟略,即此征之,攀玩终日,粗述大概,探幽搜峭,是在游者。

【注释】

[1] 眉妩:谓眉样妩媚可爱。

[2] 伛偻:音 gōu lóu,脊背向前弯曲。

[3] 绕遍回廊还独坐:苏东坡《蝶恋花》:绕遍回廊还独坐,月笼云暗重门锁。

[4] 大士:佛教称佛和菩萨。

[5] 磊磊然:圆转貌。

筹议海防折(节选)

清·李鸿章

【提要】

本文选自《李鸿章全集》(光绪三十一年刻本)。

19世纪是一个充满不确定因素和变革的时代,世界许多国家纷纷走出中世纪奔向近代,中国同样如此。1861年开始的洋务运动也开始了"师夷长技以制夷"的实践。其中重要人物之一李鸿章便从明治维新后日本的迅速崛起看到了国家发展的方向,同时又感受到日本对中国带来的巨大威胁,适时地提出了加强海防的战略方针,并提出了明确的奋斗目标。

同治十三年(1874)春,日本以两艘琉球贡船漂到台湾,船员被生番所杀为借口,出动兵船登陆台湾。经多方交涉,中日双方签订了《北京专条》。日本侵台事件给中国朝野带来极大震动,不少有识之士开始认识到日本对中国的严重威胁,其中包括处理此事的李鸿章。在同治十三年十一月初二日的这份奏折中,他详细阐述了对日本的新认识:"惟文祥虑及日本距闽浙太近,难保必无后患。目前惟防日本为尤急,询属老成远见。该国近年改变旧制……每为识者所讥,然如改习西洋兵法、仿造铁路火车、添置电报、煤铁矿,于国计民生不无利益;并多派学生赴西国学习器艺,多借洋债,与英人暗结党援,其势日张,其志不小,故敢称雄东土,藐视中国,有窥犯台湾之举⋯⋯日本则近在户闼,伺我虚实,诚为中国永远大患。今虽勉强就范,而其深心积虑,觊觎我物产人民之丰盛,冀惮我兵船利器之未齐。将来稍予间隙,恐仍狡焉思逞,是铁甲船、水炮台等项,诚不可不赶紧筹备。"

这场肇始于日军侵台事件的晚清海防问题大讨论,波及朝野,大家都承认"海防一事,为今日切不可缓之计",恭亲王奕䜣以总理衙门的名义上折子,提出练兵、简器、造船、筹饷、用人、持久等6条紧要应办事宜,提交朝廷,大臣们认为6条均"亟应筹办",但在防御重点上却存在着根本的分歧。裕禄、英翰认为,与其加强海防,莫如整饬长江防务,可为"东南久远之计"(《筹办夷务始末(同治朝)》);左宗棠、王文韶、丁宝桢将俄国视为最大威胁,强调加强北边塞防,主张进军新疆(参见《丁文诚公遗集》奏稿卷);而李鸿章、王凯泰、沈保祯、李宗羲等人则认为,海防为当前第一要务,主张优先筹办(《筹办夷务始末(同治朝)》)。

同治十三年底,正当各省督抚复议汇齐之际,同治帝崩,光绪继位,慈禧再度垂帘听政。第二年春,海防大讨论进入"廷议"阶段。经过一个多月的"廷议",总理衙门折中各方面意见,终定主张海防与塞防并重。海防之事,由于"财力未充,势难大举",拟"先就北洋创设一军,俟力渐充,就一化三,择要分布"(中国近代史资料丛刊《洋务运动》第一册)。清廷虽然否定了京官们反对筹办海防的意见,但由于坚持了海塞防并重,实际上偏重塞防的方针,在思想认识上,仍然没有把海防建设看作是国家发展战略的一个重大问题给予重视,所以海防建设便有名无实地降为由南北洋大臣分头去办的一些具体事宜。

在这次海防大讨论中,最引人注意的是李鸿章提出的关于加强海防建设的建议。这个建议可以大体概括为以下四个方面:

一是变法与用人。鉴于国内人才奇缺,李鸿章建议清廷另开洋务进取一格,以资造就;并请饬令沿江海各省开设洋学局,以鼓励作新;同时积极选派幼童武弁出国留学,辟西学门径。李鸿章把他多年来对日本的观察加以总结,提倡师法日本学习西人之道,并根据中国国情而对日本维新经验加以改进与推广。

二是守疆土,保和局。李鸿章说:"我之造船,本无驰骋域外之意,不过以守疆土,保和局而已。"(《李文忠公全集》奏稿卷19)守疆土,保和局是李鸿章海防战略思想的指导方针。所谓守疆土,落实到海防上,就是对直隶之大沽、北塘、山海关一带,长江吴淞至江阴一带的主要口岸实施重点防御。所谓保和局,李鸿章认为,外交上应极力羁縻,以维持和平局面,避免发生战争。不仅如此,即将来器精防固,亦不宜自我开衅。李鸿章主和的根本目的是要创造一个和平的外部环境,为清廷实现自强赢得一段发展的时间。他强调:"忍小忿而图远略"(《李文忠公全集》朋僚函稿卷16),不仅可以赢得发展自己的时间,而且可以节省大笔经费以用于海防。但清廷没有采纳他的这一思想,失去了一段宝贵的时间。从此,中国丢掉了走向近代的一次重要机遇,清廷也失去了维持江山社稷的前提条件。

三是停西征之饷用于海防。李鸿章认为:"新疆不复,于肢体之元气无伤;海防不防,则心腹之大患愈棘。"(《筹办夷务始末(同治朝)》)不多的军费应优先用于海防。李鸿章的这一主张,多年来被视为卖国言论,其实细思之亦不无道理。

不仅如此,李鸿章还呼吁加强海防的同时,大力推进其他领域的改革,提出包括兴办铁路、航运、开矿、办电报等等一系列新政,甚至提出股份制的设想。遗憾的是,这些主张很快没入晚清的沉沉夜色之中。

在海防战略思想的指导下,李鸿章成为晚清洋务运动的主要实行家。海岸防守上,李鸿章坚持口岸防御的战略方针,致力于沿海炮台的建设。早在19世

70年代,他首先规复了大沽口、北塘及山海关炮台,添置重炮,修复古垒,屯以重兵。进入80年代,李鸿章又拨巨款修筑旅顺黄金山、椅子山等炮台,威海卫南北帮炮台及刘公岛炮台,并配合山东巡抚修筑了烟台东西两炮台。与此同时,他命令淮军驻江苏各部队参加了长江沿江各主要炮台的修筑工程,以加强海口的防御能力。19世纪后半期,李鸿章在国防建设方面做得最大的事情,就是组建了一支近代化的海军。光绪十四(1888)年北洋海军成军,在编军舰共25艘,其中有"定远""镇远"2艘铁甲舰,"致远""来远""济远"等7艘巡洋舰,以及其他辅助舰艇。舰队总排水量为4万吨,在当时远东地区号称第一。

此外,李鸿章还特别重视制器与练兵,他在19世纪60年代筹建了江南制造局(今上海江南造船厂)、金陵机器局两大兵工厂,70年代又改造扩建了天津机器局,兴建了天津淮军军械所,增大了武器弹药的生产,并在威海卫、旅顺等地组建了水雷营,旅顺还建造了船坞。通过进口与自制相结合,在70年代以后,清朝淮军的装备在20年的时间里完成了两次更新,成为晚清装备最好的一支军队。

奏为钦奉谕旨,详细筹议海防紧要应办事宜,恭折密陈,仰祈圣鉴事:

同治十三年九月二十九日承准军机大臣密寄:"奉上谕:'总理各国事务衙门奏,海防亟宜切筹,将紧要应办事宜,撮叙数条[1],请饬详议一折。沿江沿海防务,经总理各国事务王大臣并各该将军、督抚等随时筹画,而备御究未可恃。亟应实力讲求,同心筹办,坚苦贞定,历久不懈,以纾目前当务之急[2],以裕国家久远之图。该王大臣所陈练兵、简器、造船、筹饷、用人、持久各条,均系紧要机宜。著李鸿章等详细筹议,将逐条切实办法,限于一月内复奏。此外别有要计,亦即一并奏陈,不得以空言塞责'等因。钦此。"旋又准总理衙门钞奏知照,以丁日昌续拟《海洋水师章程六条》[3],请饬汇入该衙门前奏,一并妥筹复奏。奉朱批:"依议。钦此。"仰见朝廷思患预防,力图自强之至意,钦服莫名。

臣查各国条约已定,断难更改。江海各口,门户洞开,已为我与敌人公共之地。无事则同居异心,猜嫌既属难免;有警则我虞尔诈,措置更不易周。值此时局,似觉防无可防矣。惟交涉之事日繁,彼族恃强要挟,在在皆可生衅。自有洋务以来,叠次办结之案,无非委曲将就。至本年日本兴兵台湾一事,经总理衙门王大臣与该使多方开谕,几于管秃唇焦[4],犹赖圣明主持于上,屡饬各疆臣严密筹防,调兵集船,购利器,筑炮台,一时并举,虽未即有把握,而虚声究已稍壮。该酋外怵公论,内慑兵威,乃渐帖耳就款[5],于国体民情尚无窒碍,未必非在事诸臣挽救之力。臣于台事初起时,即缄商总理衙门[6],谓明是和局而必阴为战备,庶和可速成而经久。洋人论势不论理,彼以兵势相压,我第欲以笔舌胜之,此必不得之数也。夫临事筹防,措手已多不及;若先时备豫,倭兵亦不敢来,乌得谓防务可一日缓哉!

兹总理衙门陈请六条,目前当务之急与日后久远之图,业经综括无遗,洵为救时要策[7]。所未易猝办者,人才之难得、经费之难筹、畛域之难化[8]、故习之难除,循是不改,虽日事设防,犹画饼也。然则今日所急,惟在力破成见以求实际而已。

何以言之?历代备边多在西北,其强弱之势、客主之形皆适相埒[9],且犹有中外界限。今则东南海疆万余里,各国通商传教,来往自如,麇集京师及各省腹地[10],阳托和好之名,阴怀吞噬之计,一国生事,诸国构煽,实为数千年来未有之变局。轮船电报之速,瞬息千里;军器机事之精,工力百倍;炮弹所到,无坚不摧,水陆关隘,不足限制,又为数千年来未有之强敌。外患之乘,变幻如此,而我犹欲以成法制之,譬如医者疗疾不问何症,概投之以古方,诚未见其效也。庚申以后[11],夷势骎骎内向[12],薄海冠带之伦[13],莫不发愤慷慨,争言驱逐。局外之訾议,既不悉局中之艰难;及询以自强何术,御侮何能,则茫然靡所依据。自古用兵未有不知己知彼而能决胜者,若彼之所长、己之所短尚未探讨明白,但欲逞意气于孤注一掷,岂非视国事如儿戏耶!臣虽愚暗,从事军中十余年,向不敢畏缩,自甘贻忧君父。惟洋务涉历颇久,闻见稍广,于彼己长短相形之处,知之较深。而环顾当世饷力人才实有未逮,又多拘于成法,牵于众议,虽欲振奋而未由。《易》曰:"穷则变,变则通。"盖不变通则战守皆不足恃,而和亦不可久也。

谨就总理衙门原议,逐条详细筹拟切实办法,附以管见,略为引伸。丁日昌所陈间有可采,一并汇入核拟,以备刍荛之献[14]。仍请敕下在廷王大臣详晰谋议,请旨定夺。总之,居今日而欲整顿海防,舍变法与用人,别无下手之方。伏愿我皇上顾念社稷生民之重,时势艰危之极,常存欿然不自足之怀[15],节省冗费,讲求军实,造就人才,皆不必拘执常例;而尤以人才为亟要,使天下有志之士无不明于洋务,庶练兵、制器、造船各事可期逐渐精强。积诚致行,尤需岁月迟久乃能有济。目前固须力保和局,即将来器精防固,亦不宜自我开衅。彼族或以万分无礼相加,不得已而一应之耳。

所有遵旨详议缘由,谨缮折密陈,并将议复各条,缮具清单,恭呈御览。伏乞皇上圣鉴训示。谨奏。

谨将总理衙门原奏紧要应办事宜,逐条切实办法,并将丁日昌续奏各条并入,详细拟议,恭呈御览。

一、原奏练兵一条,内称:"若求实在可御外患,事较办发、捻诸贼为更难,兵亦较办发、捻诸贼宜更精",洵是不刊之论。盖发、捻、苗、回诸贼,皆内地百姓,虽有勇锐坚忍之气,而器械不及官军之精备,可以剿抚兼施。若外洋本为敌国,专以兵力强弱角胜,彼之军械强于我,技艺精于我,即暂胜必终败。敌从海道内犯,自须亟练水师。惟各国皆系岛夷,以水为家,船炮精练已久,非中国水师所能骤及。中土陆多于水,仍以陆军为立国根基,若陆军训练得力,敌兵登岸后尚可鏖战,炮台布置得法,敌船进口时尚可拒守;但用旗、绿营弓箭刀矛抬鸟枪旧法[16],断不足以制洋人,并不足以灭土寇。即如直隶练军屡经挑选整顿,近始兼习洋枪、小炸炮,以剿内寇尚属可用,以御外患实未敢信。各省抽练之兵大率类此,用洋枪者已少,用后门枪及炸炮者更少,其势只可加练而不可减练,只可添练洋器以求制胜,而不可拘执旧制以图省费。前督臣曾国藩于同治十年正月复奏筹备海防折内[17],谓沿海之直隶、奉天、山东三省,江苏、浙江两省,广东、福建两省,沿江之安徽、江西、湖北三省,各应归并设防。沿海七省共练陆兵九万,沿江三省共练陆兵三万,统计每年需饷八百万两,因无款可筹,议遂中止。兹总理衙门拟以曾经制胜之洋枪队练习水战,丁日昌拟选练陆军,合天下得精兵十万人,与曾国藩前奏用意略同。惟陆军与水师用法各殊,练法亦异,水师犹可上岸击贼,陆军未便强令操舟,似不宜两用以致两误。臣愚以为沿海沿江各省,现有练兵枪队虽不及曾国藩、丁日昌所拟十余万之多,然与其多而无用,不若少而求精。但就现有陆军认真选汰,一律改为洋枪炮队。凡绿营额兵疲弱勇营酌加裁减,其饷即加给新练之队。沿海防营并换用后门进子枪,于紧要口岸附近之处屯扎大枝劲旅,无事时专讲操练,兼筑堡垒,有事时专备游击,不准分调。各海口仿照洋式修筑沙土炮台,以地步宽展椭圆坚厚为要[18]。炮位宜间用口径八寸至十余寸者,择将择兵演习之,务在及远,愈远愈妙,务在能中,不中不发,即所谓药能对症有备无虞者矣。

一、原奏简器一条。西国水陆战守利器,以枪炮水雷为大宗。炮有前后门、生熟铁纯钢之分,枪有前后门、滑膛、来福之异,水雷有用触物、磨物、电气发火之别。窃尝考究其图与器而得其大略。洋枪一项,各国改用后门,以其手法灵捷,放速而及远。其旧制前门枪贱价售于中国,每为外人所轻。英、俄、德、法、美,泰西五大强国也。其后门枪名目,英之至精者曰亨利马梯呢,其次曰士乃得,俄曰俾尔打哎,德曰呢而根,法曰沙士钵,美曰林明登。以利钝迟速较之,则英之亨利马梯呢精于俄,俄之俾尔打哎精于美,美之林明登又精于英之士乃得及德、法诸枪也。林明登、士乃得二种,近年已运入中国,臣处及沈葆桢均购存林明登数千枝[19]。上海机器局亦能仿造。惟兵勇粗疏者多。士乃得机簧较简,购价较省,修改较便,现拟令各营酌换士乃得枪,而间以林明登,认真操习,由渐而精。并令津、沪各局先购林明登造子机器,仿制子药铜卷以便接济。仍与总理衙门商购英国亨利马梯呢枪若干枝,又与俄领事订购俾尔打哎枪千枝,以备将士选锋者操用。至炮位一项,英、德两国新式最精。德国克鹿卜后门钢炮击败法兵,尤为驰名。臣逐年购到克鹿卜大小炮五十余尊,分置大沽炮台、天津防营,其最大者两尊,口径八寸,足抵前门炮口径十一二寸之子力;然每尊价约二万元,苦于无力多购。或谓钢炮过大,药力过猛,用久或致损裂,故英国多用前门熟铁来福长弹大炮,曰乌理治、曰阿墨斯得郎、曰回德活特三家尤著。大者口径十一寸至十五寸,身重至八万斤以上,子弹重至六百磅,能打穿二十余寸厚之铁甲;惟起运维艰,价值尤贵,中国尚无购用者。陆路行仗小炮,则以德国克鹿卜四磅弹后门钢炮、美国格林连珠炮为精捷。臣又各定购数十尊,以备游击要需。目下沪宁各局,只能仿造十二磅至六十八磅之圆弹铜铁炸炮,淮军习用已久,远胜中国旧制,而不及西洋新式之精。仍拟仿照乌理治、阿墨斯得郎之式,箍以熟铁[20],而机器未备。外国每造枪炮,机器全副购价须数十万金,再由洋购运钢铁等料,殊太昂贵。须俟中土能用洋法自开煤铁等矿,再添购大炉、汽锤、压水柜等机器,仿造可期有成。若克鹿卜之钢炮,回德浩特之熟铁炮,系用生钢生铁铸成。该厂自有秘法,更未易学步矣。至水雷一项,轰船破敌最猛。从前南北花旗之战[21],南兵获水雷力居多。德法之战[22],法国兵艘十倍于德,而波罗的海法艘未敢深入,全仗水雷之功。其法分为两类:一为定而不动之水雷,或连于木桩木排之间,或用锚定其方位,使沉水中,或陆地城堡被攻时于缺口要路安置,此专为自守而设。一为能行动之水雷,或浮水面顺风力飘动,或用机器自行,或于铁船首伸出长竿置之,或专作拖带水雷之船,此可为攻敌之用。近来格致之学日精[23],水雷之法亦日精,多以强水触物磨物及电线发火,其触而发火、磨而发火,比用法点放者尤佳。用药仅五六十磅,无论何种兵船,皆可轰破其底。闻各国皆讲究此物,制存极多,其用时必于水中排列数行,每口安放数十具,使敌船疑畏不敢进。沪、津各局现只能仿造其粗者,而电机、铜丝、铁绳、橡皮等件仍购自外洋。须访募各国造用水雷精艺之人来华教演,庶易精进。至火器尽用洋式,炮子、火药两项亦系要需。津局有造药机器四副,日出二千余磅,已可敷用,惟枪炮多而子弹尚少。沪局仅造药机器一副,日出无几。宜添购机器,在苏、宁推广制造。各省防江、防海需用洋枪炮之子药,均宜设局在内地仿造。否则事事购自洋商,殊无以备缓急。且闽、沪、津各机器局逼近海口,原因取材外洋就便起见,设有警变,先须重兵守护,实非稳著。嗣后各省筹添制造机器,必须设局于腹地通水之处,海口若有战事,后路自制储备,可源源运济也。

一、原奏造船一条。查布国《防海新论》有云[24]:"凡与滨海各国战争者,若将本国所有兵船径往守住敌国各海口,不容其船出入,则为防守本国海岸之上策。其次莫如自守,如沿海数千里,敌船处处可到,若处处设防,以全力散布于甚大之地面,兵分力单,一处受创,全局失势;故必聚积精锐,只保护紧要数处,即可固守"等语,所论极为精切。中国兵船甚少,岂能往堵敌国海口,上策固办不到。欲求自守,亦非易言。自奉天至广东,沿海袤延万里,口岸林立,若必处处宿以重兵,所费浩繁,力既不给,势必大溃。惟有分别缓急,择尤为紧要之处,如直隶之大沽、北塘、山海关一带,系京畿门户,是为最要;江苏吴淞至江阴一带,系长江门户,是为次要。盖京畿为天下根本,长江为财赋奥区[25],但能守此最要次要地方,其余各省海口边境略为布置,即有挫失,于大局尚无甚碍。惟既欲固守,必预将所有兵马、炮位、军械、辎重并工局物力储备坚厚,虽军情百变而不离其宗。庙谋阃算[26],平昔之经营,临事之调度,皆不可一毫错乱。道光二十一、二年[27],夷船入长江,而全局始震。咸丰十年,夷兵犯津、通,而根本遂危。彼族实能觇我要害,制我命脉;而我所以失事者,由于散漫设防,东援西调,未将全力聚于紧要数处。今议防海,则必鉴前辙,揣敌情。其防之之法,大要分为两端:一为守定不动之法,如口内炮台壁垒格外坚固,须能抵御敌船大炮之弹,而炮台所用炮位,须能击破铁甲船,又必有守口巨炮铁船,设法阻挡水路,并藏伏水雷等器。一为挪移泛应之法,如兵船与陆军多而且精,随时游击,可以防敌兵沿海登岸。是外海水师铁甲船与守口大炮铁船皆断不可少之物矣。现计闽厂造成轮船十五号,内有二号已在台湾遭风损坏。沪厂造成轮船六号,内有二号马力五百匹,配炮二十六尊,与外国大兵船相等。其余各船,皆仅与外国小兵船根拨相等,然已费银数百万有奇。物料匠工多自外洋购致,是以中国造船之银,倍于外洋购船之价。今急欲成军,须在外国定造为省便,但不可转托洋商误买旧船,徒糜巨款……

一、原奏筹饷一条。近日财用极绌,人所共知。欲图振作,必统天下全局,通盘合筹,而后定计……曾国藩前有暂弃关外专清关内之议[28],殆老成谋国之见。今虽命将出师,兵力饷力万不能逮。可否密谕西路各统帅,但严守现有边界,且屯且耕,不必急图进取。一面招抚伊犁、乌鲁木齐、喀什噶尔等回酋,准其自为部落,如云、贵、粤、蜀之苗、瑶土司……两存之则两利。俄、英既免各怀兼并,中国亦不至屡烦兵力,似为经久之道……海疆不防,则腹心之大患愈棘;孰重孰轻,必有能辩之者。此议果定,则已经出塞及尚未出塞各军,似须略加核减,可撤则撤,可停则停。其停撤之饷,即匀作海防之饷。否则只此财力,既备东南万里之海疆,又备西北万里之饷运,有不困穷颠蹶者哉!至此时开办海防,约计购船、练兵、简器三项,至少先需经费一千余万两。本年八月间[29],户部奏复文祥宽筹饷需折内[30],议请暂停内府不急之需,而海防用项仍无可筹。姑令各省先尽各项存款移缓就急,抵充防费,究之各省留支奉拨之数,视岁入之数,无不浮溢数倍,更有何款可以存留借抵?必不得已,应仍照总理衙门五年奏案[31],专提部存及各海关四成洋税一款,为目前开办之需……其有不敷,拟仍暂借洋款,由续收四成项下拨还。或另行设法归楚,以应急需。其息银以七八厘为度,归本以十年八年为度,亦各国常有之事,无足诧虑也[32]。至于日后久远之费,当于开源节流求之。现在丁漕课税正供之外,添出厘金[33]、捐输二款,百方罗掘,仍不足用。捐输所得无几,流弊甚大;而内地厘金,又为半税所绌[34]。如铜、铁、羽呢、洋布等类皆关民生日用,洋船转运迅捷,输纳又仅半税,于是奸民包揽冒骗,大宗货物皆免完厘。因税则载在和约,无可议加,以至彼此轻重悬殊,商民交困,从爵渊鱼之喻[35],何堪设想!丁日昌拟设厂造耕织机器,曾国藩与臣叠奏请开煤铁各矿,试办招商轮船,皆为内地开拓生计起见,盖既不能禁洋货之不来,又不能禁华民之不用。英国呢布运至中国,每岁售银三千余万,又铜铁铅锡售银数百万,于中国女红匠作之利,妨夺不少。曷若亦设机器自为制造,轮船铁路自为转运。但使货物精华与彼相垺,彼物来自重洋,势不能与内地自产者比较,我利日兴,则彼利自薄,不独有益厘饷也。各省诸山,多产五金及丹砂、水银、煤之处,中国数千年未尝大开,偶开之又不得其器与法,而常忧国用匮竭,此何异家有宝库封锢不启而坐愁饥寒。西土治地质学者,视山之土石,即知其中有何矿。窃以为宜聘此辈数人分往遍察,记其所产,择其利厚者次第开挖。一切仿西法行之。或由官筹借资本,或劝远近富商凑股合立公司,开得若干,酌得一二分归官,其收效当在十年以后。臣近于直之南境磁州山中议开煤铁[36],饬津、沪机器局委员购洋器、雇洋匠,以资倡导,固为铸造军器要需,亦欲渐开风气以利民用也。近世学者鉴于明季之失,以开矿为弊政,不知弊在用人,非矿之不可开也。其无识绅民惑于凿坏风水,无用官吏恐其聚众生事,尤属不经之谈。刻下东西洋无不开矿之国,何以独无此病,且皆以此致富强耶?若南省滨江近海等处,皆能设法开办,船械制造所用煤铁,无庸向外洋购运,榷其余利,并可养船、练兵,此军国之大利也。至于洋药一项流毒中国,本年三月间钦奉寄谕,以醇亲王请饬密筹杜绝[37],饬即妥议办法等因。臣查阅醇亲王折内有:"不必仓猝施行,要在矢志弗懈,俟外洋鸦片不来,再严中国罂粟之禁"等语,实属洞达大体。适因台湾事起,未便置议。兹查洋药自印度进口,每年约七万数千箱,售银三千余万之多。英国明知害人之物,而不欲禁洋商贩运,并欲禁中国内地自种,用意殊极狡狠。上年修约[38],总理衙门与英使言之屡矣。并预声明:既不能禁英商之不贩洋烟，即不能禁华民之不食洋烟，惟有暂行弛禁罂粟，不但夺洋商利权，并可加增税项，将来计穷事迫，难保不出于此。其时英使闻之亦颇心动，而该国卒不见听。臣即再与辨理，恐亦无益。应仍循总理衙门原议，阴相抵制，以冀洋药渐来渐少，再加厉禁为宜。查云、贵、川、陕、山西各省多种罂粟，疆臣台谏每以申明禁令为言[39]，是徒为外洋利薮之驱[40]，授吏胥扰索之柄。究之罂粟日种日广，势仍不可遽禁。闻土药性暖价廉，而瘾亦薄，不比洋药为害之烈。为今之计，似应暂弛各省罂粟之禁，而加重洋药之税厘，使外洋烟土既无厚利，自不进口，然后妥立规条，严定限制，俾吸食者渐戒而徐绝之。民财可杜外耗之源，国饷并有日增之势，两得之举也。查洋药每箱百斤，新关正税三十两；厘捐则各省多寡不同，福建每箱捐银三十六两，江苏每箱捐银三十二两，北洋天津等关捐银二十四两，捐愈重则偷漏愈多。英国条约原有"洋药如何征税，听凭中国办理"之说，如能于洋税一律议加，自可毫无渗漏，裨益更大。否则南北各口通定一加重捐数，均照闽省之式无稍参差，以免趋避。专收作海防经费，由统帅提用，合之亦成巨款。此外沿江沿海各省，皆令整顿货厘盐厘，每省每年限定酌拨数万两协济海防。以上数端，皆开源之事也。若夫裁艇船以养轮船，裁边防冗军以养海防战士，停宫府不急之需，减地方浮滥之费，以裨军实而成远谋，亦节流之大者。苟非上下一心，内外一心，局中局外一心，未有不半途而废者矣……

【作者简介】

李鸿章(1823—1901)，本名章桐，字渐甫(一字子黻)，号少荃(泉)，晚年自号仪叟，别号省心，谥文忠，安徽合肥人。中进士后，入仕途为翰林编修。初师曾国藩，讲求经世之学。1853年回籍办团练，镇压太平军。攻占南京后，被封为一等肃毅伯爵。随后率部剿灭捻军。1867年授湖广总督，赏加一等骑都尉世职。1868年加太子太保衔。旋任湖广总督、协办大学士。1870年，兼署湖北巡抚，继曾国藩调任直隶总督，兼北洋通商事务大臣，掌管清外交、军事、经济大权，成为洋务派首领。1873年后，授大学士、武英殿大学士、文华殿大学士。他是洋务运动的主要倡导者之一，抱定"外须和戎，内须变法"的理念，先后开办江南制造总局、金陵机器局、轮船招商局、开平矿务局、漠河金矿、天津电报局、津榆铁路、上海机器织布局等企业。1872年，选送幼童赴美国学习，又向英、德、法诸国派遣留学生，并在国内设立学堂，聘用洋人教习，有广方言馆、北洋水师学堂、电报学堂、西医学堂等。同时购买军火和军舰，扩充淮军势力。1888年，建立北洋海军。1896年负责总理各国事务衙门。李鸿章多次代表清廷办理对外交涉，"委曲求全"地签订了中英《烟台条约》《中法新约》《马关条约》《中俄密约》及《辛丑条约》。有《李文忠公全集》。

【注释】

[1]撮叙：谓摘要叙述。撮：音 cuō，摘取。

[2]纾：缓和，解除。

[3]丁日昌(1823—1882)：字禹生，亦作雨生、持静，广东丰顺县人。由廪生捐教职。咸丰四年(1854)办团练，剿潮州土匪。九年(1859)，因守城有功，升任江西万安县知县。丁日昌到任后，将历年积案一一整理结案，旋经广东巡抚奏调，办理广东洋务。同治四年(1865年)，授苏松太道，兼管海关。累官两淮盐运使，江苏布政使、巡抚，直隶总督。此时，丁日昌任江苏

巡抚,协助李鸿章主持上海机器局并办理外交事务。

[4] 管秃唇焦:笔写秃了,嘴唇说干了。

[5] 帖耳就款:谓驯服归顺。帖耳:耳朵下垂,驯服貌。

[6] 缄商:谓书信商量。

[7] 洵:的确,实在。

[8] 畛域:界限,范围。

[9] 埒:音 liè,等同。

[10] 麇集:成群聚集。麇:音 qún,成群。

[11] 庚申:咸丰十年(1860)。

[12] 骎骎:马跑得很快的样子。骎:音 qīn。

[13] 薄海:谓临海一带。冠带:官吏士绅。

[14] 刍荛:音 chú ráo,割柴打草。此谓柴草。

[15] 欿然:不自得貌,忧愁貌。欿:音 kǎn,不自满足。

[16] 绿营:清代兵制,除八旗外,又另募汉人编成军队,用绿旗,称为绿旗兵或绿营兵。

[17] 同治十年:1871 年。

[18] 地步:处境。宽展:宽阔。

[19] 沈葆桢(1820—1879),字幼丹,又字翰宇,福建侯官(今福州)人,林则徐之婿。咸丰十一年(1861),曾国藩请他赴安庆大营,曾保荐他出任江西巡抚。1864 年,天京失陷,幼王洪天贵福和玕王洪仁玕流窜进入江西,在石城兵败被俘,沈葆桢将二人就地处死。后出任"马尾船政大臣",开办求是堂艺局(船政学堂),组建南洋和福建船政两支水师,开矿、办厂、冶铁炼钢,构建近代国防。同治十三年(1874),日本以琉球船民漂流到台湾,被高山族人民误杀为借口,发动侵台战争。清廷派沈葆桢为钦差大臣,赴台办理海防,兼理各国事务大臣,筹划海防事宜,办理日本撤兵交涉。沈葆桢到了台湾,积极加强战备,坚守城池,不久就迫使日寇知难而退,"遵约撤兵"。沈葆桢守住台湾后,立即着手进一步的开发,实施了开禁、开府、开路、开矿四大措施,开始了台湾的近代化之路。

[20] 箝:同"钳",捆束、控制。

[21] 南北花旗之战:指 1861—1865 年美国南北战争。

[22] 德法之战:指 1870—1871 年普法战争。

[23] 格致:清末讲西学者以它总称物理、化学等自然科学。

[24] 布国:指普鲁士。

[25] 奥区:腹地。

[26] 庙谟:谓朝廷的谋划。阃算:谓将帅的计算。阃:音 kǔn。

[27] 道光二十一、二年:1841、1842 年。

[28] 关:指嘉峪关。

[29] 本年:同治十三年(1874)。

[30] 文祥(1818—1876),瓜尔佳氏,字博川,号文山,满洲正红旗人。中进士后,历任太仆寺少卿、詹事府詹事、内阁学士、署刑部侍郎,后又历任吏部、户部、工部侍郎,兼副都统、左翼总兵。1860 年,英法联军攻逼北京,咸丰帝出走热河(今河北承德)时,命其随恭亲王奕䜣留北京与英法议和。次年,被任为总理衙门大臣。任职期间,倡导洋务"新政",成为清朝中央政府中著名的洋务派首领之一。同治元年(1862),擢左都御史、工部尚书,兼署兵部尚书,并任内务府大臣,兼都统。同治十年,授吏部尚书、协办大学士。光绪帝继位后,晋武英殿大学士,专任军

机大臣及总理衙门大臣。曾与奕䜣等奏请办理海防六事,即"练兵、简器、造船、筹饷、用人、持久"。又支持左宗棠进军新疆,加强塞防。

[31]五年:即同治五年(1866)。

[32]诧虑:惊诧忧虑。

[33]厘金:即厘税。郭沫若《中国史稿》:厘金以商贷为对象,在水陆通商要道和商业繁盛的城镇,设立局、卡,征收货捐。

[34]半税:指洋货子口税。洋货进口值100抽5;子口税则值100抽2.5,故谓半税。洋货缴子口税后,经过内地关卡,就不能再征收厘金了。

[35]丛爵渊鱼:典出《孟子》:故为渊驱鱼者,獭也;为丛驱爵者,鹯也。喻为政不善,人心涣散,使百姓投向敌方。

[36]磁州:今河北邯郸。煤等矿藏丰富。

[37]醇亲王:爱新觉罗·奕譞(1840—1891),字朴庵,爵封醇亲王。长期统领军机处。奕譞的学识和才智都不及其哥哥恭亲王奕䜣,但他在官场上的遭际却远比奕䜣顺利。奕譞深谙"明哲保身"之道,为人谨慎谦卑,不因身份显贵而稍露锋芒,尤其在专横跋扈的慈禧太后面前,他除了俯首听命,很少真知灼见。所以尽管他在诡谲多变的政局中长期立于不败之地,在政治上几乎无所建树。奕譞的大福晋是慈禧太后的妹妹,奕譞与她所生的第二子载湉后来成为光绪帝。奕譞与侧福晋所生的五子载沣则继承醇亲王封号,载沣的长子溥仪为清朝末代皇帝。

[38]上年:同治十二年(1873)。

[39]疆臣:各省总督、巡抚。台谏:谓御史、给事中,为监察官。

[40]利薮:财富的聚集处。

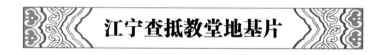

江宁查抵教堂地基片

清·李鸿章

【提要】

本文选自《李鸿章全集》(安徽教育出版社1998年版)。

太平天国败后,耶稣会传教士意欲进入南京、安庆两座省城建堂传教而与中国官府引起的地产纠纷,可以说是李鸿章与西方教会势力之间的首次公开冲突。

苏、皖两省曾是太平天国的主要根据地,原有的教堂会所大多被扫荡殆尽,教徒四散逃离。随着淮军和常胜军(清政府的雇佣军)在军事上节节取胜,耶稣会传教士急欲恢复原来的传教阵地,并力图开辟新的据点。他们的活动受到了常胜军的保护,却遭到李鸿章的阻挠。李鸿章千方百计地阻止教徒随常胜军返回苏、常等城市,还扣押了由戈登发给特别通行证、准备潜入内地的法国神父桑爵;1862年,李鸿章以江苏巡抚的名义出示告谕,严禁民间私自出卖土地给法国人(参见《江南传教史》)。

传教士们意识到,进入安徽、江苏两省省城是他们打开传教局面的关键。为此,他们一方面通过外交途径,利用不平等条约向地方官府要求获得"归还旧址"

和买地建堂的权利;另一方面派遣教士先行入城,侦探虚实,寻找时机。这些活动首先引起当地绅士和民众的强烈抵制。作为地方最高行政长官——两江总督的李鸿章同样持抵制态度,他一面下令将南京那座仓库的门窗全部砌没;另一方面对前来交涉的江南主教朗怀仁宣称"民情难违",故不能同意在城内建立教堂,要建也只能在城外买地另建;但同时又命令地方官员严禁私人卖地给传教士。而安庆事件,他直接照会法国驻上海领事白来尼,指出中国神父熊巨尧购买房屋未经官府许可,应属无效。在强硬的抵制面前,教会不得不求助于法国公使馆。1866年3月10日,他们向清廷总理衙门提出抗议,并以三个月为期,否则将以武力占领城内一块土地相威胁。对此李鸿章指出:"彼族恫疑虚喝,是其惯技。得陇望蜀,亦其常情。"对付他们"不能不辨争,不能不缓宕,以折其气而逆制其无厌之心"。同时,他还指出交涉的方法,应"以理相持,以诚相感,终可消弭无形"。1866年底,达成南京的教堂地基协议,丰备仓仍为官府所有,而另以小桃园地方划出一块地基相抵。至于安庆的交涉,李鸿章认为,"在他任职期间,洋人侵入他的家乡,对他真是莫大的耻辱"(《江南传教史》中译本,第二卷,第151页)。直到他1867年调任湖广总督时,教会的购地建堂计划始终未能实现。因此传教士大肆抨击李鸿章,认为他是"对欧洲的思想和基督教表示仇恨的狡猾的敌人"(同上引)。

李鸿章作为近代中国的典型政治代表,处在中西思潮大冲突大交汇的中心地位,各种错综复杂的中外矛盾和时代色彩在他身上纠结、反映出来。不仅南京、安庆两省会教案,还有1865年的酉阳教案、1869年的川黔教案、1870年的遵义教案,虽然评价不一,但李鸿章或拖延、或从速办理的背后,其衷曲颇让人心有纠结,而非"投降媚外"能尽评尔。

再,江宁查还教堂,臣前将允于城内给地并拟暂给寓所缘由,缄达总理衙门照会法国公使,冀可少安无躁,乃续准总理衙门密咨钞示。六月间,法公使照会拉杂悖历[1],令人发指,其间牵涉此案指为臣处迟延,仍欲索教堂原地,实则教士雷遹骏在江宁时自愧翻悔,难于措词,遂回上海怂恿公使兴波已可概见[2]。

臣查法国之志不在通商而在传教,彼亦知所到之处民情凿枘[3],未能蹰躅满志,因而致憾于疆臣,横加倾陷,显相胁逼。总理衙门被其哓渎[4],揆时度势,或虑外间办理过,当为之极力调停,固已煞费苦心。

惟彼族恫疑虚喝[5],是其惯技,得陇望蜀,亦其常情。臣与交涉最久,如白齐文、戈登前事[6],风浪极大,究其曲不在我,以理相持,以诚相感,终可消弭无形。至寻常通商传教,于恪守条约之中,每有相机通融之处,似不至以微嫌细故遽成决裂,亦不得因其恐喝逼迫遂无限制,且即明知辨争无益,而入手之初,彼气过盛而欲太奢,几莫测其所底止,况舆情不顺,公论沸然,势亦未可以勉强,则不能不辨争,不能不缓宕以折其气[7]而逆制其无厌之心,此又办理洋务不得已之实情也。

臣渥受厚恩,滥膺重任,于国体大局两当兼顾。此案法公使先断以三月为期,未尝不可办结,然任其指索,诚恐后难为继,民心不服,而该教士之狡谲变诈[8],倏去倏来。

臣叠准总理衙门咨催知法使,虽力持异议,该教士固阴俟转圆,因密饬上海关道应宝时[9]及臣营教练洋炮法国兵丁吕嘉招之,使来复于赴徐启行时,面嘱江宁府涂宗瀛等[10],俟其到省仍照前议妥协,未便移丰备仓屋以徇其请。现幸仍以小桃源前地为抵给堂基之所立,据完案,既可杪挫其矫强之意,亦尚不至拂乎!

舆情合再将前后拨办情形附片密陈,伏乞圣鉴,谨奏。

【注释】

[1] 悖历:当为"悖逆"。悖逆,违背正道。

[2] 兴波:激起波澜。喻制造事端,引起纷争。

[3] 凿枘:当为"枘凿","方枘圆凿"的简称,喻格格不入。

[4] 哓渎:当为"挠渎"。叨扰,纷扰。

[5] 恫疑虚喝:虚张声势,恐吓威胁。

[6] 白齐文(H. A. Burgevine, 1836 - 1865):或译白聚文,美国北卡罗来纳州人。1860 年与华尔组织洋枪队对抗太平军,任副领队。10 月华尔阵亡后,白齐文接任为第二任队长。在清廷与太平军之间叛降无常。后因殴伤朝廷官员,并劫饷四万余元,朝廷命李鸿章拿办,李撤去白职位。白齐文大忿,前往北京要求复职,获得英、美公使支持,因遭李鸿章反对,未能如愿。返回上海后,白齐文被美国领事数次遣送到日本,禁止他再到中国。后被清朝官员溺毙。戈登(Charles George Gordon, 1833 - 1885):英国人,带领英法联军火烧圆明园的头领。1860 年,第二次鸦片战争爆发,戈登被指派到了中国,直接指挥了圆明园的大烧杀、大抢掠。1863 年 1 月,戈登在松江接任洋枪队指挥,号"常胜军"。1864 年 5 月,太平军的天京(今南京)外围最后一个堡垒——常州府被常胜军攻破,他在中国的声望也达到最高峰。戈登回英国,李鸿章为其奏请一千两路费。临别,戈登赠言二十条给李鸿章。

[7] 缓宕:延缓,搁置。

[8] 狡谲:狡猾多变。谲:音 jué,欺诈,玩弄手段。

[9] 应宝时(1821—1890):字敏斋,浙江永康人。同治四年(1865),署理上海道台。到任不久,即拒绝英商修建淞沪铁路的请求。任内还与英、美等国领事签订《洋泾浜设官会审章程》,据此洋泾浜北首理事衙门改组为会审公廨。

[10] 涂宗瀛(1812—1894):字阆仙,号朗轩,安徽六安人。同治元年(1862)进士。六年(1867)知江宁府,累迁苏松太道员,湖南按察使、布政使。光绪三年(1877),任广西巡抚,后改任河南巡抚、湖南巡抚,升湖广总督。有《涂大司马年谱》《童蒙必读书》等。

修理热河宫墙折

清·李鸿章

【提要】

本文选自《李鸿章全集》(安徽教育出版社 1998 年版)。

"热河避暑山庄宫墙及泊岸、堆拨三项工程,势难延缓。"李鸿章所称的承德避暑山庄位于河北省承德市北部。始建于康熙四十三年(1703),历经清康熙、雍正、乾隆三朝,耗时近90年方才建成。为清代皇帝避暑和处理政务的场所。

光绪以后,清朝日趋衰败,列强争先恐后闯入,大清政权只得不断以巨额赔款和出卖领土主权换得侵略战争的停息。连年战乱,给积贫积弱的中国带来深重的灾难,经济凋敝、国困民乏,已无法实施对远在塞外的避暑山庄及周围寺庙的全面保护维修。地方官员出自"祖宗成物不可损坏"和中华民族"慎终追远"的传统,千方百计筹资,以"前朝存银生息钱",叩恳朝廷动用直隶省"藩库银",或官员捐资,对避暑山庄和周围寺庙作抢救性维修。由于筹资有限,每年维修用款限额在四至五千两白银。维修项目只能择主要建筑区里的主要殿宇、收藏陈设品的库房和守卫者值房等建筑。

同治、光绪年间热河夏秋时节淫雨不断,甚至连月不晴,山洪时有爆发,屡屡溃坝成灾。其中同治末年、光绪九年(1883)、十一年(1885),水灾更为严重,修缮工程规模亦大,地方筹资已不敷使用,朝廷只得拨直隶省"藩库银",兴工维修治理。李鸿章的这份奏折呈于光绪九年洪水后,折中申请用"藩库银"修理河坝、宫墙、泊岸、堆拨等,共须银两25万两,就连直隶藩库也"无力兼顾"。于是,只得四处筹钱,"八项旗租及旗产钱粮项下,移缓就急,竭力匀拨银";还是不够,只有再"划抵本年京饷,得以凑齐要工"。"要工"包括兴修宫墙等项。而"石坝工程太巨,既可暂缓议修,将来应由部臣酌度时局,另筹的款奏办"。

自道光朝停辍北巡礼仪以来,十年后热河总管衙门即每年皆有奏请维修用款折。热河园庭维修款项来源,初由总管内务府专项拨银,中后期则令地方自筹小修款项,大修工程由户部贴补。地方自筹款项,主要是用热河园庭原银两投放银号和嘉庆时期从国库提取二万两白银投放银号,所得的"生息银"(利息)。另有古北口外废置行宫"公地亩招佃垦种"所得地租银,贴补岁修经费不足。咸丰、同治和光绪前期皆依此例。到光绪朝中后期,数十年间此项银两渐次花费殆尽。

光绪十八年(1892)十一月二十六日,热河总管鉴于"园庭殿宇房间年久失修居多,渗漏情形甚重",而"地方筹银实难",奏请"按年择要粘修,恳请饬部设法每年筹拨银四千五百两,作为岁修工用"。此"奏请"当年被皇帝朱批"户部议奏"。经户部奉旨议奏,拟"请由直隶省藩库按年照数筹拨,以济要工"。于是,得到皇帝钦准:"粘修热河园庭殿宇房间等工,每年应需银四千五百两。即自光绪十九年起,在于直隶藩库历年节存报部各项杂款银六万三千七百余两内,按年照数拨给,以济工需。"此遂成例行公事。

光绪十九年(1893)起,热河园庭维修工程,均依直隶藩库每年拨白银四千五百两数,酌定缮修。前一年粘修如有结余,结余银打入下一年粘修银中一并使用。对山庄、外庙维修项目选定,本着抢救原则,以主要建筑群为主,"择要粘修"。事先对修缮工程做出用工、用料、用银勘估,并具折奏请,待得到皇上签准后,由工部行文热河,在热河本地数家木厂中招标用工。中标木厂可预先支领工程银三分之一或二分之一,择吉日兴工。苑丞要亲率人员赴工程现场监督。工程完竣后,朝廷责由热河都统衙门验查,并行文奏报,工程与勘估相符,质量合格,花费名实相讫之后,始付银结清完讫。而后汇总全部单据,"造具细册咨工部核销"备案。

奏为遵旨筹款修办热河避暑山庄宫墙及泊岸、堆拨等要工[1],恭折复陈,仰祈圣鉴事。

窃臣钦奉光绪九年十二月二十三日寄谕,继格奏,热河避暑山庄宫墙及泊岸、堆拨三项工程,势难延缓,请于明春修理。著李鸿章筹款办理等因。钦此。

伏查热河工程,前经臣遵派候补知府陈庆滋驰往[2],会同热河道府详细查勘禀复,又令陈庆滋来津反复筹议,择要商办。拟挑浚武列河正身,将河内挑出石子、沙泥于西岸十丈外堆拦,以约漫水,再察酌于两岸改道,河头加筑拦水坝,使水归故道,约需工费银三万数千两,饬司设法挪款济用,即令陈庆滋核实筹办。

至西岸原有石坝十二里,计应修者一千十余丈,约合银十七万八千余两;宫墙塌缺应修者,凑长二千八十余丈,约合银五万二千余两;石泊岸并迎水桥坝冲坏应修者凑长六十余丈,约合银一万九千余两;堆拨应修者二十八处,约合银三千余两。统计石坝、宫墙、泊岸、堆拨四项,共约估银二十五万余两,工大费巨,直库艰窘,无力兼顾。

臣于上年十月间奏请敕部核议,另行筹办,嗣经户部奏称:部库未裕,各省亦罗掘无余,若添拨此项巨款,无论各省筹解未必应手,即使户部悉心搜括,各督抚竭力报解,设或意外之需有重于此项工费者,不敢不预为之计,请缓俟今岁春融,由部酌度时局,再行筹凑的款奏办等因。奉旨:依议,钦此。钦遵在案。

兹据热河都统继格目击情形,以石坝可暂缓修,惟宫墙、泊岸等工,均属紧要,不能延缓。又奏奉谕旨,著臣筹款办理。伏查园庭重地,尊藏列圣手泽御物[3],宫墙与泊岸、堆拨皆所以卫护园庭。现既坍塌缺口,内外相通,不足以资保护,诚如继格所奏,修理未可再缓。惟值时艰帑绌,巨费难筹,直隶向系缺额,丰年尚不足用,况洪水大祲之余[4],灾区过广,穷黎极多,钱粮大半蠲缓,又须另筹冬春赈抚银数十万,各库已搜罗殆尽,实属万分竭蹶。

今宫墙、泊岸、堆拨三项工程,按照陈庆滋等原估,共需银七万六千两,为数不少。昨藩司崧骏来津面商春抚,臣复与再三筹议,据称司库应放各陵俸饷、各营兵饷暨一切急不可待要款,必须及时应付,即前议挑浚武列河正身,并筑拦水坝银三万数千两,尚无的款可指[5],势不能再筹七万六千两之多。但工关紧要,既钦奉谕旨饬办,臣等义无膜视,敢不于万难之中设法挪凑?不得已商饬该司于八项旗租及旗产钱粮项下,移缓就急,竭力匀拨银三万八千两,计尚短银三万八千两,委实无可再筹。查此工向拨内帑兴办,本年长芦盐课奉拨京饷银二十五万两,现在尚未起征。拟饬运司额勒精额先行借垫银三万八千两,划抵本年京饷,得以凑济要工。如此一转移,间款项既可有著工程及早兴修宫墙,藉资保护,亦免部臣另拨协款,致有停工待款之虞。仰恳天恩俯准照办,俾无迟误,臣即饬陈庆滋前往将此三项及前议挑武列河筑拦水坝工程,一并分别确细复估[6],责成该员会同热河道府迅速核实筹办。

热河被灾甚重,此次兴工,即集附近灾民计口授食,以工代赈,所需工料各价,必应按照时值,随宜酌给,难执例章相绳。直隶历次工赈,皆奏准免造销册,核实办理,此项要工事同,一律应请,俟事竣,专案开单奏报,仍免造册题销,以省繁费。臣当严饬承办之员就款撙节[7],力求坚实,不准丝毫虚糜,仍分别取具保固、切结[8],送部查核。至石坝工程太巨,既可暂缓议修,将来应由部臣酌度时局,另筹的款奏办,以符原议。

所有设法筹款办理宫墙、泊岸、堆拨等工缘由,是否有当,理合恭折复陈,伏乞皇太后、皇上圣鉴,训示遵行。谨奏。

【注释】

[1]堆拨:即堆拨房。满语"驻兵之所"之意。清朝警务机构。

[2]陈庆滋:江夏(今湖北武汉)人。同治五年,知府候选(捐)。后累官正定知府、贵州按察使、江西按察使。

[3]手泽:先辈存迹。

[4]大祲:严重歉收,大饥荒。

[5]的款:指实实在在的钱。

[6]确细:谓准确仔细。

[7]撙节:节省,节约。

[8]保固:承办建筑工程,立期保证其坚固安全,称之。切结:表示切实负责的保证书。

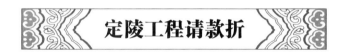

定陵工程请款折

清·李鸿章

【提要】

本文选自《李鸿章全集》(安徽教育出版社1998年版)。

定陵,指慈安、慈禧两太后选择的普祥峪、菩陀峪两处陵寝。位于昌瑞山南麓西、东两侧,均居咸丰帝定陵之东,统称"定东陵"。

同治五年(1866),慈安太后和慈禧太后派出大学士周祖培等来东陵为其选择万年吉地。因为定陵西侧界临西大河,无地可选,便在定陵东侧选中了平顶山和菩陀山。同治十二年(1873)三月初九日,慈安、慈禧借谒东陵之机,亲自阅视了平顶山和菩陀山,见那里"地势雄秀,山川环抱",遂定为万年吉地,并将平顶山改名为普祥峪,菩陀山改名为菩陀峪。

两陵同时兴工于同治十二年(1873)八月二十日,历经6个寒暑,光绪五年(1879)六月二十日同时竣工,两陵共耗银500余万两。

定东陵综合了清代帝后陵寝的诸多特点,成为最为完备的后陵。规整齐全,自南而北依次为:东西下马碑二座、井亭一座、正中建神道碑亭一座、三孔石拱桥一座、东西便桥各一座、东西朝房各五间、东西值班房各三间、隆恩门五间、东西燎炉各一座、东西配殿各五间、隆恩殿五间、琉璃花门三座、石五供一座、方城、明楼、宝城、宝顶各一座,环以红墙,东侧为神厨库,内有神厨五间、南北神库各三间、省牲亭一座。

两陵的设计者为雷廷昌。雷廷昌是第七代样式雷传人,他随父亲雷思起参加过定陵修建和圆明园重修等工程,自己主事后承担了同治惠陵、慈安太后陵、慈禧太后陵、光绪崇陵、三海等工程。

样式雷,又名样子雷、样房雷,是清代官廷建筑匠师雷氏家族的俗称。样式雷世家极其丰富的建筑创作实践和遗存至今的大量珍贵实物及图档,实际是清代国家建筑工程管理体制——工官制度的产物和成果结晶。

清康熙朝以来,随着建筑营造商业化的蓬勃发展,官式建筑已臻标准化。大木作即建筑主体性的木结构做法则已形成高度模数化的体系,其他如土作、石作、木作、瓦作、彩画作、搭彩作等分工也日益明细和程序化;政府花钱招募工匠参与国家建筑工程的雇工制度,更彻底取代了元、明时期抓派工匠服役的所谓匠役制度。到雍正朝,还颁定了著名的工部《工程做法则例》,规范各类官式建筑的工料和做法,以利经济核算。皇家建筑工程的工官督理、招商承包、经济核算、设计及施工管理等一整套体系十分缜密,形成了卷帙浩繁的相关图档,其中包括"画样"即各类规划设计及施工图。"烫样"即模型,《工程做法》即施工设计说明,《销算黄册》即经费决算,以及相关旨谕、奏折、章程等汇编的《工程备要》或《工程纪略》,等等。

在这一管理体制下,凡是工价银超过五十两、料价银在二百两以上的国家建筑工程,均要呈报朝廷,上奏皇帝钦派承修大臣组建工程处,作为特派管理机构,负责工程的规划设计和施工。同时,还要钦派勘估大臣组建勘估处,专门负责审计工程处编制上报的工程预算。奏呈皇帝批准后,再转咨工程处,按预算向户部支领经费,进而招商修造。工程竣工后的验收,也由勘估处负责,再由工程处造具《销算黄册》奏销。

通常,由皇帝钦派亲王及内阁重臣组建的工程处,又叫钦工处,专设办公机构称为档房,在京城的叫做在京档房,在建筑工地的则称为工次档房。文件房下设样式房和算房,通常选派最优秀的样子匠(建筑师)和算手(会计师)供役。其中,算手负责核算工程的工料钱粮,样子匠则负责建筑规划设计,制作画样、烫样,也指导施工,并会同算手编制《工程做法》。样式房的主持人称为掌班或掌案,相当于今天的总建筑师,从康熙朝直到清末民初主要出自雷姓世家,他们以出神入化的精湛技艺,取得的卓越成就,受到上自朝廷君臣下到世人的敬重,并被美誉为"样子雷"或"样式雷"。雷氏家族"终清之世,最有声于匠家"。

第一代样式雷雷发达(1619—1693),原籍江西省南康府建昌县(今永修县),明末清初避战乱暂居金陵。康熙二十二年(1683)冬,他与堂弟雷发宣一同"以艺应募赴北京",参加清廷官禁营建。嗣后,雷发达长子雷金玉(1659—1729)投充内务府包衣旗,供任圆明园楠木作样式房掌案一职,成为雷氏家族世代因袭样式房一业的始祖。自此,雷氏家族先后共7代人操持此业,技术水准和艺术造诣极高。样式雷之声名至雷思起、雷廷昌父子两代即同治、光绪时期达到最高峰,"为朝官所侧目"。雷家参加或主持过三山五园、南苑、避暑山庄等皇家园林,慕陵、昌陵、惠陵等皇家陵寝及各地行官的修造,而且还承办官中年例灯彩以及西厂焰火、乾隆八旬万寿节典景楼台等庆典工程。总之,康熙朝以降,二百余年间的皇家建筑工程,无不留下"样式雷"的深刻印记。

第七代样式雷雷廷昌主持的慈安、慈禧的定东陵是清代规制最完备也是最奢华的后陵。整个设计,前前后后多有反复,样式雷家族一直参与其中。同治十二年,菩陀峪、普祥峪后陵工程准备动工。此前样式雷设计的方案遭到否定而不得不重新设计。样式雷最初设计的方案是：两位太后的地宫各自独立，但她俩需共享一座享殿、一座牌坊、一座碑亭。这个方案遭弃的原因并不复杂。慈禧和慈安的关系十分微妙。慈安是咸丰的正宫皇后，而慈禧是同治皇帝的生母，两宫太后表面上亲如姊妹，但实际上勾心斗角，谁也不服谁。于是，重新设计修改后的定东陵成了两座规制完全相同但有各自独立的陵寝。为此，样式雷参酌先前帝后陵寝规制，做了总体布局、单体建筑的大量比较方案。

经过反复推敲方案最终确定下来，并按例制作了万年吉地全分样和地宫个样等烫样，进呈皇帝御览获准后，进行实施方案的建筑设计和施工设计。烫样既有全分样，也有个样，都可以揭看，揭看的方法是全分样由前向后，个样则是由外至内，层层揭开，建筑结构关系清晰可见。

同治十二年八月，陵寝正式破土动工，光绪五年(1879)六月竣工。两座陵寝面积都是 2 256 平方米，都建有神道碑亭、三孔神路桥、隆恩门、隆恩殿、东西配殿、明楼方城、宝城宝顶和地宫。只有一点不同，慈安陵花费白银 266.5 万两，慈禧陵用去白银 226.5 万两，慈禧陵少用近 40 万两银子。

地宫及外围防护性、瞻礼性的宝城和方城明楼，是陵寝的核心。定东陵营建初期，曾参照孝陵、慕陵、定陵、昭西陵、孝东陵、泰东陵、昌西陵等相关规制拟定多轮方案。其中如钦定地宫方案，就仿照慕陵并增设了一道闪当券。

光绪二十一年(1895)，慈禧下命将菩陀峪定东陵的大殿、配殿、方城明楼与宝城等一律拆除重建。慑于严苛的封建宗法礼制，慈禧陵寝的建筑格局和规模保持不变，但在用料和装修上，则极尽奢华之能事。隆恩殿和东西配殿木料使用名贵稀少的木中珍品——黄花梨木；梁枋上的金龙和玺彩画全部贴金；寓意"万福万寿""福寿万代"的内壁砖雕图案全部筛扫红黄金粉。在装修上，慈禧也全然不顾祖宗规矩和礼法，太和殿作为封建王朝最高规格的宫殿才用了 6 根金柱，但她在隆恩殿和东西配殿里总共享了 64 根金柱，其上还盘绕半立体的镏金铜龙；大殿周围的石栏杆雕刻着各种形式的龙凤呈祥图案；殿前的丹陛石以透雕加高浮雕手法把丹凤凌空、蛟龙出水的神态刻画得维妙维肖。当然，耗费也就可想而知了，仅享殿和配殿内壁砖雕和柱梁、天花板贴金就耗用黄金近5 000 两。这些精美装饰把慈禧陵三殿装点得金碧辉煌，精美绝伦。这种精美豪华的装修不仅在明清两代的皇陵中独一无二，就是在紫禁城中也难以见到。

慈禧太后改建的陵寝直到她去世前一年才完工。生前过分的奢华，给她招来了身后的大祸。1928 年，孙殿英东陵盗宝，使慈禧苦心经营的天国之梦化成了泡影。

而样式雷世家为了慈禧的天国梦，也是尽心竭力，除了承担相应的建筑设计外，还负责大量的装修、陈设等的设计。相传第六代"样式雷"雷思起就是因慈禧陵寝工程耗尽心血而劳累致死。

光绪年间，雷廷昌还主持了三海和万寿山(颐和园)的重建。雷廷昌曾多次为祖父母、父母捐请封典，最高至从二品通奉大夫，"匠家子孙遂列在缙绅"。

样式雷一家传承相因，完成了大量建筑修缮设计。目前我国被列入世界文化遗产的古建筑遗存，样式雷一家所设计者，即占其总数的五分之一。雷氏匠人制作的大量画样、烫样及工程做法等图籍是中国古代建筑文化极为丰硕和珍贵的遗产，在文物价值之外，更具有极高的研究和利用价值。

样式雷图文件就是以雷氏家族为主的清代宫廷建筑师绘制的建筑设计施工图样和相关档案文献。它涵盖了城市、宫殿、园林、坛庙、陵寝、府邸、工厂、学堂等清代皇家建筑在选址、规划设计和施工等多方面的详情细节,是我国古代建筑史上惟一留存下来、比较系统的绘本、写本性原始建筑图档,是研究中国古代建筑史乃至世界建筑史的珍贵史料。清末至今,传世的样式雷图文件总数约有 2 万件以上,国内部分主要被故宫博物院、中国第一历史档案馆和国家图书馆等珍藏。

不过,从七十多年前朱启钤、刘敦桢等学者开启相关研究以来,历经几代人不懈探索,尤其是近年来,在国家自然科学基金和国家古籍整理重点图书出版规划的资助下,有关单位协同努力,样式雷的诸多问题已逐渐云开雾散、轮廓清晰起来。不止前面提到的建筑,玉泉山静明园、香山静宜园、南苑、恭王府,沈阳故宫与永陵、福陵、昭陵,天津蓟县静寄山庄及各地行宫等等,都浸透了"样式雷"世家前后八代、延续二百余年的心血。而像这样一个传承不辍的优秀建筑世家,设计出规模如此浩大、类型如此众多、技艺如此卓绝的建筑作品,在世界建筑史上,都可谓难寻其副者。

李鸿章写于光绪四年(1878)的这份奏折,所列定陵普祥峪、普陀峪二陵及惠陵添建等项就需"工料银三十五万五千五百余两"。巨额的银两所出无门、挪借无方,更加上"近岁迭遭灾歉,蠲豁频仍",而官兵额支俸饷、衙门廉俸、役食、年例等等急如星火的催款,李鸿章"与藩司再四商筹,毫无头绪,焦虑莫名"。

衰落时代里兴建大工程,要想不差钱,难!

奏为定陵等处添建营房工费,直库无款可筹,请照原议由部另筹拨给,恭折仰祈圣鉴事。窃准户部咨开定陵普祥峪万年吉地、菩陀峪万年吉地暨惠陵添建守护官兵营房,估需工料银三十五万五千五百余两,议由直隶藩库按照放款章程,筹拨马兰镇修办等因,当经行司查该办理。兹据藩司周恒祺以此项工需向不由司拨给,司库亦万无款项可筹具详前来。

臣查添设执差守护官兵营房,仿照八旗内务府现建营房规模,一体建盖原为陵工特办之事,与筹当绿营备建兵房规制既大小不同,需费亦繁简迥异,是以马兰镇与工部原奏皆请由户部筹款发给,而户部谓系绿营兵房应由司库拨款[1]。臣饬司详细检查,向来陵寝添建营房,无论旗营绿营皆无由司拨银案据,仅有地方绿营借饷修理营房之案,其所借银两,仍于该营应领额饷内分年扣还。至马兰镇官兵专司守护差务极烦,口分极少[2],若令照章借饷修理,断无能分扣三十余万巨款之理,必须另行筹拨,以示体恤。

此工关系紧要,如果直省有款可筹,亦断不敢稍分畛域[3]。无如司库,万分支绌[4],实系力难兼顾,直省本缺额之区,每年粮赋若照额全征,计抵出款尚不敷银三四十万两。近岁迭遭灾歉,蠲豁频仍[5],上届旱荒尤重,去年下忙,今年上忙,及陈欠粮租,节次奏蒙恩旨豁缓[6],又须另筹赈济,各库早经罗掘一空[7],暂时设法挪借之款不少,现在仅指下忙钱粮。除秋禾被水灾歉蠲缓外,约可征银六十余万两,应发本年秋冬季东陵、西陵各部员役,并通省旗绿各营官兵额支俸饷,以及各衙门廉俸、役食、年例紧要各款[8],约共需银一百余万两。刻下各处纷纷催领[9],急如星火,皆系必不可少之需,万难缓欠。以入抵出,实不敷银数十万两。

又有欠发春夏季俸饷等项,尚未知从何设措[10],且来年春季俸饷,有应于年前预发及筹备,恭办穆宗毅皇帝[11]、孝哲毅皇后梓宫永远奉安大差[12],又约共需银四、五十万两。臣与藩司再四商筹,毫无头绪,焦虑莫名。

夫畿疆为根本重地,向例额支岁款不敷,或大差需款原准声请拨济,臣深知部库未充,未敢请拨。即近年叠办永定河漫口大工,并此外加增之款,如节次奉拨惠陵工需及种树经费,添派守护,暂安殿宫兵口分各项,统计为甚巨,亦无不设法匀凑。诚以时艰络绌,但可兼营即应协力。惟当兹大寝之后,民穷财匮,窘苦异常,转瞬恭办陵差应支紧要各款,多无指项,尚有余力再顾他用?况此项特出巨工,本非司库应拨之款,惟有仰恳天恩,俯念直隶地瘠灾困,筹款万难,将马兰镇承修前项营房工料银两,仍照该镇及工部原议,由户部迅速另筹拨给,以免贻误。

理合恭折由驿具奏,伏乞皇太后、皇上圣鉴,训示。谨奏。

【注释】

[1]司库:元置司库,属户部,掌财宝。清沿置。

[2]口分:谓应得的份额。

[3]畛域:界限,范围。

[4]支绌:谓处境窘促,顾此失彼,穷于应付。

[5]蠲豁:免除。

[6]节次:逐次,逐一。

[7]罗掘一空:用尽一切办法,搜括财物殚尽。罗:用网捕鸟;掘:指挖掘老鼠洞找粮食。

[8]年例:指年终按例发给的赏钱。

[9]刻下:现在,目前。

[10]设措:筹措。

[11]穆宗毅皇帝:即同治皇帝载淳,1861—1874 年在位。

[12]孝哲毅皇后:同治帝皇后阿鲁特氏(1854—1875)。梓宫:皇帝、皇后的棺材。大差:大项目。

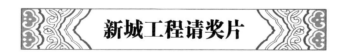

新城工程请奖片

清·李鸿章

【提要】

本文选自《李鸿章全集》(安徽教育出版社 1998 年版)。

"新城地方,前于雍正年间建立水师都统衙署,筑有土城,嗣因员缺裁撤,城署久废。"李鸿章所说的新城在滨海新区大沽与葛沽之间。

新城在明代就是海防要冲。《明史·兵志》海防篇："于蓟辽,则大沽海口宿重兵,领以副总兵。"清《周武壮公遗书》载:"明新城旧址,在大沽后三十里,明代守以总兵官。国朝雍正初年,犹镇以水师都统。嗣为直督方敏恪观承奏裁,其城亦因之而废。"由此可见,新城自明至清,都是近海要塞。但直隶总督方观承为何要裁撤这里的防御力量?

新城作为大沽口的二线阵地,既可驻扎前沿的后备军,又可储备军粮军需,对海防有重要意义。《周武壮公遗书》这样评价它的战略位置:"揆其形势,则上蔽津郡,旁控大沽。北塘附近扼要之区,殆莫与比。"但就是这样一个形势要冲,却因为幼年时的方观承在此吃过兜头脏水,就埋下了废弃荒芜的祸根。

方家原是安徽桐城人,迁到南京居住。他的祖父和父亲,被一件文字狱案牵连,双双充军到黑龙江。年幼的方观承和哥哥方观永,徒步从南京往黑龙江探望亲人,不只一趟地走!一路之上全靠人施舍度日。有一次,弟兄俩被天津的一家海船,从南方带到了大沽口。下了船后,兄弟二人从大沽口徒步向天津走,走到新城,夜幕降临。二人蜷缩在门洞里,却被货店老板发现,老板怕招贼,暗使伙计往门洞里泼脏水,方家兄弟只好继续赶路。走到葛沽,方观承突发高烧,病倒街头。有好心人容他们到车马店过夜,还用偏方给他们发汗。

乾隆十四年(1749),方观承擢升直隶总督,总督直隶等处地方提督军务、粮饷、管理河道兼巡抚事。方观承为报答扶危济困的葛沽人,在为皇帝行宫选址上,首选葛沽。在葛沽重修街道,扩建庙宇,兴办花会,从此葛沽有了九桥十八庙的胜境。

与对待葛沽大相径庭的是,方观承放话新城之人,御驾经过时,不准闲杂人上街,不准门窗窥探,不准鸡飞狗跳,惊扰圣驾。否则论罪不贷。结果,皇帝一来,新城店铺关门,民宅闭户,窗幔严遮,篱藩紧锁,街头一片死寂。乾隆巡视时见有城无人,生气地说,这真是一座废城!于是,方观承奏裁新城城防,导致新城渐渐荒废。

同治九年(1870),李鸿章任直隶总督,周盛传建设大沽海防,决定重建新城,并修造新式炮台。

那时的新城,"土圩断续,荒地沮洳,旧址已无可凭借"。为节省开支,周盛传"请督所部弁勇助役,以省雇募。又捐历年欠饷,为集工购料之资"。城垣和炮台的设计理念是,旧制砖瓦城,"累栋连楹,炮火所及,摧如焚如,转足以挠守局"。特别是它不够宽敞,守兵无以存身,子药并将露积。决定凡有兴作,俱参用外国制。以三合土筑超厚墙体。但三合土需用大量石灰,要从数百里外转运,耗资巨大。周盛传为此颇费踌躇。终于访知"蛤蜊之甲,聚烧成灰,其功用与石垩等"。蛤蜊甲壳是海滨土物,随处可采,廉价收购,大量烧制,"省费可数十万"(参见《周武壮公遗书》)又令各营提督率部分段修筑。用十个月的时间,建成了一座周长1 128丈的城堡炮台。城门、月城、炮台、隔堆、子药库、藏兵洞、护城河、站墙、飞桥、螺旋走道、马道、券洞、垣壁铁环、湿絮软帘、转轮大炮……一座在中国史无前例的城防建筑,岿然挺立在海口二线。

李鸿章也在文中说:"当其版筑之初,一片荒墟,事事皆同创始。海滨之地,暑湿侵蒸,易生疾疫,斥卤卑下,土质松浮,尤难措手。"但周盛传率"阖营哨弁兵夫,负土加碛,争先并力,登凭邪许之声,往往更定月明,犹相应和。盛暑烈日,旁午弗休,竭万人之力,逾两年十阅月之久,胼胝经营,不辞况瘁,成此巨工,翌卫海疆"。他还特别指出,周盛传所造的"城垣、炮台与内地建造成法迥然不同,工力亦相去倍"。故而他请求朝廷对参与此事的官兵论功行赏。

光绪七年(1881),新城移交给地方布防和管理。那时,新城内已建起钦差大臣行台以及粮仓、弹药库、各衙门、各官办事公所,还给文庙、衙署留了基址。四门大街宽五丈,车辆可以并排畅行。街面每隔十家铺户,设立玻璃路灯一盏。添油之费由十家负责一盏,轮值均摊。周盛传还为新城城防设计了布防编制:城内大炮三座,各设千总一员,守兵120名。内外城门八道,设把总四员,守兵60名。外城四角炮台,各设守兵40名。三项共需士兵760名。守将须有亲兵,分布城头小炮台,四角除外,尚有67座,每座布守10人,共须炮兵670名。统共兵员1400人上下。周盛传在移交章程里还特别嘱咐,城内街面不准租与外国商客存货及异教人设堂。

1900年,八国联军攻占北京。沿海的炮台都被侵略者的炮火摧毁了,唯独新城炮台无法摧毁。曾参与李鸿章与八国联军谈判的张佩纶,有文章说:"庚子之乱,沿海炮台悉毁,独武壮(周盛传)所建新城各垒,联军攻之,竟不能下。"

当然,只有一个新城炮台,是挡不住侵略军罪恶脚步的。1901年,11国公使迫使清政府签下了屈辱的《辛丑合约》。其中就有一条:"拆毁大沽炮台及有碍京师至海通道之各炮台。"李鸿章亲自批建和验收的新城炮台,一座敌人轰之不倒的炮台,又由他在条约上写下了"拆毁"字样。

再,查新城地方,前于雍正年间建立水师都统衙署,筑有土城,嗣因员缺裁撤,城署久废。

此次周盛传承办要工[1],驰往相度,旧城基址,已不可辨识,另行审择地段扼要兴修。当其版筑之初,一片荒墟,事事皆同创始。滨海之地,暑淫侵蒸,易生疾疫,斥卤卑下[2],土质松浮,尤难措手。所筑城垣、炮台,系参用西洋做法,与内地建造成法迥不相同,工力亦相去倍蓰[3]。该军自分认地段后,阖营哨弁兵夫,负土加碪[4],争先并力,登凭邪许之声,往往更定月明,犹相应和。盛暑烈日,旁午弗休[5],竭万人之力,逾两年十阅月之久。胼胝经营[6],不辞况瘁[7],成此巨工,翌卫海疆。核其劳苦勋绩,实较身临前敌、卫旨锋刃者,难易攸殊。城台竣后,各国洋人往来查探,争相传播新闻纸,于北洋海防声势增壮。

周盛传系现任总兵实缺大员,主持全工,独为其难,于饷需竭绌之际[8],既督弁勇以力作,复捐欠饷以图成,体国之公忠,办事之认真,布置之精密,皆非诸将所及。虽据称不敢仰邀议叙[9],应请旨交军机处另行存记,遇有提督缺出,先行简放[10],以为专阃出力者劝[11]。

至该军统带记名提督直隶通永镇总兵唐仁廉,记名提督贵州安义镇总兵周寿昌,记名提督署直隶通永镇总兵吴殿元,记名提督卫汝贵、贾起胜,均谋勇兼优,堪胜专阃。拟请旨交部从优议叙。吴殿元,卫汝贵、贾起胜三员,并请旨存记简放。实缺提督衔记名总兵陈连升、初发祥、孙显寅,均拟请俟得总兵实缺后,以提督记名简放。记名总兵姚礼士、张兆海、宋冠军、郑才盛、周家瑞,均拟请赏加提督衔。总兵衔两江补用副将周盛佑、杜万青、周家泰,均拟请旨交部从优议叙。按察使衔山东候补道吴秉权,拟请赏加布政使衔。五品衔直隶试用知县戴宗骞,拟请俟补缺后,以直隶州知州补用,并赏加运同衔[12],以示鼓励。其余实在出力文武员弁,可否由臣查明,择万保奖,俾励戎行。

伏乞圣鉴,训示。谨附片具奏。

【注释】

[1]周盛传(1833—1885):字薪如,晚号北海老农,安徽肥西人。同治元年(1862),加入淮军。在江浙攻打太平军,官至记名提督。同治四年(1865),随曾国藩镇压捻军,授广西右江镇总兵。光绪元年(1875),李鸿章奉命兴修京、津水利。周盛传专任京沽屯田事务,亲自反复踏勘天津东南纵横百余里,提出以疏引河沟、开挖河渠、引淡排碱为主的兴水利、改土壤、开稻田方案。二年,调盛传于天津镇,移屯兴工。首先开挖南运减河,自靳官屯直抵大沽海口。之后,又修两岸支河1条、横河6条,沟渠成网,建桥闸50余座以备蓄水排涝,使淡水碱水不相掺混,开辟稻田6万余亩。并使沿河盐碱地得到水利,新增可垦田以百万计。八年,周盛传升湖南提督,仍留天津镇训练士卒。他对西洋后膛枪炮研究颇深,著《操枪章程》12篇,成为淮军教科书。他还上书李鸿章,在天津紫竹林创办北洋武备学堂。

[2]斥卤:盐碱地。

[3]倍蓰:谓巨大。蓰:音 xǐ,五倍。

[4]碨:音 wò,人力砸地基或打桩等所用的工具。

[5]旁午:近午。

[6]胼胝:皮肤等的异常变硬和增厚。

[7]况瘁:劳累。

[8]竭绌:穷尽不够。

[9]议叙:清制,对考绩优异的官员,交部核议,奏请给予加级、记录等奖励,谓之。

[10]简放:清代谓经铨叙派任道府以上外官。

[11]专阃:专主京城以外的权事。

[12]运同:古代盐政官名。位仅次于运使。

网 师 园 记

清·钱大昕

【提要】

本文选自《园综》(同济大学出版社 2004 年版)。

网师园,是苏州中型古典山水宅园的代表作品,因 1980 年同济大学陈从周教授在美国纽约大都会艺术博物馆仿园中的殿春簃建了一座古典庭院"明轩"而名播海外。

位于今苏州葑门附近带城桥南阔家头巷 11 号。园址原为南宋吏部侍郎史正志于淳熙年间(1174—1189)所建。史正志因反对张浚北伐而被劾罢官,退居时筑园,府中列书 42 厨,藏书万卷,故名"万卷堂",对门造花圃,名为"渔隐",植牡丹五百株。可是,仅一传,园便废。住宅售与常州丁姓,仅得一万五千缗。后被占为百万仓垛场。

清乾隆时,曾官光禄寺少卿的长洲宋宗元在万卷堂故址购而重治别业,作归老计,初名"网师小筑",后名"网师园",内有 12 景。宗元死后,园大半倾圮,至乾隆末年(1795)太仓富商瞿远村(一说瞿远春)购得,瞿增建亭轩,叠石种树,半易网师旧观,有梅花铁石山房、小山丛桂轩、月到风来亭、竹外一枝轩、云冈亭诸胜。由于瞿远春的巧为运思,使网师园"地只数亩,而有纡回不尽之致;居虽近廛,而有云水相忘之乐"。园仍旧名,人又称瞿园、蘧园,园子布局即奠定于此时,园中盛植牡丹芍药。乾隆六十年(1795),钱大昕作此记。

但瞿氏有园不过 30 年,即转归天都吴氏(童寯《江南园林志》谓"吴嘉道")。随后,李鸿章、达桂、张锡銮、何亚农先后拥有此园。

网师园虽然很小,才 8 亩余,但布局精巧,结构紧凑,以建筑的精巧和空间尺度比例的协调闻名遐迩。园分三部分,东部为住宅,中部为主园,西部为内园。网师园按石质分区使用,主园池区用黄石,余则用湖石,不相混杂。

主园突出以水为中心,环池设以亭阁假山,与水错落映衬,移步换景;古树花卉遍寻古、奇、雅、色、香、姿见著者植之;清澈的池水边,东、南、北方向的射鸭廊、濯缨水阁、月到风来亭、看松读画轩、竹外一枝轩环列;春、夏、秋、冬四季景物,朝、午、夕、晚一日中景色万千:宜坐、宜留、宜静观、宜细赏。在园内,游鱼成群,亭中待月,花影移墙,峰峦当窗,宜评弹、昆曲,天然图画洗心涤肺。

西部的内园(凤园)更小,约 1 亩。北侧小轩 3 间,名"殿春簃",旧时以盛植芍药闻名。轩北略置湖石,配以梅、竹、芭蕉成竹石小景。长方形窗"范围"的窗景:满目青竹,苍翠挺拔,更加上傲霜腊梅、红色天竹子、不高而奇的山石,真一幅雅致天成的国画小品。轩西侧套室原来就是张大千及其兄弟的画室"大风堂"。南面曲折蜿蜒的花台,穿插峰石,借白粉墙的衬托而富情趣,与"殿春簃"互成对景。园内涵碧泉为天然泉水,洞穴幽深,贯通主园大池,一眼泉水蛟龙吐,无水的"殿春簃"便不偏离网师园营构的"水"主题;更加上泉畔的"冷泉亭"中巨大的灵璧石,形似振翅的苍鹰,黝黑光润,叩之铮琮如金玉:此地情景,赏心悦目。

网师园造园,中部水是中心。这里的水面聚而不分,曲折多变;建筑造型秀丽,精致小巧,环池亭阁,小、低、透;内园的殿春簃等,是旧日园主读书作画之所,疏朗清幽、清灵开阔、精致雅丽……这就是网师园。张大千的入室弟子陈从周,仿"殿春簃"在西方造中国古典庭院,纽约也有了烟雨江南、诗情画意。

古人为园以树果,为圃以种菜。《诗》三百篇,言园者[1],曰:有桃,有棘,有树檀,非以侈游观之美也。汉魏而下,西园冠盖之游[2],一时夸为盛事;而士大夫亦各有家园,罗致花石,以豪举相尚。至宋,而洛阳名园之《记》,传播艺林矣。然亭台树石之胜,必待名流宴赏、诗文唱酬以传,否则,辟疆驱客,徒资后人嘅嚛而已[3]。

吴中为都会,城郭以内,宅第骈阗[4],肩摩趾错[5],独东南隅负郭临流,树木丛蔚,颇有半村半郭之趣。带城桥之南,宋时为史氏万卷堂故址,与南园、沧浪亭相望。有巷曰"网师"者,本名"王思",曩三十年前[6],宋光禄恩庭购其地,治别业,为归老之计,因以"网师"自号,并颜其园,盖托于渔隐之义,亦取巷名音相似也。光禄既没,其园日就颓圮,乔木古石,大半损失,惟池水一泓,尚清澈无恙。瞿君远村,偶过其地,惧其鞠为茂草也[7],为之太息。问旁舍者,知主人方求售,遂买而有之。因其规模,别为结构,叠石种木,布置得宜,增建亭宇,易旧为新,既落成,招予辈四五人谈宴[8],为竟日之集。

石径屈曲,似往而复,沧波渺然,一望无际。有堂,曰梅花铁石。山房曰小山丛桂轩。有阁,曰濯缨水阁。有燕居之室,曰蹈和馆。有亭于水者,曰月到风来。有亭于厓者,曰云冈。有斜轩,曰竹外一枝。有斋曰集虚。皆远村目营手画而名之者也。地只数亩,而有纡回不尽之致;居虽近廛[9],而有云水相忘之乐。柳子厚所谓"奥如旷如"者[10],殆兼得之矣。园固非昔,而犹存"网师"之名,不忘旧也。

予尝读《松陵集》赋任氏园池云[11]:"池容澹而古,树意苍然僻。不知清景在,尽付任君宅。"辄欣然神往,今乃于斯园遇之。予虽无皮、陆之诗才,而远村之胜情雅尚,视任晦实有过之。爱记其事,以继《二游》之后[12],古今人何遽不相及也[13]!

【作者简介】

钱大昕(1728—1804),字晓徵,一字及之,号辛楣,又号竹汀,晚号潜研老人,江苏嘉定(今属上海)。早年,以诗赋闻名江南。乾隆三十四年,入值上书房,授皇十二子书。与纪昀并称"南钱北纪"。累官詹事府少詹事、提督广东学政。四十年,居丧归里,潜心著述授徒,生徒多至二千人。其学以"实事求是"为宗旨,主张史学与经学并重。其在史学、舆地、金石、典制、天文、历算、音韵等领域均有创获。一生著述甚富,后世辑为《潜研堂丛书》。

【注释】

[1]《诗经》言园:《园有桃》篇:园有桃,其实之肴。《墓门》:墓门有棘,斧以斯之。《将仲子》:将仲子兮,无逾我园,无折我树檀。这几篇诗或怨师傅不良,或叹自己怀才不遇,或求情人别来她家,均不是纵情游观之作。

[2]西园:在邺城(今河北临漳),曹操所建。曹植《公宴》:清夜游西园,飞盖相追随。

[3]辟疆驱客:典出《世说新语·简傲》:王子敬自会稽经吴,闻顾辟疆有名园,先不识主人,径往其家。值顾方集宾友酣燕,而王游历既毕,指麾好恶,仿若无人。顾勃然不堪曰:"傲主人,非礼也;以贵骄人,非道也。失此二者,不足齿人,伧(粗鄙)耳!"便驱其左右出门。王独在舆上,回转顾望,左右移时不至。然后令送著门外,怡然不屑。喔喋:音wà jué,笑谈,笑话。

[4]骈阗:聚集在一起。

[5]趾错:履迹交错。喻人来往之多。

[6]曩:往时,以前。

[7]鞠为茂草:谓杂草填道。鞠:育。

[8]谈宴:谓边宴饮边叙谈。亦作"谈燕"。

[9]廛:音chán,指店铺集中的市区。

[10]奥如旷如:柳宗元《永州龙兴寺东丘记》:游之适,大率有二:旷如也,奥如也。旷如:多指登高望远,令人心旷神怡之全景;奥如:多为曲径通幽,令人妙会于心之近景。

[11]《松陵集》:唐陆龟蒙编,皮日休序,为二人唱和诗集。松陵:即今江苏苏州吴江市治

所。任氏园池:晋辟疆园至唐代时仍在,后为任晦所有,他加以修葺,时人称"任晦园池",宋人称为"任氏园池"。

[12]《二游》:《中吴纪闻》卷第二:吴之士,有恩王府参军徐修矩者,守诗书万卷,酣饮于其间,至日晏忘饮食。又有前泾县尉任晦,其居有深林曲沼,危亭幽砌。皮日休尝游二君宅,每为挟句之款,篇章留赠不一,号《二游诗》。

[13]何遽:为何,怎么。

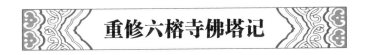

重修六榕寺佛塔记

清·张兆栋

【提要】

本文选自《广州碑刻集》(广东高等教育出版社 2006 年版)。

六榕寺内的佛塔,又称花塔。在广东,素有"光孝以树传,净慧(六榕寺的别称)以塔显"之称。塔建于梁大同三年(537),唐毁于火。北宋绍圣四年(1097)重建。以后又多次修缮。1933 年重修时在内部用钢筋水泥加固。1980 年,花塔全面修葺时,于塔壁发现铭有北宋年号的塔砖。塔为砖木结构,平面八角形,外观九层,内部连同暗层共 17 层,高 57.6 米,楼阁式。塔身为井筒式结构,第一层直径12 米,并有副阶。塔内楼梯作穿塔壁绕平座式,各层塔身外层都有回廊围绕,各层层檐以绿色琉璃瓦覆顶,檐顶微翘,形如飞鸟展翅,在阳光下彩釉生辉,朱栏碧瓦,丹柱粉壁。整座塔身如九朵雕花叠成,灿烂鲜艳。塔顶为元至正十八年(1358)铸造的 9.14 米高千佛铜柱,柱身密布 1 023 尊浮雕小佛,还有九霄宝盘、九层九霄宝轮、一层双龙宝盘及八根铁链等,整串构件共重 5 吨。此塔壮观华丽,锋如冲霄花柱,挺拔俊秀。

花塔和六榕寺同时建造。寺宋端拱二年(989 年)重建,改名为净慧寺。后苏东坡来寺游览,见寺内有老榕六株,欣然题书"六榕"二字,后人遂称为"六榕寺"。

六榕寺与光孝、华林、海幢寺并称广州佛教四大丛林。六榕寺南朝始创之大殿位于今仓前街以北数十米处。梁朝昙裕法师在大殿前(南)增筑舍利塔。唐初重修宝庄严寺舍利塔时,"光合玉虎""栋宇绵邈"(王勃《王子安集》),规模可见其大。宋、元以至明初,净慧寺"横直绵亘实逾二里"。明洪武六年(1373),净慧寺院大半改为永丰谷仓,一塔两殿的基本格局维持到清初。乾隆五年(1740),寺僧"广购近地",建造禅堂、斋堂、僧寮、客舍、仓厨、园圃,是谓"中兴"。

清初,"环寺驻防"之清兵目睹千佛塔色彩斑斓,以其粤东习俗称呼曰"花塔",故净慧寺亦名"花塔庙"。民国重修时,"为通俗计",在公函、募捐告示和《碑记》中悉称"花塔",于是成为正式命名沿用至今。

清光绪元年(1875 年),继咸、同年间修建殿宇之后,重修千佛塔亦告竣工,张兆栋、长善分撰《重修六榕寺佛塔记》,"净慧寺"始正式易名为"六榕寺"。这次重修,历时一年,"始修于甲戌孟秋,落成于乙亥孟夏。未逾稔而古迹焕然,觚棱巃嵸,旋廊宛转,朱栏宝顶,五光十色","且瞻远眺,三城形势如在掌中"。

广州城西有寺曰宝庄严,中有塔曰舍利。梁大同三年沙门昙裕所造也。唐及五代世有缮修,迄宋初毁于火,胜迹荡然。元祐元年郡人林修创议建复[1],改其名曰千佛,凡九级,高二十有七丈,巍焕轮囷[2],实为粤东之望,然其间时移世变,更数百年屡兴屡废,风雨剥蚀,兵燹摧残[3],已非昔日之旧矣。迨咸丰六年秋[4],为灾,塔顶亦委坠于地,象数陵夷[5],于斯为甚。

余以同治壬申岁奉天子命来抚是邦,幸赖圣泽覃核[6],岁丰人和,海宇无事,于是缙绅耆老咸以修塔请签曰:"是塔俯临百粤,雄阚三城,厥状如五色,笔矗插霄汉,有文明之象,加以王子安记事之文[7],苏子瞻题额之字[8],前贤遗迹,乌可久湮。今当百废具举,盍重新轮焕,为万民祈福乎?"

余因念培植文风,兴复古迹,皆守土责也。遂商诸瑞澄泉节相长、乐初将军及二三僚友,询谋佥同。爰筹经费并选干员鸠工营缮,经始于同治甲戌孟秋,至光绪元年四月而工成。规模宏丽,宝相庄严,四方来观,翕然称善[9]。惜乎澄泉节先已骑箕[10],未能一日登览以落其成,良可慨哉!

虽然,余之与诸君子经营是役者,非徒为状观瞻、快临眺已也[11],使他日人文蔚起,海溢澄清[12],民登衽席之安[13],士萃衣冠之盛[14],而后此举为不虚焉。至谓是塔以镇海眼,地脉所关,乡曲传闻,存而弗论可耳。

与是役者,布政使俊达、按察使张瀛、盐运使国英、督粮道贵珊、补用道文星瑞、广州协副将喀郎阿得附书。是为记。

诰授资政大夫兵部侍郎都察院右副都御史巡抚广东等处地方提督军务兼理粮饷山左张兆栋撰并书。

大清光绪纪元岁正旃蒙大渊献斗柄指巳之月谷辰[15]。

【作者简介】

张兆栋(1821—1887),字伯隆,号友山,山东潍县(今潍坊潍城区)人。中进士后,授刑部主事,累迁郎中。外放陕西凤翔府知府,后擢升四川按察使。咸丰四年(1854),迁广东布政使,后历任安徽、江苏布政使。咸丰九年(1859),擢漕运总督。同治十一年壬申(1872)升广东巡抚。光绪四年(1878),守母丧归里。孝服期满,晋为福建巡抚。光绪十年(1884)中法战争中,因马尾失守,与总督同被革职。

【注释】

[1]元祐元年:1086年。

[2]巍焕:亦作"巍奂"。盛大光明,高大辉煌。轮囷:盘曲貌。

[3]兵燹:因战乱而造成的焚烧破坏等灾害。燹:音 xiǎn,野火。

[4]咸丰六年:1856年。

[5]象数:《左传·僖公十五年》:"龟,象也;筮,数也。物生而后有象,象而后有滋,滋而

后有数。"杜预注:"言龟以象示,筮以数告,象数相因而生,然后有占,占所以知吉凶。"《周易》中凡言天日山泽之类为象,言初上九六之类为数。象数并称,即指龟筮。卜占事势顺逆盛衰。陵夷:由盛到衰。衰颓,衰落。

[6]覃核:谓深广细密。

[7]王子安:王勃。初唐四杰之一。南下省亲,受寺内和尚邀请,参观并写下了《宝庄严寺舍利塔碑记》。

[8]苏子瞻:苏轼。北宋元符三年(1100),苏轼路经广州到六榕寺游览,见寺内有古榕树六棵,题书"六榕"。

[9]翕然:形容一致。

[10]骑箕:常作"骑箕尾"。指大臣死亡。

[11]临眺:在高处远望。

[12]海澨:海滨。

[13]衽席:亦作"袵席"。床褥与莞簟。借指太平安居的生活。

[14]士萃衣冠:指士人官绅。衣冠:指绅士。

[15]旃蒙:太岁纪年中,旃蒙为十干中"乙"的别称。大渊献:太岁纪年中,大渊献为十二地支中"亥"年的别称。光绪元年为乙亥年(1875)。斗柄指巳:夏历。四月。夏历(阴历)以北斗星的斗柄指向建立月份,始于子(冬月,十一月)。谷辰:初八。谷辰,本指正月初八。相传这一天是谷物的生日,故称。

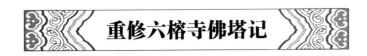

重修六榕寺佛塔记

清·长 善

广州都会,凭山瞰海,为百蛮锁钥[1],番船连樯,货宝鳞集,固一大重镇也。

城西有窣堵坡焉,大同三年昙裕法师建塔,赐号宝庄严者是也。唐王勃尝撰《舍利塔记》,宋瑞拱中修缮之,改名净慧寺,后毁于火,塔无存。世易时移,陵谷递变。

元祐元年郡人林修创议建复,梦神告以在子城朝天门外里许四环有九古井者,即故基也,果得之,并获古鼎镜剑。塔乃成,计九级,巍峨轮焕,雄矗天半,海舶收港引为表望也。昭圣时苏文忠公谪戍岭南,侨寓天庆观,沙门道综丐公题额[2],公喜其地有六榕,古翠浓荫,大书"六榕"二字,与之悬诸门榜,由是来游者仰玩东坡墨宝,群以"六榕"呼而不知寺名之为净慧也。噫异矣! 公文章经济[3],麟麟炳炳[4],为宋名臣,惜其道未之大行,使非偃蹇南来[5],前贤颖沉,何以光蛮徼而与佛塔同寿哉!

不佞束发读史,即洞仰止[6]。同治己巳恭衔命镇兹疆土[7],署与塔邻,又为汉军正蓝旗驻防地,幸得访公文之旧迹,瞻公之遗翰,予与公岂非缘哉? 虽然名胜兴替,时也,亦守土责也,地经兵燹,岿然独存,而多历年所,风雨剥蚀,殆半摧坏。

今天子宝祚承凝,南方无事,《传》曰"有其举之莫敢废也",遂谋诸僚友,取拨于海防经费之羡余[8],亟鸠厥工,咸裁浮费,始修于甲戌孟秋[9],落成于乙亥孟夏。未逾稔而古迹焕然,觚棱巀嶭[10],旋廊宛转,朱栏宝顶,五光十色,仍曩制也。且瞻远眺,三城形势如在掌中。

庶千载下,彼都人士访文忠公之旧迹,瞻文忠之遗翰,因知此举颇未,予或附公后而名藉浮图,以并彰焉,岂又非缘哉?是为记。

清光绪元年岁次旃蒙大渊献孟夏月谷辰。

诰授振威将军镇守广州等处地方将军统辖满汉及水师旗营官兵节制广东陆路镇协各营加三级纪录十三次札库穆长善撰文。

诰授振威将军和硕额驸镇守广州等处地方汉军副都统兼署满洲副都统统辖满汉八旗及水师旗营官兵世袭散秩大臣加七级纪录二次果尔敏书丹。

【作者简介】

长善,生平不详。

【注释】

[1]锁钥:喻军事重镇,出入要道。

[2]丐:请求。

[3]经济:经世济民。

[4]麟麟炳炳:谓十分光明显著。

[5]偃蹇:困顿,窘迫。

[6]即洞仰止:疑有误。

[7]同治己巳:1869 年。

[8]羡余:盈余,剩余。

[9]同治甲戌:1874 年。

[10]觚棱:宫阙上转角处的瓦脊成方角棱瓣之形。此指棱角。巀嶭:音 jié niè,高耸。

附:重修六榕寺花塔记

民国二十四年(1935)

中华人民建国之二十有四年,佛历乙亥四月初八浴佛节日,本会举行六榕寺花塔重修落成典礼。

礼成,为之记曰:六榕寺花塔,非古名也。志载梁武帝大同初,志公和尚法嗣内道场沙门昙裕法师,奉命往南海求香佛舍利,归献于帝,备蒙宠异,师请住南海养疴,诏许之,并分舍利敕建寺塔,寺曰宝庄严寺,塔曰舍利塔。阅陈、隋迄唐,日渐废圮。

仪凤元年,广、韶等州都督李公睹塔放光,舍财葺治,前虢州参军王勃为撰《广州宝庄严寺舍利塔记》,犹袭旧名。南汉汰僧,令住宗尼,易寺名为长寿,塔则仍沿旧称。宋初塔毁于火,端拱二年,复振丛林,易长寿寺名为净慧寺,寺则犹是,而塔已湮没久矣。

元祐元年,郡人宝鸡县主簿林修,始与信士王衢、沙门道琮,于舍利塔故址重建新塔,塔凡九级,为层十七,中贯铜镶木桩,自十七层矗立巨柱撑出空际,为九霄盘及宝珠之轴,傅以铜,且范贤劫千佛之像焉。故自宋元以迄明清,凡重修寺塔碑记,悉称净慧寺千佛塔。光绪元年,广东巡抚张兆栋撰碑记修塔事,始称曰六榕寺佛塔。所谓六榕者,以东坡于元符三年游寺,睹环塔古榕六株,因题是额,寺僧特为镌石以牓诸门,遂成今名。清兵入粤,八旗汉军环寺驻防,旗俗称六榕寺为花塔庙,由是联缀乃有六榕寺花塔之称。自是以来,世人遂无复有知其旧日之名者矣。

是塔自元祐重建,历宣和、绍兴、至正、正统、万历、乾隆、道光、同治诸朝,每经百数十年必重修一次,碑记具在,历历可考,是以千年古迹至今犹存。

顾自逊清同、光之际,广州将军长善、两广总督瑞麟、广东巡抚张兆栋等重修后,至今六十余年风雨剥蚀,栏楯欹颓,中遭民国四年地震,塔身与千佛铜柱亦随震而颤动甚剧,柱瓦之间遂生裂缝,雨水时渗内腔,木材日就朽坏,游人攀登,辄感危险,迫将塔门封锁。十余年来鸟鼠丛居,荒秽已甚,中外游人每望塔门,皆以不能登眺为憾,不独四众佛子同深叹恨已也。

民国十八年冬间,密乘佛子优婆塞赵士觐在白云山麓创立广州佛教解行学社,二十一年,复由学社同人在六榕寺建立解行精舍,目击塔状,发愿重修。先由赵君募得重修基金一万五千元,乃于二十二年夏间,邀集同愿佛子百余人共同发起议定重修六榕寺花塔章程七条,暨重修六榕寺花塔委员会组织章程十五条,具呈广州市政府及广东省政府,奉准设会重修。

遂于二十二年八月六日成立重修花塔委员会,集资庀材,分工合作,自经始以至落成,历时十九阅月又二日,竣工之速,始料不及也。今者九级浮屠,已复庄严妙相;五羊胜地,永资多宝如来。本会职责告完,例有记述,爰叙寺塔沿革重修因缘以诏来者,并将发起人姓名、发起重修六榕寺花塔章程、重修六榕寺花塔委员会组织章程、重修六榕寺花塔委员会职员题名附于碑左,庶几是役尘迹聊藉遗留云尔。

中华民国二十四年五月。

重修六榕寺花塔委员会立。

记六榕寺塔

清·汪兆铨

坤舆流形,磅礴万象。尊琦炭崒,谓山盖高,元气胚结,亿祀不圮。若夫极般巧,役倕智,崇台杰阁,碍云日而撑霄汉者,盖不可一二计也。世不逾百,荡为灰尘。人力诚有所限哉!而释氏之塔独有存者。

壬辰岁,与门人读书六榕寺。寺有千佛塔,建在萧梁间,二千余年矣。历劫三五,代有崇饰,危基矗然,不随寺改。塔门扃钥,常不可登。往年尝一丹腆,有登其巅者,谓布算测视与粤秀山齐。东望虎门,烟岛蚁垤,舟帆隐隐,若杯中浮芥:盖亦高矣。塔凡九层,门户四达。中才通行,不得坐卧。外有回廊,绕以栏循,然登者必每跻一层,必绕塔外始得上登,级累而上尽如是。偶一俯视,目眩足战,故人亦鲜登者。晓日初上,光彩炫然,火珠荧荧,若木争色;丹霞绚晚,人间暝烟,仰视上方,残阳烛明,光半鸦背:用以妍朝媚夕,幻成奇观。

一宿海风暴来,暗鸣震动,木十围以上者拔,屋瓦历历有声,掀动欲飞去。予闭户惴息,卧不成寐。晓色才辨,闻铃语与鸟声相答,甚乐。推户起视,宿溜犹滴,朝阳已生,金碧庄严,辉映如旧。噫!高而不危,翳非佛力?其基实则能固其势,其中空则不激于物,是以万籁回薄,掀播震荡,而岿然独立不可动也。始其筑者殆有道士哉?吾闻佛氏之说曰:"实曰空,至实不毁,大空无碍。"即物验道,信而有征。

寺僧睡足,方理晨炊,微词叩之,瞠目不答。予怃然而退,遂书以示同学。

按: 汪兆铨(1859—1928),字莘伯,广东番禺人。少读书于学海堂,为陈澧所赏。清光绪十一年(1885)举人。曾任海阳(今潮安)教谕,后为提督马维骐、李准幕客。辛亥革命后,任教忠中学校长十余年。著有《惺默斋集》《苌楚轩续集》等。

本文选自《惺默斋集》(广州超华斋刻本)。

昆明大观楼诗文楹联选

清·马如龙 等

【提要】

诗文选自《中国历史文化名楼:大观楼》(云南科技出版社2005年版)。

昆明大观楼,又称近华浦,在昆明城西南,濒临滇池草海北滨。清同治五年(1866)马如龙《重建大观楼记》:"昆垣多山而少水,故滇池称巨浸焉,池之湄有浦曰近华,以其近太华山而名。"

大观楼所在地康熙时为"楚僧乾印结茅讲经处"。清雍正《云南通志》载:"观音寺在城西近华浦,清康熙二十一年(1682)楚僧乾印始创庵一区,讲妙法莲华经,听者常千人。"近华浦内的大观楼始建年代,一说为清康熙三十五年(1696),一说清康熙二十九年(1690)。余嘉华《云南风物志》载:"康熙二十九年(1690年),巡抚王继文巡察四境,路过此地,看中这里的湖光山色,命人鸠工备材,修建亭台楼阁……因取名大观楼。"经考证,大观楼始建于清康熙二十九年(1690)是确切的。

大观楼、涌月亭、澄碧堂建成以后,"周围添筑外堤,夹种桃柳,点缀湖山风景","从此高人韵士,选胜登临者无虚日,遂成省城第一名胜"。达官显贵临湖宴饮,骚人墨客登楼歌赋,布衣寒士孙髯翁也来了,写下180字的"古今第一长联"。上联写登大观楼驰骋襟怀,所见到"五百里滇池"的四围风光,下联抒发对云南"数千年往事"的无限感慨,情景交融,对仗工整,可谓是一联写尽人间事。长联问世以来,被誉为"海内外第一联","海内长联第一佳者"。长联由昆明名士陆树堂行书书写刊刻。长联现存陆书拓本摹刻联。孙髯翁长联问世,遂使大观楼跻身"中国名楼"。

清道光八年(1828),云南按察使翟锦观重修大观楼,将原来的二层增建为三层。观音寺僧净乐重修观音寺时,又于寺后建华严阁五间三层,高于大观楼丈余。净乐和尚善诗联,华严阁落成时撰刻一副长联,世称"净乐长联"。近华浦中大观楼与华严阁巍然南北对峙,澄碧堂、涌月亭亭台廊榭掩映绿柳碧波,观音寺殿宇禅房鳞次栉比,风鬟雾鬓,香烟氤氲,高人韵士登临无虚日,僧侣游人往来不间断。

清咸丰三年(1853),咸丰帝询问云南景物,侍讲学士何彤云推荐"大观楼",咸丰帝随即钦赐"拔浪千层"匾额,至今还挂在大观楼上。马如龙有"跋"叙述当时赐匾经过:"咸丰丁卯(1855年),兵部侍郎何彤云侍南斋日,蒙文宗显皇帝垂询滇池湖势,彤历陈大观情形,仰荷御书'拔浪千层'匾额,颁立斯楼,猗欤休哉。"

清咸丰六年(1856年)云南回民起义反清,大观楼、华严阁等皆毁于战火。同治三年甲子(1864年)仲冬,云南署提督马如龙操兵演练,"舟过近华浦,见岛屿蔓草荒烟,一片凄凉,垂询海滨父老,答以大观楼被毁原委。公太息弗已,不惜出捐重资构材饬工重建。经始于同治三年(1864)仲冬,落成于同治五年(1866)季春,仅及年余,瓦砾之场依然金碧之区,仍复省城第一名胜。此马公之重建大观楼也"(舒藻《重建大观楼碑记》)。马如龙重建大观楼后,在近华浦门楼撰有楹联:"曾经沧海难为水,欲上高楼且泊舟。"

清光绪二年(1876)近华浦"大水,两廊皆圮,楼亦倾斜,光绪九年(1883年),总督岑毓英重修"(《光绪志》),重修大观楼时,"士民同住持僧性田续修东西厢房十六间"(见《新纂云南通志》光绪十四年)。性田和尚重修,保留至今,这就是今天的大观楼。现今的大观公园根据其地势,约可分成三片:近华浦、大观楼片,楼外楼、鲁园片,庾园、花圃及柏园片。

濒临近华浦的草海明代又称西湖。明万历《云南通志》记载:"西湖在(云南)府治西,周四里,即滇池上流,蒲藻长青,人多泛舟,俗呼为草海子。中有黔国莲池,匾曰水云乡。"明代世袭黔国公沐氏曾在此建水云乡莲池。

近华浦一带,代有添建。民国年间,近华浦东面、南面临草海湖滨,建有一批中西合璧式私家花园别墅,大的别墅有民国十六年(1927)庾恩锡兴建的"庾庄"及鲁道源兴建的"鲁园",还有李园、丁园、柏园、邱园、陈园等。新中国成立后,均划入大观公园。

1998年,为迎接世界园艺博览会,云南省市政府征用近华浦西面近200亩土地,开辟大观西园。至此,大观公园总面积达47.8公顷,其中陆地23.1公顷,水面24.7公顷。

重建大观楼记

清·马如龙

昆垣多山而少水[1],故滇池称巨浸焉[2]。池之湄有浦曰近华,以其近太华山而名。浦有埠,筑垣以蔽之,后为梵宇。临池建楼三楹,凡三层,额曰大观。登斯楼也,瞻瞩伟甚,乡之人朝游而暮返者无虚日,向为会城名胜地,载之志乘[3],兹不具论。

岁丁巳,毁于火,予过而怒然[4],以时艰故,不遑顾也。今军书少暇[5],爰谋所以兴之者,或曰:“成毁之数,岂独物然,何区区者而先务也? 置之。”便或曰:“复前人之规易为力,且名归焉,新之。”便是二说者,余尝鄙之。夫有废必兴,有作斯述,何必在楼,亦何必不在楼? 集贤之院,延宾之馆,游观云乎哉!

乃于农隙,鸠工庀材,费几千缗而落成[6]。楼之后为涌月亭,亦修葺之。余喜厚其墙垣,固藩篱也;遴其杞梓[7],备梁栋也;重门洞开,胸无城府也;登临远望,目无障翳也。抑有感焉,今之雕甍画槛,非即昔之废址颓垣乎? 无平不陂,无往不复,余之重建斯楼,此物此志也夫! 是为记。

同治五年岁次丙寅季春建水马如龙撰[8]

【作者简介】

马如龙(1832—1891),原名现,字席珍,号云峰。回族,云南红河建水人。少时家贫,喜习武。16 岁应童子试,为武生。后为云南回民义军首领,率回民义军八千余人,围困昆明城。后受清廷招抚,以功署云南提督。镇压了绵延 18 年、席卷全滇的反清义军后,马如龙受清廷赏黄马褂、白玉翎。同治十三年(1874),马如龙调任湖南提督。

【注释】

[1]昆垣:昆城。指昆明。

[2]巨浸:大湖泽。

[3]志乘:志书。

[4]怒然:忧愁貌。怒:音 nì。

[5]军书:军中的公文。借指战事。

[6]缗:音 mín,古代计量单位,即一串铜钱(一千文)。

[7]杞梓:指良材。

[8]同治五年:1866 年。

重建大观楼再记

清·马如龙

余前记既成时,与二三父老谈山水之胜,及大观楼,得其款末,有以窥前人用意之所在,益信斯楼之不可不建,而幸以告成也。

其地在康熙时,为楚僧乾印结茅讲经处,未尝有楼也。越数年,抚军王公继文、石公文晟、方伯佟公国勷[1],极勤民事,往往省耕。由省城西关外篆塘[2],舟行十里许,至近华浦,舍舟缘岸,叩茅庵小憩。喜淡烟浓翠,近浦遥岑,蔚然深秀,掩映如画,慨然有创修志。归谋僚属,遂审曲面势,拓茅庵地,建楼二层,颜曰大观。

下建涌月亭、澄碧堂佐之。迨道光八年[3]，廉访翟公锦观增为三层，要皆为卿大夫省耕劝农之所。

计初建至今，盖二百年，天下传为名胜矣。登斯楼也，俯三州，带六河，左金马，右碧鸡，见夫深黄浅碧，则沧桑之点缀也；渔灯上下，蟹舍参差，则村落之远近也；风帆叶叶，随波浪而出没者，则渔舟贾舶之来往不绝也；至若阴而晦冥，洪波涌起，势若万马奔腾，则千奇百怪之变幻，不可得而窥测也。

咸丰丁巳毁于火[4]，而竟殁为丘墟。余每操习水师，经过其地，凭吊遗址，不胜追想古人之轶事不置也。

窃思事之不关风化，无裨政治者，即徐图之不为过，顾以斯楼而听其废弛，则不惟湖山笑人，目前人之风流善政亦随而湮没也，余甚惜焉。乃亲阅其址，思所以建之，弗言也。未几，父老亦有请于余曰，公益倡捐重建之，为山川生色。余曰："误矣。自军兴以来，滇民财力几尽，余笕军符[5]，滥竽省会[6]，凡事之有裨于民者，无不尽力为之而惟恐不暇。若捐而建之，是欲继前人之美而反以贻吾民之累也。"遂捐廉重建之[7]，越六月而告成。登而览之，昔之碎瓦颓垣，今则雕梁画栋矣；昔之蔓草荒烟，今则轮焕涂泽矣；昔之凭栏四顾而应接不暇者，今则历历在焉而恍然在目矣。噫，昔日之所无，今日有之不为过；昔日之所有，今日无之不为不足。

然而斯楼之重建也，仅曰游观而已乎。今方有事西征，余将整步武率戎行[8]，誓师洱海，拔帜苍山，平西邑而还，与父老痛饮其上，则不惟余之幸，更全滇之幸也。前记略述梗慨，兹复赘数语，俾后之登临者知余重建斯楼，匪为重游观，实以继前人劝省农耕之志于不朽，则幸矣。

同治六年岁次丁卯仲春建水马如龙撰[9]

【注释】

[1] 王继文(1634—1703)：顺治十二年，考选御史，巡按陕西。康熙三年(1664)，调浙江宁绍台道。十三年，讨吴三桂，命以候补道随左都御史多诺等赴荆州督饷，旋授云南布政使，从师进征。二十年，代辟为巡抚，佐将军赵良栋攻克会城，云南遂定。三十三年，以功擢云贵总督。王长期任职云南，对当地的发展起过重要作用，《清史稿》载："云南既下，抚绥安集之绩，毓荣开之，继文成之，自是西南遂底于平矣。"四十年，加兵部尚书衔。

石文晟(1649—1720)：字公著，号纲庵。初授苏州同知，历任云南开化、山西平阳知府。康熙三十三年(1694)，擢贵州布政使，迁云南巡抚，曾疏请减免旧赋十之六。官至湖广总督。后以病乞休。

佟国勷：生平不详。勷：音 ráng。

[2] 篆塘：位于今昆明环城西路与大观路交汇口的大观河上，为昆明古代的水运码头。始辟于元，明清时常有疏浚。

[3] 道光八年：1828 年。

[4] 咸丰丁巳：1857 年。

[5] 笕：同"管"。

[6] 滥竽：自谦之词。犹充数。

143

[7]捐廉:旧谓官吏捐献除正俸之外的养廉银。

[8]步武:脚步。

[9]同治六年:1867年。

大 观 楼 诗

清·孙 髯

月光拨作海门潮,屋涌椒兰水可掬[1]。

半晚神灯波上走,三春画浆镜中摇[2]。

笔床茶灶宜青草,酒市溪村接板桥[3]。

听唱竹枝来小咏,醉看塔影忽双漂。

【作者简介】

孙髯(1685—1774):字髯翁,祖籍陕西三原,因其父在云南任武官,随父寓居昆明。早年由于对科场搜身极为愤慨,发誓永不赴秋闱之试。博学多识,中年丧妻,仅生一女,其女长大后适广西州弥勒。从此穷困潦倒,寄居于昆明圆通寺咒蛟台,以石洞为栖身之所,以卜筮为求生之道。乾隆年间,曾为昆明滇池大观楼题楹一副,计180字,号称“天下第一长联”“海内长联第一佳作”,被后人尊为“联圣”。

【注释】

[1]海门:内河通海处。大观楼濒临滇池,故称。屋:指大观楼。椒兰:指芬芳的植物。

[2]神灯:指明月。镜:指水面(如镜)。

[3]笔床茶灶宜青草:谓满月的青草碧树,最宜品茶、吟诗。板桥:木板架起的小桥。

大观楼楹联选

清·孙 髯等

五百里滇池,奔来眼底。披襟岸帻[1],喜茫茫空阔无边! 看东骧神骏[2]，西翥灵仪[3]，北走蜿蜒[4]，南翔缟素[5]；高人韵士，何妨选胜登临。趁蟹屿螺洲[6]，梳裹就风鬟雾鬓[7]；更苹天苇地，点缀些翠羽丹霞[8]。莫孤负四围香稻，万顷晴沙，九夏芙蓉，三春杨柳。

数千年往事，注到心头。把酒凌虚[9]，叹滚滚英雄谁在？想汉习楼船[10]，唐标铁柱[11]，宋挥玉斧[12]，元跨革囊[13]；伟烈丰功，费尽移山心力。尽珠帘画栋，卷不及暮雨朝云；便断碣残碑，都付与苍烟落照。只赢得几杵疏钟，半江渔火，两行秋雁，一枕清霜。

——清·孙 髯

千秋怀抱三杯酒，万里云山一水楼。
——清·孙 湘

隐隐居有楼三层，至其下，处其上；
黄叔度若波千顷[14]，淆不浊，澄不清。
——清·阮 元[15]

曾经沧海难为水，欲上高楼且泊舟。
——清·马如龙

士女嬉游，更无风雨妨佳日；
古今代谢，只有湖山极大观。
——清·赵 藩

裔呈五色云之祥[16]，孕育文明，祥征已久；
靡莫十数滇最大，抱挹形胜，大观在兹。
——清·赵 藩[17]

群贤毕至乐无涯，有酒、有诗、有画；
老子于斯兴不浅，此山、此水、此楼。
——清·舒绍舆

楼阁喜重登，看此际笛唱晚风，
舟横夜月，把逸兴荡开[18]，恰逢学士七峰临彼岸；
波涛欣永靖，想当年戈挥落日，
剑倚长天，迫狂澜挽住，全仗将军一柱砥中流[19]。
——清·舒 藻

风景喜无边，睹当前，依然见鸥眠渚静，雁落平沙，鱼跃川澄，鸢飞天旷。芙蓉放而蓼花参，柳丝垂而芦苇绕。淡淡浓浓，情堪入画。羡此际江乡绥靖[20]，水国雍熙[21]，橹枪化作文明象[22]，流连胜概，伊可乐也；

劫灰沉已久，怀往事，怎禁得浪怒滩鸣，涛翻海立，潮回石滚，峡倒澜狂，鳄窟吼则蛟宫闹，蟹屿倾则螺洲颓，汹汹涌涌，势有难遏。念今日舟楫安详，楼船休息，兵气销为日有光，追慕丰功，谁弗颂焉。

——清·于问渠

螺髻浮青山卧佛;

鲜塍漾碧稻生孙。

——清·陈古逸

叠阁凌虚,彩云南现,皇图列千峰拱首,万派朝宗,金碧联辉,山河壮丽。视晴岚掩翠,晓雾含烟,升曙色于丹崖,苍松鹤唳;挂斜阳于青嶂,石厂猿啼。暂息烦襟,凝神雅旷,豁尔讴歌叶韵,风月宜人,性静幽闲,互相唱和,得意时指点此间真面目;

层楼映水,佛日西悬,帝德容六诏皈心[23],百蛮顺化,昆华聚秀,宇宙清夷。听梵呗高吟,法音朗诵,笑拈花于鹫岭,理契衣传;伫立雪于少林,道微钵受。久修净行,释念圆融,历然主伴交泰,凡圣泯迹,心源妙湛,回脱根尘,忘机处发挥这段大光明。

联匾于观音寺华严阁

——清·僧净乐

望海忆当年,叹千层浪涌,百尺涛飞,安得滇海长清,再造危邦成乐土;

登楼忻此日,看六诏风和,三迤云丽,从兹岑楼永峙,常教止水不为波。

——清·岑毓宝[24]

跨岳阳黄鹤飞来,剑影纵横,笛声嘹亮;

喜滇海红羊度过[25],青山无恙,绿水依然。

——佚　名

放开眼孔穷天地;

别有心肠蕴古今。

——清·陈惠畴

朝云起雨,暮霭飞烟,世事古今殊,只余无恙西山,随时在目;

雪浪吞天,风涛卷地,英雄淘泻尽,为问倒流滇水,何日回头?

——王　灿

【注释】

[1]岸帻:推起头巾,露出前额。典出《后汉书·马援传》:光武帝"岸帻见援"。意光武帝视马援如亲,衣着随意,举止亲切。后常用来形容态度洒脱,或衣着简率不拘。帻:音 zé,古代的头巾。

[2]神骏:指昆明东面的金马山。

[3]翥:音 zhù,鸟向上飞。灵仪:凤凰,指昆明西面的碧鸡山。

[4]蜿蜒:指昆明北面的蛇山(俗称长虫山)。

[5]缟素:指滇池南的白鹤山,位于大观楼南晋城镇西。

[6]蟹屿螺洲:指滇池中的小岛屿、小沙洲。

[7]风鬟雾鬓:指女子头发美丽。此指洲屿上花树繁茂,水环雾绕,如幻如仙。

[8]翠羽丹霞:谓环境美极了。翠羽:翠绿的羽毛。丹霞:红色的云霞。

[9]凌虚:指高高举起酒杯。

[10]汉习楼船:《史记·平淮书》:汉武帝"大修昆明池,治楼船"。说的是武帝略定开发云南之事。西汉时,北方匈奴时时威胁中原,汉武帝常年与匈奴作战,人力和物力耗费巨大。武

帝寝食难安,希望联络大夏国(今阿富汗)夹击匈奴,以除大患。此时,张骞出使西域归来,献上了从大夏带回的"蜀布""邛竹杖"等。武帝当即遣使前往"西南夷"去寻求通往大夏的道路。使臣分数路进入四川、云南地区,其中一部分在洱海地区被强悍的"昆明族"阻挡,无法前行,只得留居下来。后回到长安,如实禀报滇池地区的宜人气候、肥沃土地和丰富的物产,武帝决定发兵征伐。得知"西南夷"势力强大,且熟识水战,武帝下令在长安开凿一个人工湖,称为"昆明池",修造有楼的大型战船,专供士兵操练水战使用。元封二年(前109),武帝派将军郭昌入滇,大兵压境,滇人降服。汉武帝在滇中心区域设益州郡,封其统治者为"滇王",并赐与金印一枚。清代,乾隆非常景仰汉武帝开疆拓土的气魄和功绩,把北京西湖更名为"昆明湖"以志纪念。"汉习楼船"便成了汉武帝丰功伟绩中开发大西南的重要篇章。

[11]唐标铁柱:7世纪中叶,吐蕃政权统一了青藏高原各部,在北方与唐王朝争夺安西四镇,在南方与唐争夺四川边境和洱海地区,严重威胁唐朝西南地区的利益和安全。唐中宗景龙元年(707),唐遣唐九征率兵讨伐,击毁吐蕃城堡,拆除吐蕃漾水、濞水上的铁索桥,切断吐蕃与大理洱海地区的交通,平息其乱。唐九征立铁柱以记功,兼立界。但"唐标铁柱"所立地点虽然在点苍山西麓漾濞境内,具体地址各种史料却说法不一。

[12]宋挥玉斧:宋朝统一中原后,965年,太祖派遣王全斌进入四川,灭后蜀,统一四川。对此,大理国立即派使臣道贺。982年,宋太宗令黎州(辖今四川汉源、石棉、甘洛等县)官吏在大渡河上造大船,以便大理国使者入贡。但大理国希望与宋朝建立藩属关系,多次请求赐封,而宋鉴于南诏反唐的教训,一直未允。宋徽宗政和五年(1115),宋朝终于与大理国建立了藩属关系。而后,金兴起,不断内侵,宋朝有人请求在大渡河地区设置城池,以利互市,朝廷命宇文常察勘、处置。宇复奏:后蜀亡时,太祖曾用玉斧指大渡河以西曰:"此外非吾所有也。"所以,150年来边疆云南无边患。

[13]元跨革囊:13世纪中叶,统一了大漠南北的蒙古汗国开始了征服西南诸番的军事行动。1253年,忽必烈率领十万大军,分兵三路,剑指云南。是年九月,忽必烈率军到达金沙江西岸,令将士"革囊以济"(即将几个吹满气的羊皮口袋,用绳索绑在纵横交错的木棍或竹子上,供人乘坐渡江)金沙江(今宁蒗县境内),大败大理守军。"元跨革囊"四个字概括了十万大军轰轰烈烈、气势磅礴、横渡金沙江的壮举。

[14]黄叔度(约105—153):名宪。东汉慎阳(今河南正阳)。家境贫寒,初举孝廉,又辟公府,暂到京师而还。学富五车,满腹经纶,名臣贵胄,奉为圣贤,称人品学品均在己上。连"海内所师"的荀淑亦称"吾之师表"。

[15]阮元(1764—1849):字伯元,号云台、雷塘庵主,晚号怡性老人,扬州仪征人。清代嘉庆、道光间名臣。著作家、刊刻家、思想家,在经史、数学、天算、舆地、编纂、金石、校勘等方面都有非常高的造诣,被尊为一代文宗。

[16]畜:音yù。《太玄经》:畜畜皇皇。注曰:畜畜,物长春风之声貌也。

[17]赵藩(1851—1927):字樾村,一字介庵,别号蜇仙,晚年号石禅老人。白族,云南剑川人。云南省近代历史上著名的学者、诗人和书法家。曾任四川臬台,官至川南道按察使。参加过辛亥革命。晚年致力于文化事业,总纂《云南丛书》等。

[18]逸兴:超逸豪放的意兴。

[19]将军:指马如龙。

[20]绥靖:本指登车的绳索。引申为安定、安抚。

[21]雍熙:谓和乐升平。

[22]欃枪:彗星的别名。古人认为是凶星,主不吉。欃:音chán,彗星。

[23]六诏:唐初,分布在洱海地区的众多少数民族最后形成蒙隽诏、越析诏、浪穹诏等六个大的部落,称为"六诏"。

[24]岑毓宝(1841—1901):字楚卿,广西广南府(今广西西林)人,壮族。中法战争中,岑毓宝随兄云贵总督岑毓英赴越南抗法,在宣光亲率10营兵力迎战法国援军,并取得临洮战役的胜利。中法战争结束后,岑毓英令他驻扎白马关,参与勘划西段中越国界,他智勇爱国,升任云南布政使,官居二品。1901年,吞金自尽。朝廷回避其支持维新运动事实,例授他为资政大夫。

[25]红羊:即红羊劫。一种迷信说法,称每逢丙午、丁未之年,社稷必有祸患。

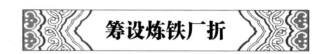

筹设炼铁厂折

清·张之洞

【提要】

本文选自《张之洞全集》(1928年文华斋刻本)。

这封折子是张之洞为筹办铁厂在光绪十五年(1889)上奏朝廷的,它的直接产物就是汉阳铁厂。"举凡武备所资枪炮、军械、轮船、炮台、火车、电线等项,以及民间日用、农家工作之所需,无一不取资于铁。"张之洞认为,要自强,不仅要"开除铁禁,暂免税厘",还得"自行设厂,购置机器,用洋法精炼"。

于是,两广总督张之洞想干这件大事。"中国创办大事,必须官倡民办,始克有成"。这时,他已经与英国签订了"熔铁大炉二座""并炼熟铁、炼钢各炉,压板、抽条兼制铁路各机器",就连建厂的地点也选好了,"省城外珠江南岸之凤凰冈"。

开采铁矿,他也已"分向英、德两国聘募矿师来粤勘验",以便"钩深致远,取精出旺"。

朝廷准奏之后,已调任湖广总督的张之洞选择了汉阳建铁厂。1890年开始建设,1894年6月投产。汉阳铁厂全厂包括生铁厂、贝色麻钢厂、西门士钢厂、钢轨厂、铁货厂、熟铁厂等6个大厂和机器厂、铸铁厂、打铁厂等数个小厂。但是,所购设备不适于炼制大冶铁矿提供的含磷较高的矿砂,所炼钢料不符合铁路钢轨要求,官办的钢铁厂生产旋即陷入困境。

1896年4月,汉阳铁厂改为官督商办企业。为解决材料和设备问题,1898年开发江西萍乡煤矿,用马丁炉改造全厂冶炼设备,以利钢轨制造。此项改造耗资巨大,1898年向德国资本求贷,1899年与日本签订"煤焦铁矿石互售合同"。1904年,又以大冶矿山作抵,不断向日本资本借贷。至辛亥革命前,有炼铁炉3座、炼钢炉6座,年产生铁8万吨左右、钢近4万吨、钢轨2万余吨。抗日战争时期,汉阳铁厂部分冶炼设备内迁重庆,其余被日军侵占。抗战胜利后,国民党政府接收。

汉阳铁厂中国近代最早的官办钢铁企业,耗资约银六百万两。汉阳铁厂设备是从英国和德国进口的,规模当时雄视东方,但产出可怜。究其原因,设备购置不当、焦炭没有稳妥的供应、选址不当是三大主因。决策失误,主要是决策者张之洞瞎指挥。先是定在广东,机器运来了,逢他调任湖广总督,因为供应矿石的大冶铁矿矿石品位很高,他的脑子一热,汉阳铁厂规模扩大一倍! 当时,盛宣怀等人虽然反对他的狂热行为,但张之洞已经听不进去了。

汉阳铁厂的钢铁生产在1925年全部停止。

清朝末年,湖广总督张之洞为"自强、求富",在武汉大力推行兴实业、办教育等新政,创办了汉阳铁厂、汉阳兵工厂、汉阳火药厂、汉阳针钉厂、汉阳官砖厂等,在汉阳龟山至赫山临江一带,形成蔚为壮观的十里"制造工业长廊"。现代制造业的兴起,直接成就了张之洞的"湖北新政"。

张之洞喜欢搞大项目、大建设。《清史稿》对他的评价:"莅官所至,必有兴作,务宏大不问费多寡"。

窃以今日自强之端,首在开辟利源,杜绝外耗。举凡武备所资枪炮、军械、轮船、炮台、火车、电线等项,以及民间日用、农家工作之所需,无一不取资于铁。两广地方产铁素多,而广东铁质尤良。前因洋铁充斥,有碍土铁,经臣迭次奏请开除铁禁,暂免税厘。复奏免炉饷,请准任便煽铸,以轻成本而敌侵销,多方以图,无非欲收已失之利还之于民。

查洋铁畅销之故,因其向用机器,锻炼精良,工省价廉;察华民习用之物,按其长短大小厚薄,预制各种料件,如铁板、铁条、铁片、铁针等类,凡有所需,各适其用。若土铁则工本既重,熔铸欠精。生铁价值虽轻,一经炼为熟铁,反形昂贵。是以民间竞用洋铁,而土铁遂致滞销。以本省铁货出入计之:每年洋铁入廉州者约四五十万斤[1],入琼州者百万斤有奇,入省城、佛山者约一千余万斤,入汕头者约二百余万斤;内地铁货出洋以锅为大宗,其往新嘉坡,新、旧金山等处[2],由佛山贩去者约五十余万口,由汕头贩去者约三十余万口,由廉州运往越南者约四万余口。此外铁锤运往澳门等处者每年约五六万斤;铁线运往越南者先年约十余万斤,近因越税太苛,业经停贩。然此皆粗贱之物,凡稍精稍贵之铁板、钢条,则不惟不能外行,且皆取资洋产。以各省各口铁货出入计之,查光绪十二年贸易总册所载[3],各省进口铁条、铁板、铁片、铁丝、生铁、熟铁、钢料等类共一百一十余万担,铁针一百八十余万密力,每一密力为一千针,合共铁价针价约值银二百四十余万两;而中国各省之出口者,铜、铁、锡并计,只一万四千六百数十担,约值银一十一万八千余两,不及进口二十分之一。至十三年贸易总册,洋铁、洋针进口值银二百一十三万余两。十四年贸易总册,洋铁、洋针进口值银至二百八十余万两。而此两年内竟无出口之铁,则是土铁之行销日少,再过数年,其情形岂可复问!

臣督同海防善后局司道局员暨熟识洋务之员,详加筹度,必须自行设厂,购置机器,用洋法精炼,始足杜外铁之来。惟是广东近年饷繁费绌,安有余力更为斯举? 然失此不图,惟事以银易铁,日引月长,其弊何所底止! 计惟有先筹官款垫支开办,俟其效成利见,商民必然歆羡[4],然后招集商股,归还官本,付之商人经理,则事可速举,资必易集。

大率中国创办大事,必须官倡民办,始克有成。经臣于本年三月间,电致出使英国大臣刘瑞芬[5],往返筹商数月之久。兹准刘瑞芬电复:"现与英国谐塞德公司铁厂订定熔铁大炉二座,日出生铁一百顿,并炼熟铁、炼钢各炉,压板、抽条兼制铁路各机器,共价英金八万三千五百镑,先汇定银二万七千八百三十三镑,运保费在外,机器分五次运粤,十四个月交清"等语。当经饬局将定银镑价折合银十三万一千六百七十两零,如数先行筹汇,订立合同。至于建厂地方,择定于省城外珠江南岸之凤凰冈地方,水运便利,地势平广,甚为相宜。俟绘就厂图寄粤,即当赶紧建造。此购办机器自设铁厂之拟办情形也。

窃惟通商以来,凡华民需用之物,外洋莫不仿造,穷极精巧,充塞土货。彼所需于中国者,向只丝茶两种;近年外洋皆讲求种茶、养蚕之法,出洋丝茶渐减,愈不足以相敌。土货日少,漏溢日多,贫弱之患,何所底止! 近来各省虽间有制造等局,然所造皆系军火,于民间日用之物,尚属阙如。臣愚以为华民所需外洋之物,必应悉行仿造,虽不尽断来源,亦可渐开风气。洋布、洋米而外,洋铁最为大宗。在我多出一分之货,即少漏一分之财,积之日久,强弱之势必有转移于无形者。是以虽当竭蹶之时[6],亦不得不勉力筹办。

至于开采铁矿,尤须机器西法,始能钩深致远,取精出旺。臣现已分向英、德两国聘募矿师来粤勘验,以便购机精采。倘物力稍纾,尚拟将民间需用各铁器,及煤油、火柴等物,悉行自造。将来铸造渐多,岂惟粤民是赖,尚可分销各省。一俟机器运到开炼,以后办理情形,再当随时详晰具奏。

【作者简介】

张之洞(1837—1909),字孝达,号香涛、香岩,又号壹公、无竟居士,晚年自号抱冰,直隶南皮(今河北南皮)人。中进士后,入仕途为翰林编修、内阁学士等,放言高论,纠弹时政。1881年,授山西巡抚,开始大力从事洋务活动,成为后期洋务派的主要代表人物。累官两广总督、湖广总督、两江总督、军机大臣、太子太保等,在新式企业、新式装备练兵、学校教育,乃至资金筹措等方面多有新政。他是清洋务派代表人物之一,其"中学为体,西学为用"主张是对洋务派基本纲领的总结和概括,毛泽东说,"提起中国民族工业,重工业不能忘记张之洞"。有《张文襄公全集》。

【注释】

[1] 廉州:在今广西,治广西合浦县。

[2] 新金山:指澳大利亚的墨尔本。

[3] 光绪十二年:1886 年。

[4] 歆美:爱慕,美慕。

[5] 刘瑞芬(1827—1892),字芝田,安徽贵池人。以诸生入李鸿章幕府,主管水陆军械转运。光绪二年(1876)代理两淮盐运使,驻扬州。后刘改任苏松太道,看到上海租界浦江停靠船位,经常受到破坏,外商经常侵入中国船只停泊之地,就命人丈量江岸,重新作出规定,自此外商就不敢再来侵扰中国船只。光绪十一年(1885),刘瑞芬受命出使英俄等国,后虽被授为太常寺卿,迁大理寺,但仍留任为大使,改驻英、法、意、比等国家。在出使英俄等国初期,俄国人觊觎我国漠河金矿,他极力奔走总理衙门,主张自己国家开办。英国侵略我国西藏,刘瑞芬极力反对,维护国家领土统一。光绪十五年(1889),刘被召回国任广东巡抚。有《刘中丞奏稿》《西

辑纪略》《养云山庄诗文集》等。

[6]竭蹶:颠仆倾跌、步伐匆遽貌。谓跌跌撞撞。

清·张之洞

【提要】

本文选自《羊城风华录》(花城出版社 2006 年版)。

广雅书院,在广州城西北,光绪十三年(1887),由两广总督张之洞创办,是中国近代著名书院之一。

开办"两广诸生合课书院",是因为总督府移至广州后,原本设在肇庆的端溪书院作为"总督科士之所",总督虽然"岁时封题课试,规矩纵驰",但还是不方便"亲临考校整节"。于是,1887 年,两广总督张之洞"于广东省城西北五里源头乡地方,择地一区,其地山川秀杰,风土清旷,建造书院一所,名曰广雅书院"。为培养自己心目中理想的人才,奏折中,张之洞决心自筹经费,在两广选择诸生,"不分门户,不染积习,上者效用国家,次者仪型乡里"的人才。

其实,广雅书院的办学宗旨,张之洞在《请颁广雅书院匾额折》中有详细的说明:"臣设立书院之举……上者阐明圣道,砥砺名节,博古通今,明习时务,期于体用兼备,储为国家桢干之材。次者亦能圭壁饬躬,恂恂乡党,不染浮嚣近利习气,足以漱身化俗。"广雅书院的课程分经学、史学、性理之学、经济之学和词章之学。后又改为经、史、理、文四门,分设四馆。

广雅书院院名取自"广者大也""雅者正也"。广雅书院的近代化是在朱一新出任第二任院长时开始的。他强调读史,认为"若当多事之秋,则治经不如治史之尤要","史越近者,越切实用"。又提出史学还应包括时务与经济之学,认为"经济之学皆在四部中"。同时朱一新对西学也十分重视。他认为:"治西学须明其地势,考其政俗,以知其人之情伪,为操纵驾驭之资。次则兵法。若天算制器诸事,能通之固佳。"他向学生讲述重学、化学、光学及西医、铁路、农业机械等。

广雅书院的学员由两广各州府县严格挑选,各选拔 100 名,一律住在书院,外出需请假,学不进益者开除,考试成绩 70 名内均有奖励,学制 3 年等。课程分为经学、史学、理学、文学 4 门,学生可自由选择,兼习文章之学,原定学制 3 年,后改为 9 年。教学既吸收传统方式,又具有新学的特色,广雅书院成为当时全国有名的书院之一。

张之洞 1889 年冬调任湖广总督。他督办广雅的时间虽只有一年多,他不但从选址、筹款、院舍建设到课程设置、校规制订,乃至延师招生等等几乎事事躬亲,而且亲笔为学院题写了不少匾额和对联,他的亲力亲为奠定了书院的基础。广雅书院规模颇大,占地 7 万余平方米。书院坐北向南,中轴建筑有山长(院长)楼、礼堂、无邪楼、冠冕楼。东西均为书斋,各有 10 巷,每巷 10 间,共 200 间。东斋是广东学生居读之所,西斋归广西学生用。冠冕楼前东西各有池塘,池边有清佳堂、岭南祠、莲韬馆,供学生读书之暇游览憩息。西池畔有"湖舫",曾是康有为等论学的地方。光绪二十五年(1899),率先附设西学堂。光绪二十七年(1901),清政府颁布皇令"废书院,设学堂,改良私塾",广雅书院遂改为两广大学堂,1903 年再改为两广高等学堂。辛亥革命后,临时政府再度颁令:改学堂为学校,继续改良私塾。于是原"广雅书院"又改名广东省第一中学,1935 年改广雅中学,实行"六二三"学科制,广雅中学的称谓一直沿叫到今天。校园内现有乔木 900 多株,其中被广州市定为古树的有 13 株。

两广总督张之洞跪奏,为创建两广诸生合课书院,以砺士品而储人才,恭折奏明立案,仰祈圣鉴事。窃惟善俗之道,以士为先;致用之方,以学为本。广东、广西两省,地势雄博,人才众多,文学如林,科名素盛[1]。惟是地兼山海,东省则商贾走集[2],华洋错居;西省则山乡硗瘠[3],瘴地荒远,习尚强悍,民俗不齐。见事闻变,日新月异。

欲端民俗,盖必自厚士风始。士风既美,人才因之。查两广总督旧治肇庆,设有端溪书院[4],为总督课士之所。两省人士,皆得肄业其中。自总督移治广州,书院不能亲临考校整节[5],虽岁时封题课试,规矩纵弛,士气不扬。且原有斋舍止四十间,大半敝漏,不足以容来学,每逢应课,大率借名虚卷,草率塞责。

臣到粤以来,兵事倥偬,又值水旱为灾,未遑及此。比年海宇清宴,民生粗安,一切筹办诸事宜,规模略具,两省人士屡以整顿书院为请,当经委员会同肇庆道府勘议兴建。特以限于地势,该书院东邻府学宫,西邻肇庆协署,后城前市,无从展拓。且以肇庆山水峭急,游学者少,除肇庆一属外,他处诸生罕有至者。官绅士林,佥谓宜别有经书,设于都会,于事为便。查省城粤秀、越华、应元三书院,专课时文,斋舍或少或无,肄业者不能住院,是故有月试而无课程。前督臣阮元所建之学海堂,近年盐运司钟谦钧所建之菊坡精舍,用意精美,而经费无多,膏火过少[6];又以建在山阜,限于地势,故有课程而无斋舍。

窃思书院一举,必宜萃处久居,而后有师长检束[7]、朋友观摩之益。至于稽核冒名代倩,犹在其次。且以上各书院,多为东省而设,西省不得兴焉,东省外府亦罕有应课者。臣以文学侍从之臣,过蒙圣恩,滥忝兼圻之寄,才识迂拙,无所建明,至善俗储才之端,职所当为,不敢不勉。

因于广东省城西北五里源头乡地方,择地一区,其地山川秀杰,风土清旷,建造书院一所,名曰广雅书院。考江西白鹿洞书院、湖南岳麓书院,皆远在山泽,不近城市,盖亦取避远嚣杂,收摄身心之意。广州省会,地狭人哤[8],尤以城外为宜。计斋舍二百间,分为东省十斋,西省十斋,讲堂书库,一切俱备。延聘品行谨严、学术雅正之儒,以为主讲,常年住院,定议立案,不拘籍隶本省外省,总以士论翕服为主[9],不得徇情滥荐。调集两省诸生才志出众者,每省百名,肄业其中,讲求经义、史事、身心、经济之事,广置经籍,以备诵习。宋儒周子,曾官岭南,著有德惠,并无祠宇,于义阙然,今建祠院中;并祀古今宦寓名贤、本省先正有功两粤文教者,以示诸生宗仰。

肄业生额数,东省广州府三十名,肇庆、高州、惠州三府各十名,韶州、潮州两府各六名,琼州府、嘉应直隶州各五名,廉州、雷州两府各四名,南雄直隶州三名,连州、罗定两直隶州各二名,阳江直隶厅一名,驻防一名,连山、赤溪、佛冈三直隶厅共一名;西省桂林府三十名,梧州、浔州两府,郁林直隶州各十名,平东、南宁两府各八名,柳州七名,思恩、庆远两府各五名,太平府三名,泗城府二名,镇安府一名,百色直隶厅,归顺直隶州共一名。远郡下邑,师友尤难,各属遍及,以示公溥。

丰其膏火,每月两课[10],校其等差,优给奖赏,道远各府州,分别远近,加给往来盘费,总令其负笈住院,静心读书,可以自给,免致内顾为忧,纷心外务。

院内课程,经学以能通大义为主,不取琐细;史学以贯通古今为主,不取空论;性理之学,以践履笃实为主[11],不取矫伪;经济之学,以知今切用为主,不取泛滥;词章之学,以翔实尔雅为主,不取浮靡;士习以廉谨厚重为主,不取嚣张。其大旨总以博约谦资、文行并美为要归。不住院者,不领膏火,以便考其行检;无故不得给假,以期专一有成。严守规条,责成监院考察约束,违者即行屏黜[12],欲其不分门户,不染积习,上者效用国家,次者仪型[13]乡里,以仰副圣天子作充人才之至意。

其书院常年经费,所需甚巨。臣以历年积存廉俸公费等项,捐置其中,并顺德县沙田充公之款,南海绅士候选道孔广镛等捐款,发商生息,共岁得息银七千一百十五两。查黄江税厂羡余,历年即以提充端溪书院经费。自改章后,征收较旺,上年臣奏定三六余一项,除支销外,尚有赢余,即于此款内每年发银五千两。由于红盐变价充公[14],项下每年发银五千两,拨款息款共岁得银一万七千一百五十两,以充书院师生膏火、监院薪水、人役工食,一切祭祀岁修杂费。

至建造地价工料,经顺德县青云文社、省城惠济仓各绅,爱充堂各董事,诚信堂、敬忠堂商,闻风鼓舞,情愿捐资修造。现已于闰四月二十日集款购料兴工,约计十月可成。当经札委两广盐运司会同布政司督饬委员,妥为办理,并饬盐院教官[15],妥议一切详细章程,禀定立案。

现经臣发题各属诸生,试以文字数首,出色者即行调取;并资商两省学臣,如有才志可造之士,亦即咨送。窃惟《易》象有云[16]:君子以居贤德,善俗。言者会集,则俗自化也。《论语》有云,君子学以致其道。言同学讲习,则道易成也。惟望从此疆臣、学臣加意修明,维持不废,庶于边海风气人才,不无裨益。

其旧有端溪书院,臣已檄饬道府[17],酌提书院本款,就原有规模,修葺完整;并酌加诸生膏火,厘整章程,以存旧观。学海堂年久失修,亦经饬司量为葺治,于原设专课生十名之外,增设十名,会课改为每月一次,责成学长申明旧日章程,以期无废前规。

所有创建两广诸生合课书院缘由,相应奏明立案,以期经久。谨会同广东抚臣吴大澂、广西抚臣李秉衡、广东学臣汪鸣銮、广西学臣李殿林恭折具奏,仰祈皇太后、皇上圣鉴。谨奏。

光绪十三年六月十六日具奏,八月二十四日奉硃批该部知道,钦此。

按:《奏折》碑现藏广雅书院山长楼。

【注释】

[1] 科名:科举考中而取得的功名。

[2] 东省:指广东省东部。与"西省"相对。

[3] 硗瘠:土地坚硬瘠薄。

[4] 端溪书院:明万历元年(1573),岭西道佥事李材,在高要县学宫原址创办端溪书院。清康熙四十七年(1708),两广总督赵宏灿改建,名"天章书院"。延请著名学者全祖望任书院主讲。乾隆时复名为端溪书院。端溪书院为两广最大规模的学府。当时,端溪书院藏书极为丰富,学者云集,成为岭南学术研究的中心。光绪三十一年(1905),广肇罗道蒋式芬、肇庆知府多龄在端溪书院原址创办肇庆府中学堂,成为本地中学之始。

[5] 整节:调整治理。

[6] 膏火:照明用的油火。引申为给书院学子的津贴费用。

[7] 检束:检点约束。

[8] 哤:音 máng,语言杂乱。

[9] 翕服:顺服,悦服。

[10] 课:教学上的一个阶段。

[11] 践履:践,踏。喻指行为,行动。

[12] 屏黜:排斥,抛弃。

[13] 仪型:做楷模,做典范。

[14] 红盐:盐的一种。含有普通盐所没有的丰富矿物质,呈红色。

[15] 盐院:官署名,盐政衙门。

[16] 《易》:指《易传》。象:卦象。语出《易·渐》卦。善俗:改良风俗。

[17] 檄饬:发文命令。

附:张之洞经营广雅书院

南皮督粤时经营广雅书院,糜金巨万,校藏旧学诸书,风雅好事不减阮文达也。一夕兴发手书一额,并撰七言楹联一副,饬匠火速制成,明日午前必见之于讲堂之上。诸匠皆有难色,一黠匠曰:"吾能为也。"明日午前果已告竣,南皮大喜,赏赍有加。未及半年,额与联俱拳曲如梳矣。后知匠先以额木锯分四片,联木锯分十四片,以匠四人环一额而刻之,额凡四片,需匠十六人,联凡十四片,需匠五十六人,然后钉以贯之,漆以涂之,油以泽之,骤视之固无斧凿痕也。此匠亦深得《战国策》九九八十一万人扛鼎之遗法哉。

按:选自《清代名人轶事辑览》(中国社会科学出版社 2005 年版)。

两广都转盐运使司新建行台记

清·英　启

【提要】

本文选自《广东碑刻集》(广东高等教育出版社 2001 年版)。

本文详细记述了两广都盐运使司衙门的置地、建造过程。选择的是转运使衙署的下属单位"缉私馆旧基",捐建行台。旧基不敷使用,还得谋土地,"南界河岸,北至督配馆,径得二十二丈九尺,东北隅至西北隅,横得五丈二尺,西南隅至东南隅,横六丈七尺……"范围内有叶氏一家租用之地,以三百两银子将地"立契归公"。旧基至石堤,先以石头固堤,后在堤内填沙,使旧基与新地连到一起,原来"堤内新地,商民纳租,若价愿得地者听"的规定也随着现在纳入用地规划而终止。这样,"径得三十五丈,建置行台,规模阔整矣"。

于是,"召匠画堵,鸠工饬材",开始营造。头门、仪门、关帝殿、福神殿、批验所等因其旧而新之;"大堂三间,东西分设官厅,堂后为内宅"。还"建厅三重,前厅五间,皆有楼,中厅、后厅各四间,作楼并如前厅式"。整个衙署"周廊环向,栏槛相扶,邃静疏爽",在此"可以息征尘,可以设饯饮。"

都转盐运使司衙门规模不小。

都转盐运使衙门始置于元代,设于产盐各省区。明清相沿,其全称为"都转盐运使司盐运使",简称"运司"。其下设有运同、运副、运判、提举等官。

需要指出的是,盐运使和巡盐御史的关系。因为盐税丰厚,是中央重要的税源。清政府又设立专门的监督机构,即盐政院。其首脑称巡盐御史,简称盐政,监督盐务官员、盐商,以及所有涉盐的管理机构,一旦发现弊端,立即上报。按清代职官体例,盐运使为从三品,而巡盐御史官阶可大可小,如曾燠领巡抚衔是从二品,比盐运使官阶要高。因为这一原因,既无行政权也没经济权的巡盐御史一职渐渐出现异化,督察的结果是巡盐御史演化为盐运使的上级,盐运司的库房也成了巡盐御史的钱袋子。嘉庆朝,爆发震惊朝野的"两淮提引案",即是盐政与盐运使上下沆瀣一气,在每引盐(洪武初《盐引条例》:官盐每引四百斤带耗盐一十斤,客盐每引二百斤)中额外提取留成,供地方贪污挪用,肆意挥霍。事发后,历任盐官都遭到严厉处分,盐政高恒、普福等人伏法,已年迈退休回德州的前盐运使卢雅雨获严谴,捉拿归案后死于扬州狱中。

盐运使司驻扎广州,旧未见行台[1],使者初至,暂驻东门内皇华馆。适值馆有他宾,尝设台于盐务公所。夫以公所设行台,于议固当,即微运盐使者[2],或假馆于此,礼亦攸宜。惟是公所为委员督率六柜运商办事之地,扃藏案卷,出纳课款,司事受事,商客期会,以及书识具牒牍[3],役卒听使令,听夕抽公[4],条理秩然。设为行台,辄须展转避徙,虚洁洒扫以待。而其内原无官眷之宅,仆从或众,外舍复不足以容,故自往昔,行者居多,咸以为弗便,办事运商曹顺和等知其然。

光绪十五年春[5],重修公所,将兴工,请继自今免就公所设行台。余揆其用意无他,爰为请于今兵部尚书湖广总督前两广总督兼广东巡抚南皮张公准立案[6],并下南、番两县行焉。既而曹顺和、盛如松、石广和、冯逸林、孙致和、温肇祺等复相与议曰:前请得矣。文武大僚迎来送往,所在例有行台。粤商业盐,力虽微,此而弗勉,义何以安?乃更相与请于督办公所委员王大使德昌、会办委员林知事庆炳、邹大使嘉立、帮办委员沈大使曾樾毓、知事干吴、知事亨等,议以缉私馆旧基捐建行台。

度其地,南界河岸,北至督配馆,径得二十二丈九尺,东北隅至西北隅,横得五丈二尺,西南隅至东南隅,横六丈七尺。内有叶姓民地一段,直九丈一尺,横一丈九尺五寸,旧以租用,今订价银三百两,立契归公。惟东北隅较东南隅,横阔一丈五尺,直阔十丈有余,限于地势,无从取方,此旧之界至也。自旧基南界步至石堤,直得一宪檄拓筑河堤[7],健以石工,堤内填沙,外与堤平,故旧基得与新地相连。

案局章,堤内新地,商民纳租,若价愿得地者听。今以新地并入旧基,径得三十五丈,建置行台,规模闳整矣。候补盐大使王德昌等,以其议来告余,为请于头品顶戴兵部尚书两广总督部堂合肥李公[8],准如所议行。新地价租,并准免纳。

于是召匠画堵,鸠工饬材,头门仪门,各建三间,左为关帝殿、福神殿□□□为批验所,因其旧而新之。大堂三间,东西分设官厅,堂后为内宅。建厅三重,前厅五间,皆有楼,中厅、后厅各四间,作楼并如前厅式。周廊环向,栏槛相扶,邃静疏爽,可以息征尘,可以设饯饮。其余地则分门列屋,循径见庭,自庖爨缝纫汗濯[9],以至涤□警柝[10],仆围捍撤之属[11],各有攸处,结构阔狭,咸以宜置。

工兴始于十七年八月二十九日,越明年十一月十七日告成,总费银元一万六千两有奇。余嘉是举之急于奉公也,捐银四千两以济其用,其一万二千余两则咸资商力。至若工坚而好,费省而核,则曹商顺和,温商肇祺,实暨报心,尤有劳焉。

先是光绪初年,前使者建议收买余盐[12],冀戢私贩[13],设余盐局于河南。其时余盐缉私局尚称两事,寻并为一。未几,余盐罢停,而缉私官局遂设于其处,事在七年九月,具载案牍。余因缉私馆之废而为行台也,并识其略,以谂来者。

诰授资政大夫二品顶戴两广总督都转盐运使司盐运使沈阳英启撰并书及篆额[14]。

光绪十有九年岁次昭阳大荒落季春三月吉日建[15]。

【作者简介】

英启,生卒年不详。字续村,满洲旗人。咸丰己未(1859)进士,历官广东盐运使。有《保愚轩诗文集》。

【注释】

[1]行台:台省在外者称行台。盐运使是中央户部的下属机构。始置于元代,设于产盐各省区。明清沿袭。职责是管理盐务,代表中央政府征收盐税。

[2]微:非。

[3]牒牍:公文。

[4]昕夕:朝暮。

[5]光绪十五年:1889年。

[6]张南皮:张之洞。

[7]宪檄:旧时称上官所发檄文的敬词。

[8]李公:指李鸿章。

[9]庖爨:厨房。汗濯:指浴室。

[10]警柝:警夜时敲击以报更的木梆。此指警卫室。

[11]捍掫:巡夜值班室。掫:音zōu,巡夜打更。仆圉:指驾车养马之人。

[12]余盐:指额盐之外可以自由买卖的盐。清代盐政,"官督灶煎,分井定额,按月完纳省仓,行销之法,按州县户口多寡定额,地方官备价运销交课"(《清史稿·列传三十七》)。官府预支一部分钱,称为"薪本",组织灶户煎盐,定不同的额盐,盐生产出来后,额盐按月上交。各灶户在交完"额盐"后,尚有"余盐"作为自由支配的产品,卖给盐商用于销售,从而获取正当的利润。

[13]戢:止,制止。

[14]顶戴:清代用以区别官员等级的帽饰。分别为红宝石、珊瑚、青金石、水晶等。

[15]大荒落:太岁运行到地支"巳"的方位,这一年称大荒落。光绪十九年为癸巳年(1893)。

修福寿二沟记

清·黄德溥

【提要】

本文选自《赣县志》卷四十九之四(清同治十一年刻本)。

古代赣州州城如龟形,刘彝建造的福寿沟走向上"纵横纡折,或伏或见",形似古篆"福寿"二字,故沟"因形而名"。由于沟道纡回曲折,给后来的管理增加了困难。

由于管理不善,倒塌淤塞,福寿沟的排水功能至明代已大为降低。明天启元年(1621)《赣州府志》载:"居民架屋其上,水道浸失其故,每岁大雨时,城东北一带,街衢荡溢,庐舍且潴为沼,以水无所泄故也。"清朝历任地方官也曾"屡议修而不果",或曾"下令挑浚,但因民间贫富不齐,未必人人尽力,此通彼塞,胡能四达,卒使前人毕智竭虑之经营,至委泥沙涸秽而莫之或续也";也有人建议"督以专官,资以公帑,用民之力而不用其财,穷源见委,务令逐处开通,必见沟底而止",施工采用"分地量工,宽假时日,以考其成",对占用沟道的要进行处罚,"贷其占塞之罪"。也就是采取派专人管理,民办公助,分段包干的办法。这些意见均未实施,直至清末,沟道堵塞严重,"春夏之交,雨潦时降,潢污停集,疾病易生,民患苦之"。在潢污停潦严重影响市民身体健康的情况下,同治八年(1869),福寿沟进行了一次较为彻底的修复。

同治六年(1867),文翼(湖南湘乡人)任分巡吉南赣宁道巡道,创议修复福寿二沟,但每次讨论时,都因"工大费繁,非万金不可,以无人筹款而止"。最后,他采取分段自修的办法,即"各家自修其界内之沟,官但予以期限而责其成;其无屋及公产之地,财官发公项修之",并"先将官所修之地,以弓量之,仿土方之法计丈度工,核其大略",计算出工程量和经费概算,核准后由知县黄德溥主持,委派刘峙等负责施工。修复工程于同治八年十一月开工,"自北城灵山庙(现八境路)始,穷源竟委,清其淤积,补其残缺,使寿沟受北城之水,东南之水则由福沟而出。其旁支横络,亦皆为疏通"。至同治九年七月竣工,历时9个月。公费开支部分共"计制钱四百八十千有奇"。刘峙绘制了福寿沟图,并附《福寿沟图说》。

这是地方志书上记载的规模最大的一次修复工程,《福寿沟图》也是建沟以来现存的唯一现场调查纪录资料,对了解福寿沟的历史、走向有很高的参考价值。

建国后,1953年开始对福寿沟逐段进行清理、修复和改建。至1957年止,福寿沟的修复改建工作基本完成,恢复了排水功能。1964年在东门口增加了一个出水口,使五道庙一带的水由东门排出,减少蕨菜塘下水道的流量。

2010年春天,南方诸多城市渍水内涝。5月20日《新华每日电讯》载:"(广州)102个镇(街)受水浸之灾,109间房屋倒塌,市区发生44处严重水浸,交通一度瘫痪,街道变河流,商铺、学校'水漫金山',地下停车场变游泳池,小汽车成'潜水艇'。"而"13日到14日,江西省赣州市出现暴雨,24小时降水将近百毫米。倾盆而下的雨水,并未让赣州这座千年古城发生明显内涝。赣州市古老的城市排涝设施——福寿沟仍在地势相对低洼的老城区发挥了重要作用。"

校此稿时,北京又传来遭61年未遇暴雨袭击,城市一片汪洋,我们的城市何时才能做到不仅仅是外表光鲜?!

赣城有福寿二沟,盖因形而名其制,纵横纡折,或伏或见,汇阖城之水以注于江。不知创自何年,或云宋太守刘彝所作也[1]。历时既久,故道浸湮。春夏之交,雨潦时降,潢汙渟集[2],疾病易生,民患苦之。

岁己巳[3],余承乏斯土[4],始视事,观察文公首以此事相属。考诸邑乘[5],有其说而不详。爰属邑绅刘君峙、徐君勤复等周历循访,得其遗迹,议为修浚[6],而计工料之用非万金不足以集事。余与诸绅议,谓"莫若令商贾、居民分段自修为善。"言于观察文公、郡伯魏公,咸是之,报"可"。

令下,民欢悦从事。遂自北城灵山庙始,穷源竟委[7],清其淤积,补其残缺,使寿沟受北城之水,东南之水则由福沟而出。其旁支横络,亦皆为疏通。经始于同治八年十一月,越明年七月而工竣。凡祠庙公署及空阔无人之处,费出于公者,计制钱四百八十千有奇。

既卒事,刘、徐二君叙述水道所经,绘图相质。余览之,因叹夫前制之尽善,遗迹之易湮,而后人兴复之难也。盖昔人创制城邑,经度土宜,其为民生计者,无不至周且备。后之人坐享其利,视为固然。迨时移世改,故老无存,或且委于草莽。百数十年之后,若灭若没,其名仅存。即有志复古者,亦以无迹可求。废然而返,比比然矣。如二沟者,非夫二公之命与夫二三子之力,何能旬月之间而使百年遗利废而还复哉?爰书其事,并绘图说于后,以为后来者之考证焉。

【作者简介】

黄德溥,生卒年不详,字子厚,广东连州人。有《千顷斋诗草》《红叶村诗钞》。

【注释】

[1]刘彝(1017—1086),字执中,福州(今福建长乐)人。北宋著名水利专家。登庆历进士第,调高邮簿,移朐山(今江苏连云港)令。神宗(1068—1085)时,除都水丞。寻知虔州,后加直史馆,知桂州。元祐初,复以都水丞召还,病卒于道。勤劳公事,体恤孤老,兴修水利,劝教种艺,平衡役赋,抑制奸猾,被称为"治范"。

[2]潢汙:亦作"潢污"。聚积不流之水。

[3]己巳:同治八年,1869年。

[4]承乏:暂任某职的谦称。

[5]邑乘:县志,地方志。

[6]修浚:修理疏通。

[7]穷源竟委:谓深入探求事物的始末。

附:福寿沟图说

清·刘 峙

赣城福寿二沟,或云宋太守刘彝所作。沟广二三尺,深倍之。甃以砖,覆以石,纵横纡曲,引东南北诸水,从涌金门出口注于江。

岁久失踪,居民架屋,水道阻塞。每大雨,街衢庐舍,溢而为沼,民病丛生。

同治八年,观察文公、太守魏公悯之,亟图修复。委余与徐君勤复循途按迹,颇得遗址复命,即委邑侯黄集诸绅会议修理[1]。当出示谕[2],百姓欢腾,以官民协力,轻便易成也。计自起事迄功成时,仅九月,而商民颂德谓:"数百年未复之事,一旦举而行之裕如也[3],信乎,必待其人而后行乎!"因详为绘图,而附其说于后。

【注释】

[1]会议:会商讨论。

[2]示谕:告知,晓示。常用于上对下。

[3]裕如:形容从容不费力。

安 澜 园 记

清·陈瑊卿

【提要】

　　本文选自《园综》(同济大学出版社 2004 年版)。

　　安澜园遗址在今海宁盐官镇。宋靖康间,太原守将王禀以身殉国,宋高宗遂封以"安化郡王"号,召其孙王沆袭爵,赐第于盐官,即今海宁盐官镇上,其地旧有安化坊之名。王氏园景物在本书宋辽金元卷有《王氏园亭记》。

　　元朝,王氏后人已分迁各处,远离盐官,王氏园易主。明代万历间,园归邑人、太常陈与郊所有,因其在城之西北一隅,故改名"隅园"。陈与郊得此园后,"筑而新焉",有竹堂、月阁、流香亭、紫芝楼、金波桥诸胜,但园子面积才 20 亩。与郊晚年,因其子招致人命冤案,园子等籍没入官。后,陈与郊从曾孙陈元龙以 82 岁高龄、官至文渊阁大学士兼礼部尚书时才乞得雍正恩准休归乡里,"窃幸初心之获遂也",因此将前些年所得的园更号"遂初"。陈元龙"扩而益之,渐至百亩,楼观台榭,供憩息、可眺者三十余所",但此时的园子"制崇简古,不事刻镂"。

　　陈元龙乞休归里时,其子翰林编修陈邦直(号禺亭)奉雍正之命,亦同时辞官归里,侍养老父。可是,陈元龙归来才三年,便去世,陈邦直成了园子的主人,直到乾隆四十二年(1777)83 岁逝世,在这里整整享了 44 年清福。

　　陈邦直时期,安澜园进入美轮美奂的辉煌期。清徐啸秋《海上旧闻》载:"闻缔构时,凡树石之属,皆破城垣而进,可想见当时势力。"为了运送古树和假山石,竟至因城门口狭窄而掘掉一段城墙运进来,在封建时代,倘非朝廷恩准,谁敢如此大胆!至于所耗人力物力财力之巨,则更不在话下。

　　如此竭尽全力营造,是因为迎接乾隆皇帝。乾隆为巡视、筹划和决定浙江海塘工程,曾六度南巡,其中后四次都来到历史上潮汛最严重的海宁,借住在陈氏遂初园里,以方便指挥、筹划。乾隆驾临,陈邦直受宠若惊、喜惧交加,设法"复增设池台,为驻跸地"。由于修饰朴素,乾隆住在园中的"赐闲堂"(亦称"静明书屋")里,作诗为文,欣赏陈氏所藏书家名迹,"龙心大悦",初次到来即题名并御书"安澜园"三字榜于门楣,取义安江晏海,祝祷从此海患尽除。

　　安澜园,皇家气派。深谙园林三昧的沈复在《浮生六记》中写道:"游陈氏安澜园,占地百亩,重楼复阁,夹道回廊。池甚广,桥作六曲形,石满藤萝凿痕全掩,古木千章,皆有参天之势,鸟啼花落如入深山。此人工而归于天然者,余所历平地之假石园亭,此为第一。曾于桂花楼中张宴,诸味尽为花气所夺……"从园门进入安澜园,经乾隆御碑亭到军机处,北路有太子宫、天架楼、佛阁等,最终通向园林的主建筑"寝宫"。西路次第现十二楼、漾月轩、映水亭、群芳阁,其后与寝宫相连。中路还有御书房、古藤水轩、飞楼、环碧堂等。寝宫原名赐闲堂,楼中恭悬"林泉者硕"赐匾。全园有景点 40 余处,如和风皎月、沧波浴景、石湖赏月、烟波风月、竹深荷静、引胜奇赏、曲水流觞等。清代著名学者、浙江巡抚阮元就以园中各个景点为题,写了《海宁安澜园杂咏》五绝 11 首,包括:御题水竹延清、御题筠香馆、天香坞、群芳阁、漾月轩、碕石矶、烟波风月、和风皎月、古藤水轩、掞藻楼等。

乾隆驻跸期间,这里不仅是皇上的歇息之地,也是接见、宴请各地朝觐大臣的地方。该园巧妙的结构深得乾隆喜爱,图画以归,在圆明园中按此园布局仿建,园成之后因其"左右前后,略经位置,即与陈园曲折如一无二",亦题名为"安澜园"。

陈邦直去世以后,一代名园渐渐毁于其后人之手。

园 于城之西北隅,曰:隅园,隅阳公故业也[1]。归文简相国[2],始号"遂初"。迨愚亭老人[3],扩而益之,渐至百亩,楼观台榭,供憩息、可眺游者三十余所,制崇简古,不事刻镂。乾隆壬午,纯皇帝南巡,复增饰池台,为驻跸地[4]。以朴素当上意[5],因命名以赐,园由是知名。

曲巷深里之中,双扉南向,来游者北面入数武,有亭翼然,巍石特立,刊纯庙赐题五言诗,驻驿凡四次,故碑阴及旁皆遍焉。稍折而西,历一门,中为甬道,左右古榆数十本,参天郁茂,垂枝四荫。道尽,为门三楹,御书"安澜园"三字榜于楣[6]。少进,又一门,而缭以垣,不复可直望。乃更西,折入小扉,为廊三折,而至沧波浴景之轩。轩面池,有桥焉,曰:小石梁,为入园之始径云。自轩后东出,有屋九架,背于前而面于后,左右皆厢,庭平旷,历阶而登为正室。由其左循廊而入,后又有室,左右亦各翼以厢,是内外二室者,老人所自居,故并未有名。

老人秉资高明,早直丝纶之阁[7],及奉相国考终[8],遂幡然定谋,养志林泉,平居不即于宅而于园,偃仰啸傲,夷犹几三十年[9]。春秋佳日,招集群从,酌酒赋诗,效李青莲桃李园之会[10]。又嗜音律,蓄家伶,遇宴集,辄陈歌舞,重帘灯烛,灿若列星。老人中座,年最高,而风采跌宕,若神仙然,一时从容闲雅之色,播闻远近,人争慕之。

小石梁之西,戟门双启,内藤花二树,共登一架,架可盈庭,径必自其下而入。春时花发,人至游蜂队中,紫英扑面,鬓影皆香。其南为堂,旧名环碧,今奉御书"水竹延清"及"怡情梅竹"二榜于中。堂后为楼,面广庭,负曲沼,幽房邃室,长廊复道,甲于一园,入其内者,恒迷所向。凡自仁庙以来所颁宸翰[11],及驻跸时陈充上用燕赏玩好之器[12],并贮楼中。

楼前曲折而右,有轩然于湖上者,和风皎月亭也,三面洞开,湖波潋滟。秋月皎洁之时,上下天光,一色相映。北瞻寝宫,气象肃穆;南顾赤栏曲桥,去水正不盈咫;西望云树,苍郁万重,意其所有无穷之境。

其南十数武,为澂澜之馆,以补亭望月之或有不足。别有廊南行,以达掞藻楼之西偏。掞藻楼者,居环碧堂之西,檐梠与堂逦迤相接[13]。旁有桂六七树,开最早。楼四面皆丽廔[14],南则其正向也。阶濒池,砌石作洲,暗水入于其际,可供泛觞,因摹右军"曲水流觞"四字颜其前[15]。北埘有契神玉版石,镌御临东坡尺牍数行。自古藤水榭西来为环碧堂,又西来至此,皆面水,隔岸有山,亦合沓而西,为之障焉。

由楼右小庭垣角斜出,即为赤栏曲桥。既过桥,历山径二十余武,豁然开朗,一亭中立,椫桂十余本周绕之[16],天香坞也。群芳阁踞其东南,由阁底入,更东南行,绕漾月轩之后,而入于其中。轩东向,濒水,故其前不可入也。迤南,沿池为隄,过竹扉,转向东行,经一亭,可六七十步,始北转,至十二楼。

南向面水者,为南楼,其左东向者,为东楼,转而北向者,为北楼,亦面水,与古藤水榭斜相望。由南楼之西,有山路达于水滨,水似溪,通以小矼[17]。过溪,山下有堤,南行陟山,寻折西而北,登群芳阁。道旁有树,本分而复合者,交枝枫也。若不陟山,则缘堤北行,出于阁下,复经天香坞,斜趣西北,入月门,经一小楼,又西北,入一扉,睹木香满架,架旁翠竹,幽荫深秀。

西走,折而北,出水次,小堤迤北而接以虹梁,称环桥。桥之南,西折入竹扉,有亭北向,为方胜之形。亭后修竹秀石,翛然意远,迤西东向跨水而居者,为竹深荷净,环桥上当其面。左出,过璞石之桥,甚小,可一人行。转向池之北岸,沿之而东,十三四步,有径北去,循行至筠香之馆,馆之名,纯庙之所命也。盖是处多竹,左右翠竿弥望,内外不相窥,故得是名。馆左丛竹之中,又别有径东去,复曲而南,环桥之北,当以山壁,绿筱蒙密[18],路顿穷。循壁西转,其途始见。旁有小屋临池,可望竹深荷净。一门在道左,窥之,琅玕正绿[19],即筠香馆东别出之径也。东行数武,北望,有层楼耸然,掩映于竹树之间,意复为之无尽,然无他奇径,亦至楼(而)止耳。

舍是而东,倏入山径,左右皆高岭,古木凌汉[20],风篁成韵,池亭台馆,不可复见,仿佛有猿啼、狖啸、鹓鹤悲鸣之象。向登和风皎月之亭,所言“西望云树,苍郁万重”者,至此始信其境之果不同也。山渐开,径亦渐宽,一举首而寝宫在望矣。寝宫旧称“赐闲堂”,自奉宸居,而其额遂撤。为屋三架,架各三层,譬井田然,周以步栏,三面若一,皆拾级而登。东则别为二廊:前一廊东去,为梅林山,遍种梅,厥类不一[21]。林尽,板桥隔岸,有屋相接,即环碧堂之后楼也;稍北一廊,亦东去,入一门,有屋三架,后有楼亦如之,以为宸游翰墨怡情之所。

其东,皆曲屈步廊,一东,一南行,或接以飞楼,或联以栈阁,委宛而达于老人自居之室。宫后一峰矗立,多植筼筜[22]。西北有磴可上,逼视城陴。自山径来,在宫之右,转步而前,庭广数亩,宽平如砥,栏俯清流,縠文渺远[23],望隔湖山色,在烟光杳霭之中。夏日荷翠翻风,花红绚日,虽西湖三十里无以过之。

缘湖西南堤行,抵碕石矶,有亭俯于水滨,可偃卧垂钓。返行数武,有登山之径,在绿筱间,寻之至巅,又一亭,榜曰翠微。四围皆箭竹,密不可眺瞩。绕亭而北,亦有径可下云。若命舟,则于梅林板桥之西,便可鼓枻西入于寝宫前之大湖[24]。又西,循堤而行,南过碕石矶,有港西北去,遂入环桥,迄竹深荷净、璞石之桥而止宫前。放乎中流,东南过曲桥,分两道:一南行,水渐狭,经群芳阁下之堤,过石矼,乃出溪口,西至漾月轩,而东迄于十二楼之南楼;一东行,经揽藻楼与环碧堂及古藤水榭[25],乃北转,过小石梁,又北入于飞楼,亦渐狭,不胜篙楫,然涓涓者,仍西流而达于梅林之板桥焉。

若夫负陵踞麓,依木临流,或藤盖一椽,或花藏数甋[26],因地借景,点缀闲闲[27],皆有可观,不能殚记。

嗟乎! 天地之道,以变化而能久,故成毁恒相倚伏。蛇虺狐兔之区[28],忽焉而湖山卉木,骚人文士,佳冶窈窕,听莺而携酒,坐花而醉月,览时乐物,咏歌肆好,日落欢阑,流连不去,何其盛也! 至于水阁依然,风帘无恙,而其人既往,事不可追,有心者犹俯仰徘徊,兴今昔之感,矧当华屋山丘,遗踪歇绝,其慨叹当复何如耶? 夫自湖山卉木而更渐,即于蛇虺狐兔之时,非数百年不能尽复其故,而硕果之剥,必有值其时而无可如何者。又况生也有涯,神智易敝,更不若草木之坚与花鸟之往来无息也,不尤可太息耶? 自老人没,一再传于今,园稍稍衰矣。然一丘一壑,风景未异,犹可即其地而想像曩时。过此以往,年弥远而迹日就湮,余恐来者之无所征也,故记之。

【作者简介】

陈璟卿,生平不详。

【注释】

[1]隅阳公:即陈与郊(1544—1611),原姓高,字广野,号禺阳、玉阳仙史,海宁盐官人。万历二年(1574)进士,累官至太常寺少卿。二十四年,上疏乞归里,隐居盐官隅园,埋头著述。工乐府,雅好戏曲。

[2]文简:即陈元龙(1652—1736),字广陵,号乾斋,谥文简。

[3]愚亭老人:即陈邦直。

[4]乾隆壬午:乾隆二十七年,1762 年。纯皇帝:乾隆谥号为"纯",故称。驻跸:皇帝后妃外出,途中暂停小住。

[5]当:合,与……相称。

[6]榜:谓书额。

[7]丝纶:《礼记·缁衣》:王言如丝,其出如纶。后因称帝王诏书为"丝纶"。丝纶之阁,谓草拟诏书的地方。

[8]考终:谓享尽天年。陈元龙官位显赫,先后任广西巡抚、工部尚书、礼部尚书。雍正七年(1729)授额外大学士,寻授文渊阁大学士兼礼部尚书,十一年(1733)以老乞休,加太子太傅衔优越致仕。

[9]夷犹:谓从容优雅。

[10]李青莲:李白,号青莲居士。有《春夜宴从弟桃花园序》:会桃花(《文苑英华》作"桃李")之芳园,序天伦之乐事。群季俊秀,皆为惠连。吾人咏歌,独惭康乐。

[11]仁庙:指康熙。宸翰:帝王墨迹。

[12]燕赏:指玩赏。

[13]檐楣:屋檐。

[14]丽廋:雕饰美丽明亮的窗户。廋:音 lóu。

[15]右军:即王羲之。曾为会稽内史,领右将军,人称"王右军"。

[16]梫:音 qīn,即桂树。

[17] 矼:音 gāng,桥。

[18] 筱:音 xiǎo,细竹子。蒙密:茂密。

[19] 琅玕:翠竹的美称。亦作"琅玕"。

[20] 凌汉:谓高。犹凌霄。

[21] 厥类:其类。

[22] 篔筜:竹名。皮薄、节长、竿高。

[23] 縠文:喻水波。

[24] 栧:音 yì,船桨。

[25] 掞藻:铺张词藻。掞:音 shàn,舒展,铺张。

[26] 甋:音 dì,陶制容器,似瓶。

[27] 闲闲:从容,悠闲。

[28] 蛇虺:泛指蛇类。虺:音 huī,毒蛇。

锦纶会馆重修碑记

清·何翱然

【提要】

　　本文抄自广州荔湾区康王路锦纶会馆内,参阅《广州碑刻集》(广东高等教育出版社 2006 年版)。

　　始建于清雍正元年(1723)的锦纶会馆,是当时广州纺织业(即锦纶行)的老板们聚会议事的场所,见证了中国资本主义的萌芽,也是海上丝绸之路的重要遗迹,是广州市唯一保留较完整的清代行业会馆。

　　锦纶会馆原位于下九路西来新街,是一座清代祠堂式建筑。雍正年间,广州数百家丝织业主共同出资兴建,目的是供奉"锦纶行"(即丝织业)祖师"汉博望张侯"张骞。传说,当年张骞出使西域,"得授支矶彩石",带回丝织技术。于是,广州丝织业同仁集资建锦纶会馆以纪念他。

　　会馆是岭南典型的祠堂式公共建筑,初期只有一路、一院、两进、三开间,东侧有一个侧门向西的厨房。后来又增加了第三进,并添建东厅、东阁以及西厅、西阁等。建筑布局,从正面看,会馆呈明显的左、中、右三路布局,左路为青云巷、东厅东倒座,中路为门庭、中堂、后堂,右路则包括西厅、后轩、西倒座等。会馆现存面积近 700 平米,坐北朝南,其石刻、木雕及陶塑、灰塑等,体现了岭南建筑的灵动和秀丽,如:头门脊饰顶端的"鳌鱼护珠"陶塑,塑造的是飞翔在云天的鳌鱼形象,鳌鱼的长须伸向晴空,显得气势非凡。而蚝壳拼凑的西关满洲窗则是匠心独具。锦纶会馆中路第三进上方两个采光窗,面积不大却精美剔透,这是用数百个蚝壳拼凑、镶嵌在木花格中制作而成的。

　　会馆内还存有 21 块历史价值厚重的碑记,考古学家认为,这些碑刻为锦纶会馆的历史价值及清代广州的丝织业情况研究提供了宝贵的文史资料。从碑文可得知,会馆虽历代都有重修,但现存的建筑是在道光年间基本形成的,且当时的建筑规模远大于现今遗存。

广州手工业素有"广货"的美誉,丝织业又为各业翘楚。广州丝织品贡奉朝廷,又远销海外,以外销货居多。史料载,按销售地域,锦纶行可分为五行,即安南货行、新加坡行、孟买货行、纱绸庄行及福州货庄行。粤海关档案显示,1878年,在出口货物中,丝及丝制品占总值1 500万海关两中的850万。清朝奉行海禁,乾隆二十二年(1757)以来只剩广州"一口通商",从广州出发的海上丝绸之路通往日本、南亚各国及拉丁美洲各国。鸦片战争前,泊停广州的洋船每年多达200艘,税银突破180万两。1850年,广州在世界城市经济十强中名列第四,1875年仍列第七。现在,广州市内的"海上丝绸之路"遗址共有20多处,包括南海神庙、怀圣寺光塔、光孝寺、清真先贤古墓、沙面西式建筑等。锦纶会馆作为锦纶行东家的聚会场所,更是广州与亚洲各国贸易往来的重要地标性建筑。

1920年,国民政府要将锦纶会馆收入公产,孙中山获悉后,立即批示要"永远保留"。2001年,广州修建南北主干道康王路,锦纶会连同地基向西北完整平移近百米,移动面积达668平方米,重2 000吨。平移后的锦纶会馆呈南北走向,正门面向南方,东侧(右)是康王路。

稽古衣裳组织设自轩辕,而九章五章则因时损益[1],是织造非博望侯始也。

我粤东创立锦纶会馆,师事张骞侯者何?居尝闻上也服色纯朴,文饰彩章,至周始备,然当时后世尚论者咸称汉代衣冠。张侯,汉臣也,奉使乘槎浸苑[2],得授支矶彩石,归而售世组织之道,遂得精微之巧。我粤锦纶诸弟子不能祖述皇帝而宪章博望侯,北面事之,端为是欤!

第不创于前,虽美弗彰;不继于后,虽盛弗著。斯会馆也,其经营建立及改作正座,维时勤事[3],前后诸先辈疲心竭虑以成美举[4],得梦瑶、昌圣何梁两夫子表扬赞颂,勒碑刻石,至今瞻仰,称美不衰,无庸赘及。

岁在丁巳,日躔鹑火之次,烈风暴雨吹塌脊面,簷倾瓦解,不堪寓目,非尊师重道之诚意,登斯堂目击兴怀也[5]。爰是集议重修,卜云其吉,适逢其会,行情振作,天时人事,两得其宜;竹苞松茂[6],不日成之,皆莫非先师在天之灵默护其间,亦十二股诸弟子踊跃诚心所至也[7]。总理值事等何功之有?所剩余波,晋贮出息[8],预备改作东厅费用,或廓而大之,后先济美,以俟君子。

司事弟子何翱然顿首拜撰[9]。

道光六年九月上浣谷旦勒石[10]。

【作者简介】

何翱然,生平不详。

【注释】

[1]九章:古代帝王冕服上的九种图案。五章:指服装上的五种不同文采。常用来区别

尊卑。

　　[2]乘槎:亦作"乘楂"。乘坐竹、木筏。《荆楚岁时记》:汉张骞奉命出使西域,乘槎经月,到一城市,见一女在室内织布,后带回织女送给他的支机石。

　　[3]勷:音xiāng,古同"襄",助,辅助。

　　[4]疲心竭虑:指费尽心思。

　　[5]丁巳:嘉庆二年,1797年。日躔鹑火:节气在大暑之后,是时南方多台风。光孝寺在1797年六月遭台风,损失惨重。躔:音chán,天体的运行。眷面:按:疑有误。

　　[6]竹苞松茂:谓松竹繁茂。比喻家门兴盛。苞:茂盛。

　　[7]十二股:碑文称,"各股起科工金开列(每机一钱)",12股共凑工金415两1钱,可见当时锦纶会馆名下织机数量之庞大。

　　[8]晋贮:即进贮,贮藏。

　　[9]按:原文下列有总理值事、认领工金、贡献物品名单,略省。

　　[10]道光六年:1826年。上浣:上旬。谷旦:初八的早晨。旧时,以正月初八为谷的生日,称谷日、谷辰。后每月的初八日亦称之谷。

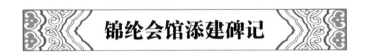

锦纶会馆添建碑记

清·何翱然

从来事以率由旧章而尽善,亦有制度随时代以少变而尤善者,因革损益之宜,审时度势之法,非可以一律拘也。

　　粤稽我锦纶会馆始自前人,于雍正癸酉年择城西西来胜地一隅而卜筑之[1]。庙宇基址深两大进,左旁为厅厨,右旁为横门,出入之路前建照墙[2],头进门外留余地,以为东西往来行人经游通衢也。地形广延,规模宏丽,坐向得宜,其所以妥祀汉博望侯张骞先师之灵,使其享庙食于无穷则利赖后人者,诚甚善矣。

　　厥后乾隆二十五年、嘉庆二年两次重修[3],仍照旧址。迨至道光五年[4],后人见其局势浅狭[5],遂添建后座,迁师圣像而安奉焉。改右旁为四厅,左旁为横门,崇其垣,殖其庭,伉其门[6],栋宇辉煌,堂局舒展,气象以颇胜于前。

　　惟是渐次人事乖张,与情少洽[7],爰集酌议,寅延南邑痒陈子刚老师、冯芝彦老师合为订论曰[8]:"先师圣座及横门之路俱以照鼎建始基章程为例。至于右旁有受杀之处,宜于照墙余地东南隅高建一财星楼以镇挈,则福荫自靡艾也[9]。"斯时人心踊跃,有三年值事协同鼎力劝签,鸠工庀材,不数月而此事遂成。

　　始于道光十七年七月[10],报竣于是年十月,动用浩繁,功成甚速,非藉先师之灵,何以有此? 虽于旧章少有变易,而其斟酌尽善、相地度形、因时损益以利后者,岂不较前而尤善哉！是当勒石以垂永久。

喜认工金芳名列左：

（捐款人姓名款目略）

道光十七年十一月吉旦立[11]。

【注释】

[1] 雍正癸酉：1733 年。

[2] 照墙：即照壁。

[3] 乾隆二十五年：1760 年。嘉庆二年：1797 年。

[4] 道光五年：1825 年。

[5] 局势：即规模布局。

[6] 伉：强健。此指加固。

[7] 少洽：指(意见)分歧，不统一。

[8] 寅延：敬延。

[9] 靡艾：谓不停止。艾：停止，完结。

[10] 道光十七年：1837 年。

[11] 吉旦：农历每月初一。

重建静安寺记

清·李朝觐

【提要】

本文选自《上海碑刻资料选辑》(上海人民出版社 1980 年版)。

上海市著名古刹之一———静安寺，相传始建于三国吴大帝孙权赤乌十年 (247)，创始人为康僧会。初名沪渎重玄寺，寺址位于吴淞江(今苏州河)北岸。唐代该寺更名为永泰禅院，北宋大中祥符元年(1008 年)始名静安寺。南宋嘉定九年(1216)，因寺址逼近江岸，寺基有倾圮之危，住持仲依将寺院迁至芦浦沸井浜畔，即现今寺址———南京西路 1686 号。

静安寺迁至今址后，规模逐渐扩大，至元时，蔚成巨刹。明洪武二年(1369)，铸洪武大钟，耗铜六千斤，上有"洪武二年铸，祝皇太子千秋"铭文，至今鸣响大殿，声洪震远。清初以来，静安寺屡经兴废，后毁于太平天国战火，唯余一座大住持殿。光绪三年(1877)，住持僧鹤峰募捐重建山门和佛殿，因捐资不继，被迫停工，致使佛像戴笠披蓑，受雨淋日炙数年。光绪六年(1880)，他在缙绅李朝觐、邑绅姚曦、浙江富商胡雪岩等襄助下，重建静安寺，翌年四月初八落成。按佛教仪轨举行隆重的浴佛节，"沪居之人，四远云聚，其乡曲老稚、士女车马之众，海外之音尘，皆往观佛以游于寺"。可谓车水马龙,士绅商贾辐辏,蔚为大观。自此形成有名的一年一度静安寺庙会,"三月三到龙华(看桃花),四月八到静安(逛庙会)"遂成为沪上民谚民俗。由李朝瑾所撰《重建静安寺记》碑文今仍保存于大雄宝殿前壁。

静安寺是上海著名古刹,1912年成立的第一个全国性佛教组织——中华佛教总会的会址就设于此。

沪渎迤西行四五里,蔚然环村落闲者,曰芦浦。有古丛林居僧焉,则静安寺也。考诸志与孙吴时碑所年月,寺始大帝赤乌中,实从沪滨迁此,于唐为永泰禅院。静安者,宋祥符元年所易名也。更元历明,逮国朝乾隆初,歙人孙思望出醵钱重修[1]。寺百余年至今,几再废矣。而故西晋时,浮江来石佛者犹在。钱氏王吴越[2],建瑜伽道场,所谓毗卢遮那像者,即佛也。以祷晴雨,有应弗益,神诚有裨于民。寺之固宜,亦以答民之所以思其功。

光绪丁丑[3],寺僧募工材,谋将新寺山门与佛所殿。而晋、豫以大祲告[4],东南荐绅长者,乃相率出钱谷,助赈纷纭,倾解囊橐以救饥,鲜复助寺僧者。

余乃商之里人暨甬东同客沪者,与其邑人士诸君子,谓唐景星、朱青田、王克明、戚增三、郑陶斋、邵春棣、曹青章、姚少湖、王介眉、贾云阶、郁正卿、张正卿、梅再春、姚右孙、姚悦三、曹润甫也。则相与发愿,济晋、豫诚急也,顾寺之再兴也,即亦非异人责也。

于是论者或讽余,则应之曰:"鄙人固竭蹶以从赈事者也,谓寺之工之急于赈不可也;而旱涝之不时,则固天与人所无如何,而人所时有求于神之事也。静安寺之佛,古之人以晴雨祷之而验矣,以赈逮而露佛,以颓其居,则胡以有事而祷为?"议遂定。

于是合力劝分,各率以财,不日而寺事咸集。肇工自庚辰三月,明年辛巳落成,时四月八日也。

住持僧乃用彼法浴佛,沪居之人,四远云聚,其乡曲老稚[5]、士女车马之众,海外之音尘,皆往观佛以游于寺。时晋、豫既赖赈以全活矣。凡游者摩挲赤乌时碑及陈所植桧,以登讲台;访涌泉,探绿云之洞,濯缨于虾潭,求故沪渎遗垒,沿而观芦子渡所经流处,咸快然坐领其胜,无复向时西望愁苦之意,其心益欢。脱长此游宴,结太平山水之缘,无晋、豫之事,以祷祠烦于佛,则遂谓徒以供游赏临览,而用力于无用之地,亦虑始者所不欲自辨而私幸于心也。

光绪九年冬十月[6],香山李朝觐记[7]。

【作者简介】

李朝觐,生平不详。

【注释】

[1]醵钱:凑钱,集资。

　　[2]钱氏:指五代时吴越王钱镠。

　　[3]光绪丁丑:1877年。

　　[4]大祲:常作"大侵"。严重歉收,大饥荒。

　　[5]乡曲:乡里,亦指穷乡僻壤。老稚:老人和小孩。

　　[6]光绪九年:1883年。

　　[7]按:原文下有捐者名单。如"胡雪岩,银五百两。邵春棣,长梗木梁两根,银一百两"等。

喻 园 记

清·徐 琪

【提要】

　　本文选自《广州碑刻集》(广东高等教育出版社2006年版)。

　　"粤东学署为南汉南宫旧迹。"徐琪开宗明义,药洲、转运使署、濂溪书院、提学署都曾选择这里。

　　徐琪所葺的喻园为岭南庭园中年代最古且有实物可稽者。五代南汉时,园名"仙湖",用湖石、小堤、石洲等,衬托出"洲渚"特征。五代时刘岩割据岭南,立南汉国,建都广州,兴建王府,筑离宫别院,在城西凿湖500余丈,地连南宫。湖中沙洲遍植花药,名药洲,药洲中置太湖及三江奇石。置名石9座,名"九曜石",后世俗称"九曜园"。这一带湖、桥、石、花组成风景绝佳的园林胜地,写下广东古园林史精彩的一章。北宋统一岭南后,药洲成为士大夫泛舟觞咏、游览避暑胜地,名为西湖。后来在此处建有一座园林名环碧园,以药洲中的九曜石为主景.一泓绿水,碧波荡漾。湖岸花木葱茏.浓荫处处,成了北宋时广州城中的著名风景地。神宗熙宁、元丰年间(1068—1084),官绅经常在此园中泛舟饮宴,雅集吟诗,盛夏时则在此避暑纳凉。米芾在九曜石上题"药洲"二字。九曜石高3.4米,石形似鳌鱼。1988年维修时把石升起约2米,在石底部有明嘉靖年间题刻的"此即九曜第一石也"。还有清代书法家翁方纲题刻的篆书"拜石"和隶书"龙窟"等题刻。

　　明朝成化年间,文溪改道,西湖水源断绝,开始淤塞,再加上人为填湖.致药洲水域越来越小,兴盛一时的文采风流渐散。清初康熙年间(1662—1722),曾任广东提督学政的经学家惠士奇在其间建造了一只石船,为园中一景。以后乾隆、嘉庆数朝,督学广东的翁方纲、姚文田、翁心存、王植等都曾先后"浚池补莲,搜剔榕根",挖到不少宋代石刻,其中就包括翁方纲发现的米芾"拜石"。同时又环湖岸种树栽竹,植奇花异卉。后来在石下发现了一股清泉。

　　"于是,清池翠壁,空明澄鲜"(《环碧园记》)。可惜,此园虽名声不小,却难挡一步步被填湖蚕食的命运,面积越来越小。徐琪光绪十七年任广东学政,"下车之十日,自行馆移入","亟访所谓药洲者,则池水垫淤,气不可迩向,甚至败敝展,无一不没其中"。米芾所拜的"拜石虽遥遥望见,而泥浊环积"。随后一个月,徐琪命人"去垢秽至数千斛",开始整治、再建药洲。补莲亭、水石清华舫、莲柯并萼斋、光霁堂、鸾藻轩、瑞之堂、校经庐、国香三瑞斋、迎辉室、寻仙访岳亭……还把光霁堂之西室名之为"喻学斋",环碧园也改名为"喻园"。

徐琪还专门为之写下《药洲学署八景诗》和《记》。后来,喻园又改名为九曜园。

粤东学署为南汉南宫旧迹。其东有池水焉。盖相传药洲者是也。先是宋嘉祐时[1],即其处为转运使署。明宣德间[2],移春风桥之濂溪书院于此。正统时[3],复为崇正书院。嘉靖元年乃改为提学署[4]。国初平藩蹂躏,迁署于育贤坊。康熙二十二年[5],张雪书先生莅此,始复还旧地。今所居者,皆雪书先生之遗也。

余未至粤,读翁覃溪学士《金石略》,观池上宋元诸石刻而艳之。及奉命视学是邦,下车之十日,自行馆移入,亟访所谓药洲者,则池水垫淤,气不可迩向[6],甚至败蔽屋,无一不没其中。至欲求古刻,惟许觉之一石尚在池旁。拜石虽遥遥望见,而泥浊环积,舟无可通,涉亦没踝,因命浚之。

历时一月之久,去垢秽至数千斛。清泉夜发,下见沙痕,遂以新土培之,植莲其中。见池南向有隙地,雪书先生曾欲于是处筑"爱莲亭",因成其志,而筑"补莲亭"于上,别详亭记。此余葺喻园之始也。

"补莲亭"既成,适检《何梦瑶诗注》[7],有谓学使惠公构水石清华舫于亭北,摘龙门句为柱联。因思所谓亭者,即"拜石亭"也。今亭则不存,而拜石固在,爰就其址筑为舫斋,即仍其旧名,而题曰"水石清华舫"。复离而为二,其东一室以池上有古榕与墙北一榕连理而生,而补莲之后,次年六月,池中药薏忽开并蒂[8],因名之曰"莲柯并萼斋",为佳士汇征、联翩科第之庆也。

再东为小廊,则覃溪学士摹苏书"约经堂"三字处[9]。稍折而南,则寻仙访岳亭在焉。何以仙岳名?则以仙掌石上有陈九仙题名,与米海岳诗刻而云然也[10]。

先是覃溪学士觅仙掌石米诗不得。翁文端公来[11],剔去榕根而其迹始显。余浚池后,仙掌虽露,而米诗仍不见。因翁记有"东规数尺"语,意必要陈九仙诗刻之右,然石上只见九仙题名而米刻杳然。盖为后人筑廊所掩又数十年矣!因试抉而观之。初以为未必遽得,乃再去数甓,已有痕如锥画者,熠熠于苔藓之中,亟以水洗剔,而米诗全首具在,欣喜若狂。又察其形势,始知此石旧实矗立。仙掌石指向上,米老与九仙皆直,虚其左以待后题;九仙后至,则刻于左。不知何年为榕根所压,此石仆而入水。故海岳与九仙字皆向上,仙掌则在石侧。其下有小洞,洞中亦有诗刻,即覃溪所得顾孺修、萧子鹏二书处,所谓"仰卧而摸,隐隐有字者"是也。

余初拟掀而起之,因见其石有裂纹或至倾侧,且上为大榕所踞,恐石动而榕根随损。若任其自然,设他日更有筑廊于上者,则米老之诗将复晦,因为小亭复之,虚其下有若扁舟,启其片木则可俯拓米诗,掩之则不堪促膝,复以巨石横置其下,题曰"米海岳诗刻,陈九仙题名",而备志其因委。此字大而易见,后有见余之石者,即知此下所有,并移文端立石上于亭中,以资印证,而海岳之刻庶历久而弥彰乎?

出舫斋而北,即旧时之平台,度平台而北,即向之"光霁堂"。此堂实园之主屋。汪柳门师会葺之[12]。余亦为稍加粉饰,而于其西别为长廊,曲折以绕廨内之后,其廊之外皆修竹,人行其中,绿映襟袖也。余辛卯出都时,家寿衡师赋诗为赠,有"天遣吟诗赋鸾藻"句,因取诗意所在而名之曰"鸾藻轩"。平时校阅文字,批判文牍实燕处于此[13]。

自轩而出,循竹迳东行,旧有小阜,无用也。余行经阳山,曾捐廉修昌黎读书台[14],人以为喜。昌黎不可骤几也[15],书则人所共读也。因稍稍平治,周以短栏,置石几于中,即袭昌黎之意,亦名之曰"读书台"。若中秋可至此玩月,重九又可为茱萸之会,不必寻天柱龙山也。

台之东南有井一,即姚文僖所谓有泉出西北,名之曰"种花泉"者。旧无井栏,夜行殊可虑。乃凿大石为栏,系以铭而志之。日汲者,闻辘轳声,若春田之桔槔[16],亦颇可悦。

自此循廊而南,有亭东向。余以宋转运使署旧有"瑞芝堂",而余拜命之秋,是年都下寓庐,适生芝九,冯君文卿因以改七芗先生所画九芝图为余赠行,至此又有"瑞之堂"也。因摹刻七芗先生画于中,名之曰"瑞芝"。

自此而南,再折而东,即为补莲亭。出补莲亭而东,再折而南,旧为瓦砾,顾其旁有巨榕。余视之,因独有可为屋者,乃就东向筑三楹,面对修竹。药洲池水皆从渠汩汩而下,直达东海,旷然不知所居之在城市也。时方校俞曲园师《茶香室经说》[17],因名之曰"校经庐"。人以余在罗定得《并蒂蕙赋》《国香三瑞诗》,因名其南一室曰"国香三瑞斋",以其皆面东也。复名其北一室曰"迎辉室"。

自庐而北而东,旧有小亭,未有以颜[18]。余观钱衎石先生为王晓林阁学作《园记》云[19]:学使之廨,环碧之园。传为南汉药洲故址。则道光时园因以"环碧"者。然此二字但言园中竹木之美,于学问之道无涉。余故不以名园,而此亭适在丛竹之中,于义颇合,因以此二字名之,以存其旧。

出亭再东而北,有神祠三楹,祷祀辄应。初不知所祀何神也。余按雪书先生《考古记》云:岁久湖湮,嘉定元年[20],经略陈岘疏凿之[21]。辇石为山,建堂其中。洲后有白莲池,池上建奉真观以祀五仙[22]。然则此祠所祀仍五仙之神,实奉真观旧址也,因题曰"奉真遗迹",朔望皆致礼焉。

自此而北则史仲韩、钱衎石两先生所作《园记》,与关曙笙尚书所书"药洲"二字[23],姚文僖书"濂溪遗址"四字俱在壁间,再北则达"寻仙访岳亭"矣!然读雪书先生《考古记》谓宋熙、丰间[24],士大夫元夕、上巳[25],往往泛舟殇咏,或从此避暑。而绍兴九年[26],连南夫题名亦有"春水新涨,小舟初成"句[27];绍兴壬午吕少卫又有"泛舟观九曜石"题名[28];庆元乙卯有赵希仁泛舟小酌[29];嘉熙庚子有长乐黄朴诸人"泛舟仙湖"各题名[30]。是池之有舟,由来已久。

今池水既浚,不可无舟楫以容与其间,因于池东造一舟曰"访仙艇",为摩裟仙掌之用;池东造一舟曰"贯斗槎",则拈许觉之诗意也。舟既成,复筑步级二道,翼以扶栏,以达水坎,且摩崖以记之。又以每日池水有万珠涌出,清可鉴底,因蓄鱼数百于中,就姚文僖所刻"钓矶"石处,题之曰"珠泉"。禁观者勿轻投纶,俾适濠梁之趣也。噫嘻！吾人之兴废举坠，岂为游观计哉？不观姚文僖之言曰："荒者辟之，塞者疏之，斯二者皆可以喻学。"是此中有学问之道，在文僖知之。余因不妨师之也，故就"光霁堂"之西室，题曰"喻学斋"，而即改环碧之名以名其园曰"喻园"。

钱衍石先生云："古人君子于他邦之馆，虽一日必葺其墙屋，况居职之地乎？"一日居其位必思一日尽其职，余不敢以尽职自负，然粤中人文最盛，而弊亦从焉。喻乎君子之义，则德业日增，反是而或有所喻，则职且有不称者，余唯不职之是惧。因更推喻学之义以为喻园，言喻学则所喻在学，为学喻则所喻又不止学矣！况试院为通省文风所系，即以形家论[31]，往者淤浊而兹则沦涟，非独证吾人心迹之与俱，且渣滓去而清光来，亦足启茅塞而发文明之象，喻之义不亦大哉？

若夫浚池之后，得陈九仙书"龙窟"二字于"拜石"下，又得"刘庆臣刊"四字于许觉之诗旁，庆臣盖当时手民之称[32]，殆道豫之后初非刘也，此皆覃溪学士所未见者，又金石文字之缘矣！余既取太湖石刻改七芗之画[33]。因此石得之不易，即以斯记刻之于后。则雪书先生所谓安得致此者，今乃历以致之，似又于九曜之外，别树一峰矣！后之读是碑者，当体余之志而益新是园，勿使之敝，益浚是池，勿使之浊，则独喻之学，不将引为共喻之学耶？是为记。

光绪二十年岁次甲午秋八月督学使者仁和徐琪撰。嘉庆廪黄逢龙书。

按：本刻位在大门入口左侧的草坪上，为五方露天直立的石碑之一，与叶志诜摹刻米芾《九曜石诗》石相邻。

【作者简介】

徐琪(1849—1918)，字玉可，号花农，室名九芝仙馆，浙江杭州人。光绪六年(1880)进士，授编修。光绪十七年，任广东学政，二十一年再任顺天乡试考官。累官至兵部侍郎、福建学政。工书法，善花卉，又工诗词。有《玉可庵诗》《九芝仙馆行卷》等。

【注释】

[1]嘉祐：北宋仁宗赵祯第九个年号，1056—1063年。

[2]宣德：明宣宗朱瞻基年号，1426—1435年。

[3]正统：明英宗朱祁镇年号，1436—1449年。

[4]嘉靖元年：1522年。

[5]康熙二十二年：1683年。

[6]迩向：谓近趋。

[7]何梦瑶(1693—1764)：字报之，号西池，广东南海(今属广东佛山)人，清代广东名医。曾入仕途。后辞官还乡，在医治岭南各种温热病状的医理研辨中贡献卓著。

[8]菂薏：音dì yì，谓莲花花蕾。

[9]覃溪学士：翁方纲(1733—1818)号。翁方纲，字正三、忠叙，直隶大兴(今属北京)人，清代书法家、文学家、金石学家，精金石、谱录、书画、词章之学。

[10]米海岳：米芾号海岳外史、襄阳漫士等。

[11]翁文端：即翁同龢(1830—1904)，字声甫，号叔平，江苏常熟人，为清同治、光绪师，卒谥文端。

[12]汪柳门：汪鸣銮(1839—1907)，字柳门，钱塘人(今杭州)人。同治间进士，选庶吉士，

授编修。精研经学,历督陕、甘、江西、山东、广东学政,累官至工部侍郎、吏部侍郎、五城团防大臣、总理各国事务衙门大臣。《马关条约》签订后,日本强索台湾、澎湖,他力陈海疆重地不可弃。后因主张巩固帝位,被慈禧革职,永不叙用。既罢归,主讲杭州诂经精舍、敷文书院。有《寒松阁谈艺录》《清画家诗史》等。

[13] 燕处:谓居处。

[14] 捐廉:旧谓官吏捐献除正俸之外的养廉银。昌黎:即韩愈。819年,韩愈因谏迎佛骨被贬广东任潮州刺史。

[15] 骎几:谓骎近。

[16] 桔槔:一种用杠杆从井中汲水的装置。

[17] 俞曲园:即俞樾(1821—1907),字荫甫,自号曲园居士,浙江德清人。终身从事著述和讲学。其主讲杭州诂经精舍三十余年,为一代经学宗师。

[18] 颜:犹题名。

[19] 钱衎石:即钱仪吉(1783—1850),字蔼人,号衎石,浙江嘉兴人。任职清正廉洁,后因事降职,遂绝意仕进。道光间游广东,主讲粤东学海堂。晚年客居开封,培养不少人才。

[20] 嘉定元年:1208年。

[21] 经略:官名。南北朝时曾设经略之职,唐初边州置经略使,后多以节度使兼任。宋代在西北、西南边境地区亦设置经略安抚使,掌一路民兵之事,皆简称"经略"。明清两代有重要军事任务时特设经略,掌管一路或数路军政事务,职位高于总督。陈岘(1145—1212):字傅南(一作寿南),一字山甫,号东斋。原居蒲门,后迁居州城(今温州市)。淳熙十四年(1187)以博学宏词科赐第。历任秘书省正字,兼国史院编修,实录院检讨官,迁校书郎、秘书郎、驾部员外郎等。开禧元年(1205),升为秘书监,再迁中书舍人,兼权直学士院。外放为广州知州,兼劝农使,充广南东部经略安抚使。任上又修建学宫,广收寒士,减免所属8县应送州钱6万余缗,增置义冢,修缮城池,广州百姓安居乐业。有《东斋集》《南海志》《清湘志》等。

[22] 五仙:传说西周时,广州一带连年灾荒,民不聊生。孩子们饥饿的哭声,惊动了南海的五位仙人。五位仙人身穿五色彩衣,分别骑着五色仙羊,手持一茎六出的谷穗,降临到这座城市。他们将谷穗赐予勤劳的人们,祝福百姓安居乐业,此地永无饥荒。五位仙人走后,而那五只依恋人间的仙羊,却化为石头留在广州。于是,广州又有五羊城、羊城、穗城等别名。

[23] 关曙笙:即关槐。生卒年不详,字晋卿,号雪岩,一号曙笙,晚号青城山人,仁和(今杭州)人。官至礼部侍郎。词章翰墨,脱颖不群。

[24] 熙丰:北宋神宗年号,熙宁、元丰,1068—1085年。

[25] 元夕:元宵节。上巳:三月上旬的一个巳日。曹魏后,固定在三月三日。

[26] 绍兴九年:1139年。

[27] 连南夫(1085—1143):字鹏举,应山(湖北广水)人。北宋政和二年(1112)进士,历任中书舍人、徽猷阁侍制、显谟阁学士、知建康府、加兵部尚书衔、兼太平州广德军制置使,知信州、泉州。进宝文阁学士,知广州,迁广东经略安抚使。绍兴九年(1139),因得罪权相秦桧,被谪知泉州,后隐居。卒谥忠肃,赠左正奉大夫、太子少傅。

[28] 绍兴壬午:1162年。

[29] 庆元乙卯:1195年。

[30] 嘉熙庚子:1240年。嘉熙:宋理宗赵昀的第四个年号,1237—1240年。

[31] 形家:旧时以相度地形吉凶,为人选择宅基、墓地为业的人。也称堪舆家。

[32] 手民:古时仅指木工。后指雕板排字工人。

[33] 改琦(1774—1829):字伯蕴,号香白,又号七芗,别号玉壶外史。其先本西域人,家松江(今属上海)。工人物、佛像、仕女、山水、花草等。有《玉壶山人集》。

正阳门楼工程奏稿

清·袁世凯 陈 璧

【提要】

本文选自《正阳门工程表》(清光绪铅印本)。

正阳门始建于明永乐十七年(1419),原名丽正门。因其位于紫禁城的正前方,又称"前门"。正阳门是"京师九门"之一,由瓮城把城楼、箭楼连为一体,是一座完整的古代防御性建筑体系,处老北京城的南北中轴线上。现存城楼与箭楼。

正阳门在砖砌城台上建有城楼,占地3 047平米,城台高13.2米,南北上沿各有1.2米高的宇墙。城台正中辟有券门,门内设千斤闸。城楼高两层,为灰筒瓦绿琉璃剪边,重檐歇山式三滴水结构。城楼的楼上、楼下四面有门。面宽七间(41米),进深三间(21米)。上下均有回廊。楼身宽36.7米,深16.5米,高27.3米。整座城楼的整体高度为42米,在北京所有城门中最为高大。

正阳门城楼南设有箭楼。箭楼始建于明正统四年(1439),占地2 147平米,砖砌壁垒式建筑。顶部为灰筒瓦绿琉璃剪边、重檐歇山顶。箭楼上下共有四层,南边为楼、北边为抱厦;南侧面宽七间,宽62米、进深12米;楼高26米,连城台通高38米,为北京城箭楼中最高大的一座。箭楼设四层箭孔,每层13个(内城其余八门箭楼为每层12个箭孔),东西各设4层箭孔,每层4孔。门洞开在城台正中,为五伏五券拱券式,是内城九门中唯一箭楼开门洞的城门,专走龙车凤辇。正阳门箭楼一直被看成是老北京的象征。

箭楼与城门楼之间为瓮城,宽108米、深85米,东西设有两座闸楼,闸楼下开券门,门内也有千斤闸。平时箭楼及东闸楼下的城门关闭,出入百姓绕行西闸楼下券门。

北京内城的瓮城内都各有一座庙,唯独正阳门有两座庙,东为关帝庙,西为观音庙。正阳门关帝庙内塑像为明朝原物,清朝皇帝由天坛郊祭回宫时必在庙内拈香。庙内有"三宝",一为大刀,一为关帝画像,一为白玉石马。"文革"期间,正阳门关帝庙与观音庙一同拆除。

正阳门建成后,屡遭劫难。乾隆四十五年(1780)、道光二十九年(1849),箭楼两度失火被毁。光绪二十六年(1900),八国联军攻入北京,箭楼被焚毁。正阳门"从前案卷全行遗失无存",袁世凯等人只有派人"细核基址,按地盘之广狭酌楼度之高低",并比照崇文门、宣武门的规格,1904年开始修缮箭楼,1906年修缮工程竣工。

1915年,为改善北平内、外城交通,政府委托德国人罗思凯格尔改建正阳门箭楼,添建水泥平座护栏和箭窗的弧形遮檐,月墙断面增添西洋图案花饰,1916年竣工。改建后,正阳门瓮城月墙及东西闸门被拆除,这里成了百姓游览、娱乐的场所。1949年2月3日,中国人民解放军在此举行盛大的入城式。1976年唐山地震,箭楼严重受损,北京市文物主管部门对箭楼进行全面大修。1989年北京市正阳门管理处集资160万元,将正阳门箭楼修饰一新,1990年1月21日正式对游人开放。

奏为正阳门城楼原建丈尺无案可稽,谨会同酌拟办法,请旨定夺,饬遵以昭慎重恭折,仰祈圣鉴事。窃臣等钦奉光绪二十八年十一月二十六日[1]上谕:"正阳门工程著派袁世凯、陈璧核实、查估、修理,钦此。"当即钦遵会商办理。

伏思正阳门,宅中定位,气象巍峨,所以仰拱宸居[2],隆上都而示万国。现在奉旨修复,其工费固宜核实撙节[3]。而规模制度,究未可稍涉卑隘,致损观瞻。臣等一面遴委新授天津道王仁宝敬谨驰往[4],详细勘估;一面咨部调查旧卷,稽考原建丈尺,以便有所遵循。旋准工部覆,称该部自经庚子之变[5],从前案卷全行遗失无存。臣等迭次往复函商,博采舆论。原建丈尺既已无凭稽考,惟有细核基址。按地盘之广狭,酌楼度之高低,并比照崇文、宣武两门楼度酌量规画[6],折衷办理。

查崇文门大楼,面宽十丈一尺五寸、高八丈二尺八寸,箭楼现尚未经修复;宣武门大楼面宽十丈二尺二寸、高八丈二尺二寸,箭楼面宽十丈九尺五寸[7]、高六丈八尺四寸二分。以上楼度尺寸,皆系自地平至正兽上皮止计算[8],城身均不在内。

复查正阳门大楼旧址,面宽十三丈零六寸,较崇文、宣武两门,大楼面宽均增二丈有奇,其箭楼旧址面宽十一丈八尺五寸,较正阳门大楼面宽已窄一丈二尺一寸,较宣武门箭楼面宽仍增九尺。自应准宽为高,格外崇隆[9],以闳体制。

今拟除城身不计外,正阳门大楼自地平至正兽上皮止,谨拟九丈九尺。较崇文门大楼高一丈六尺二寸,较宣武门大楼高一丈六尺八寸。正阳门箭楼自地平至正兽上皮止,谨拟七丈六尺三寸,较正阳门大楼低二丈二尺七寸,较宣武门箭楼高七尺八寸,后仰而前俯,中高而东西两旁皆下。似与修造作法相合,而体格亦尚属匀称。

惟是此事关系重大,又无旧案可稽。臣等参互比较酌拟办法,是否有当,未敢擅专,相应请旨定夺。饬遵俟命下之日,再由臣等督饬承办各员,敬谨兴修,庶足以昭慎重。所有请旨遵行缘由,谨合词恭折具陈,伏乞皇太后、皇上圣鉴训示。谨奏。

光绪二十九年二月二十三日具奏,四月十一日奉旨依议。钦此。

【作者简介】

袁世凯(1859—1916),字慰亭,号容庵,河南项城人。清末投身行伍,至入值军机、内阁总理大臣。1911年辛亥革命后,中华民国成立,袁世凯经南北议和,就任首任大总统,1916年初袁世凯恢复帝制,名洪宪皇帝。称帝断了各路军阀当权的梦想,前云南都督蔡锷领导护国军誓师北上讨袁,为避免国家分裂,袁世凯于3月22日宣布取消帝制,随后郁愤而死。

陈璧(1852—1928),字玉苍、佩苍、雨苍,晚号苏斋,福建侯官县(今属福州)人。光绪三年(1877)进士,累官内阁中书、御史、大仆寺少卿、顺天知府、户部侍郎、邮电部尚书兼参预政务大臣等。陈璧为官清正,为政兴利除弊,触犯一些满洲贵族官僚的利益,遭革职。

【注释】

［1］光绪二十八年:1902 年。

［2］宸居:帝王居住之所。

［3］撙节:节省,节约。

［4］遴委:挑选委派。

［5］庚子之变:1900 年,因为义和团、大刀会的抗击外侮,列强要求清政府镇压;而清廷则犹豫不决,最终导致中外敌对情绪激化,慈禧终于谕旨对列强宣战。最终,北京城破,皇帝出逃,最终订下《辛丑条约》。

［6］规画:筹划,谋划。

［7］箭楼:周围有远望、射箭窗孔的城楼。

［8］地平:地平面。此指城墙顶上的地平面。正兽:指屋脊兽(的高点)。

［9］崇隆:谓高峻伟岸。

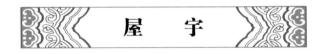

屋　宇

清·萧　雄

【提要】

本诗选自《历代西域诗钞》(新疆人民出版社 2001 年版)。

黄土和成泥巴就是墙面,砍来的杨树就是梁椽,再覆上新泥,铺上满地的锦毯,一家人就在这间大房子里生活起居了。

萧雄的笔下,只寥寥数句,便记下了中华民族一种十分特殊的民居形式:高台民居。

高台民居是新疆喀什市老城东北端一处建于高 40 多米、长 800 多米黄土高崖上的维吾尔民族聚居区,距今已有 600 年历史。

维吾尔族人世世代代在这里聚居,房屋依崖而建,人口增多一代,便在祖辈的房上加盖一层楼,一代一代,房连房,楼连楼,层层叠叠,房子慢慢长大、慢慢变高。这些房屋大多是土房,也有不少新建的砖房。在这些随意建造的楼上楼、楼外楼之间,形成了四通八达、纵横交错、曲曲弯弯、忽上忽下的 50 多条小巷,没有本地人带路,外来人一定会迷路。

高台民居都是土木结构,住宅多自成院落,院内宅旁遍植花草,栽培桃、杏、葡萄、无花果等。室内砌土坑,墙上挂壁毯,还开有大小不等的壁厨,饰以各种花纹图案。当院落中人口继续增加到平房住不下时,为扩大住房面积,有些人家在建二楼时会将楼延伸出去一些,这种颇具创造性的建筑形式逐渐被推广开来,数百年来,渐渐形成了高台民居特有的"过街楼"风景。"过街楼"的巧妙之处在于,既不影响楼下人行走,也不影响楼上人居住。

与高台民居相生共融的是土陶。高台民居的生活里随处可见土陶制品:脸盆、洗手壶、洗衣盆、水桶、烛台、油灯,甚至婴儿的摇床。

高台民居所在地,维吾尔语叫"阔孜其亚具希",汉语意思是"高崖土陶"。萧雄称,喀什等天山南八城这类房屋常见。

黄土为墙四面齐,数椽如砥覆新泥。却教满地铺成锦,相率家人一室栖[1]。

【作者简介】

萧雄,生卒年月不详,字臬谟,湖南益阳人,诗人。十年间,随军西征三进新疆,先后任金顺、张耀参军。荡平乱军后,论功行赏,萧雄因无出身,仅获"候补花翎直隶州"虚衔,郁郁不得志,回到原籍,郁郁而终。1892年著《西疆杂述诗》,以诗叙事、咏物、抒怀,诗不尽意补以文注,描述了天山南北的山川地理、物产、风光和名胜古迹。诗分四卷,共载诗作140余首。

【注释】

[1]原注:彼中屋舍,除王府外,概不起脊。凡作室,先以砖块砌成四面,或用版筑,皆粉饰整齐。然后架木于墙以承椽,用芨芨草编席铺之,覆泥于上,积厚五六寸。精者再以磨砖蒙之,否则泥涂而已。室只一门,内无间壁,门内左右,傍墙作地炉,炉有龛,砌管高出屋顶,以避烟尘。其炊爨处也,稍进,地高尺余,皆砖块镶成,空其中以热火,通洞于墙外煨之。室中高地,遍铺毡毯,坐卧皆于其上,无几案床榻,仅设矮棹以供食。四围墙面,凿龛如柜,便置箱包被褥什物之属,家人妇子,惟卧以衾枕别之。丁口繁者,亦复数间不等,总用一门通贯。富户暨头目诸人,另有客厅,阶留走廊,明窗净几,铺设悉具,房顶皆嵌花板,施以采色,鬃以漆,颇精洁。甚或园林台榭,景物幽雅。南八城阿奇木伯克等,并尚奢侈焉。

淮 安 府

【提要】

本文选自《江苏省通志稿》(江苏古籍出版社1993年版)。

古代淮城始建自吴王夫差。周敬王三十四年(前486),吴王夫差伐齐。为解决运兵屯饷问题,他决定从邗城引长江水,出射阳湖向西北折趋淮,止末口,这条运道即邗沟。但因"沟水高,淮水低",舟船至末口无法入淮。于是夫差命士卒"筑堰于北辰"(《淮安府志》)车坝入淮。后过往客商南来北往,均在此盘坝入淮,此地渐渐成为城邑。秦汉之际,此处已形成为一个大邑。

汉武帝元狩元年(前117)置射阳县,当时淮安县的前身山阳县(包括北辰堰)为其境内的一个大镇。东晋时始分立山阳郡,山阳县与射阳县并立。晋哀帝隆和二年(363)十二月,庾希镇山阳(《水经注》),山阳已是一座城。

东晋义熙二年(406),诸葛长民来镇山阳,曾曰:"此蕃十载,衅故相袭,城池崩毁,不闻鸡犬,抄掠滋甚,乃还镇京口"(《南齐书·地理志》),被抄掠的山阳已是一座荒颓的城池。东晋义熙七年(411)设山阳郡,此处就成为山阳的郡、县治所。

隋唐时期,山阳郡改为州。隋开皇十二年(592)"置楚州"。唐武德八年(625)再次定名楚州(《重修山阳县志》)。唐上元二年(675),对楚州城进行了一次修葺。唐大中十四年(860)进行了局部维修,重修南门,包以砖壁,并建城楼,御史中丞李荀为此撰写了"修楚州城南门记"(《重修山阳县志·卷二》)。

"宋金交争,此为重镇"(《重修山阳县志·卷二》),南宋对淮安城的营建尤为重视。守臣陈敏将楚州城"重加修葺",于土城内外抹上石灰,加以保护,"北使过,观其雉堞坚新,号银铸城"。由于北宋时淮安城为土筑,因而于"嘉定初复圮"(《重修山阳县志·卷二》)嘉定九年(1216),应纯之、赵仲对城池进行"填塞洼次,浚池泄水",从而使得"城益完固"(《重修山阳县志·卷五》)。

元代淮安城一派破败荒芜。元至正年间,江淮兵乱,才"因土城之旧,稍加补筑、防守"。

明清时,朝廷在淮安设立了漕运督院,统管全国的漕运。因此,淮安的历任长官都非常重视城池的建造、修缮,多次进行改扩建。明初对淮安旧城进行了增修,"包以砖壁,周置楼橹",正德十三年(1518),漕抚丛兰等修缮淮安城。隆庆年间(1567—1572),漕抚王宗沐建西门城楼,"额曰望远"。万历三十三年(1605),"倭乱,边海戒严",为防倭寇,府事推官曹于汴"添建敌台四座"。崇祯年间,漕抚朱大典遍修三城。清代康熙初,漕督林起龙"修缮城池,增治楼橹"。漕督邵甘、董讷又分别于康熙二十三年(1684)、二十八年重建西门城楼和南门城楼。以后各代都有缮修。同治十二年(1873),漕督文彬重建西门楼,对旧城进行了最后一次修缮。

淮安一城有城池三座,上述主要为旧城。

再说新城。新城为元末史文炳守淮时所筑,史载"在旧城北里许","筑土城临淮",这就是新城。因为旧城无论拆毁还是缮修,工程量都很艰巨,而建新城则单纯得多;再者,运河经淮安旧城北面的北辰堰之末口,盘五坝北接淮河,北辰堰一带商贾云集,市井繁荣。在此建城成为当然之选。新城原为土城,明洪武十年(1377),淮安卫指挥时禹"取宝应废城砖石筑之"。永乐二十一年(1423)又增筑城墙,"门上建楼"。正德二年(1507)总兵郭宏、隆庆五年(1571)知府陈文烛分别对新城加以修葺。清乾隆十一年(1746)督抚题准一次就"发帑银二万五千七百余两",由山阳知县金秉祚"承修里墙,戗土加帮",修葺一新的新城成为"旧城辅车之助"。

新旧二城之间,还有一座城——联城。联城"本为运道","皆昔粮船屯集之所",因黄河北徙,运道改为城西,此处逐渐淤塞,成为湖泊之地。明嘉靖年间,海盗猖獗,两次侵扰淮安。嘉靖三十九年(1560),"漕运都御史章焕奏准建造",由"旧城东北隅接新城东南隅",联贯新旧二城,这就是联城,俗称夹城。万历二十一年(1593),倭寇屡犯,漕抚李戴将联城"加高厚"。万历二十三年(1595),府事推官曹于汴又"添设敌台四座"。

联城的建造,使得淮安的旧城、新城、联城连为一体,这种三城并列的格局在我国建城史上极为罕见。淮安城建造如此规模,历经数代,建城所用的城砖也各代掺杂,共达七十余种。

旧城周十一里,东西径五百二十五丈,南北径五百二十五丈,高三十尺。为门五:东曰观风,南曰迎远,西曰望云,北曰朝宗,西南稍北旧有门曰清风。(此旧署也。今东曰瞻岱,南曰迎薰,西曰庆成,北曰承恩。)元兵渡淮时,守臣孙虎臣塞之[1],今废四门。皆有子城,城上大楼四座,角楼三座,窝铺五十三座[2],雉堞二千九百九十六垛[3],水门三。

秦汉以来,本无城郭,东晋安帝义熙中始立山阳郡[4],乃于此地筑城(见《宋史·李大性传》)。《金石录》有:唐上元二年[5],楚州修城记。《文苑英华》有:唐大中十四年[6],御史中丞李荀修楚州城南门,郑吉记。皆今日郡治旧城也。

南宋郡守吴曦欲撤城移他所,通判李大性谓楚城实晋义熙间所筑最坚,奈何以脆薄易坚厚乎?力持不可,乃止。宋孝宗时,守臣陈敏重加修葺[7]。北使过淮,见雉堞坚新,称为银铸城。嘉定初复圮[8],知楚州赵仲葺之。九年,知楚州应纯之填塞洼坎[9],浚池泄水,城益坚完。元至正间[10],江淮兵乱,守臣因土地之旧稍加补筑。

明初增修,包以砖甓,周置楼橹,始成今制。正德十三年[11],漕抚从兰橄知府薛銮重修[12]。嘉靖间,知府刘崇文再修。隆庆间,漕抚王宗沐建楼于西门子城上[13],额曰:举远登以治漕。万历三十三年倭乱,边海戒严,署府事推官曹于汴[14],添设敌楼四座。三十八年,西门城楼灾,知府姚铉重建[15]。四十八年,南门毁于雷火,知府宋统殷重建[16]。崇祯间,漕抚朱大典遍修三城[17],嗣后城楼圮。

清康熙初[18],漕督林起龙撤而新之[19],城垣残缺者修补之。二十三年,漕督邵甘重建西门楼[20]。二十八年,漕督董讷重建南门楼[21],后漕督兴永、朝桑格屡加葺理,年久塌卸。乾隆元年[22],督抚题准发帑修理,知县沈光曾承修。九年,金秉祚于各门添建兵堡、营房三间[23]。嘉庆二年[24],复经修补。道光十五年[25],漕督周天爵建西南二城楼[26]。二十二年复集资大修,新建炮台二,重建过街楼四,又扩造北城圈及东北二楼。咸丰、同治中,间加修补,又于东城建敌楼一所,及四城旋更窝铺,今圮。同治十二年,漕督文彬重建西门楼[27]。光绪七年,署漕督谭钧培重修东、南、北三门楼[28]。

新城在旧城北一里许,高二丈八尺,围七里零二十丈,东西径三百二十六丈,南北径三百三十四丈。为门五:东曰望洋,西曰览运,南曰迎薰,北曰拱极,小北门曰戴辰。门各有楼,惟小北门无。东西有子城,角楼四,南北水门二,窝铺四十八座,雉堞一千二百垛。

按:新城,即古北辰镇,地西瞰运河,东南接马家荡,北俯长淮。元末张士诚将史文炳守淮安,始筑土城。明洪武十年,指挥时禹取宝应废城砖石筑之。永乐二十一年[29],用工部言土城低薄,令军士增筑,门上建楼。正德二年,总兵都郭铉重建[30]。隆庆五年,知府陈文烛重修[31]。万历二十三年[32],倭警,署府事推官曹于汴添设敌台四座,后俱颓坏,城垣倾圮殆尽。清乾隆十一年,督抚题准发帑,饬知县金秉祚承修里墙,戗土加帮[33],在明季,城内居民尚有万家。清乾隆中,犹称蕃盛。今城堞、街坊圮废略尽。咸丰十年后,皖寇叠扰,乡民颇屯聚其中,并得安全[34]。苟有大力者修而筑之,亦旧城辅车之助云。

联城在新旧二城之间(俗呼夹城),东长二百五十六丈三尺,起旧城东北隅,接新城西南隅。为门四:东南曰天衢(通涧河路),东北曰阜城(久塞),西南曰平成(通运河堤路),西北亦曰天衢(通北关厢各处)。东西水门四,初高一丈四五尺有差,后加高六七尺,加厚四五尺,楼大小四座,雉堞六百二十垛。其地本为运道所经,今陆家池、马路池、纸房头等处皆粮船屯集之地。

明嘉靖三十九年,倭寇犯境,漕运都御史章焕疏请建造联城,自为文以纪之[35]。初议筑此城时,知府范槚力言其不便状,及工成举宴,槚不往,曰:非吾意,且他日准难为守计矣。万历二十一年倭警屡闻,乡官胡效谟等议请加高,巡抚尚书李戴疏请于朝[36],始加高厚焉。二十三年,署府推官曹于汴添设敌台四座,其后日就倾圮。清乾隆九年,督抚题准发帑饬知县金秉祚承修,楼橹、雉堞焕然一新。今岁久圮废欤。

新城等谯楼俱在漕督署前,南宋都统司酒楼也,台高二丈五尺,地踞一城之中,旧置铜壶刻漏,久废。原额曰谯楼,后易为南北枢机[37]。今曰镇淮楼岁久倾圮。光绪七年,知府孙云锦重修(城东南隅角楼名瞰虹楼、护城冈)[38],起旧城东南隅,迤逦而北。

明隆庆中,漕抚王宗沐加筑长堤护城,以防黄淮泛滥。后漕抚朱大典建龙光阁于上。国初,漕督蔡士英、林起龙修葺。道光中重修(护城石堤)。运河口高,堤增与城圬伏,秋水涨,官民惕息[39]。明天启初,知府宋祖舜修石堤,加筑城西岸,甃石以为固城市,乃得安堵(濠河)[40]。

郡城在明洪武以前,北枕黄河,西凭湖水,运河自南而东而北于新旧二城之间,故黄、湖、运三水皆城濠也。自运道改由城西,而城东北无濠,自联城筑而二城之间无濠,自黄河北徙,而新城以北无濠。逮万历间重加开浚,仍缺新城北面。崇祯四年,士民请于漕抚李待问,一浚旧城东门外濠河,一开新城北门外濠河[41]。时新城以外,大堤以内,居民栉比,无隙地,乃买圮民房[42],拓地挑浚,自西角楼起至东角止,旁达东坝濠河,三城水势始得环绕。督役者推官王用予、知县王正志,先事建策者,邑人冯一蛟也。今濠河略存旧迹,惟堙淤浅狭,不符昔制耳。

(水关)凡有九处,一为旧城西,水关在西门之南,旧通舟楫,可达西河,自运道改,由城西始,即其处建响水闸,引运水入城,水关减小,不复如旧。一为旧城北,水关在北门少西,可通小舟,其两墙旧有石槽五层,可以下板,所以防水患并盗贼也。康熙九年,三城坝决,水入联城,灌北水关,半城皆水,以闸板久废,仓卒无以遏水[43]。事定始议置版,又不果。一为东南隅巽关(别见水利),在新城者有二,其北水关当未筑城时为石闸,古邗沟由射阳至末口入淮,石闸自新城筑,而石闸变为北水关矣。在联城者有四,今惟三门通舟,其东南水关亦曰巽关,今塞。

【注释】

[1] 孙虎臣:南宋将领。元军南侵,孙一退再退,后临安陷落,以忧死。

［2］窝铺:临时支搭以避风雨的营寨或棚子。

［3］雉堞:古代城墙上掩护守城人用的矮墙,亦泛指城墙。

［4］东晋安帝:即司马德宗(382—419),字安得,397—419年在位。义熙:安帝的第三个年号,405—418年。

［5］上元:唐肃宗李亨年号,756—762年。

［6］大中:唐宣宗李忱年号,848—859年。懿宗李漼沿用其年号一段时间。

［7］陈敏(1113—1173):字元功,石城(今属江西)人。敏身长六尺余,精骑射,积官至忠靖郎。统兵剿闽、赣盗叛,累功封武功县男,领兴州刺史。金人入侵,升马司统制,驻军荆、汉间。敏建言:"金人精骑悉在淮,汴都必无守备,若由陈、蔡径捣大梁,溃其腹心,此救江、淮之术也。"不听。宋孝宗即位,戍高邮,兼知军事。与金人战射阳湖,败之,焚其舟,追至沛城,复败之。乾道元年(1165),迁宣州观察使,召除主管侍卫步军司公事。居岁余,敏抗章曰:"久任周庐,无以效鹰犬,况敌情多诈,和不足恃。今两淮无备,臣乞以故部之兵,再戍高邮。"仍请更筑其城。敏至郡,板筑高厚皆增旧制。自宝应至高邮,按其旧,作石达(石达为泄水用的侧向溢流堰。广泛用于航运、灌溉、排水等)十二所,自是运河通泄,无冲突患。

［8］嘉定:南宋宁宗赵扩年号,1208—1224年。

［9］应纯之(1175—1224):字纯甫,嘉泰三年(1203)进士。嘉定八年(1215),应纯之在朝廷公开"遴选能臣"时被委守楚州。到任后,发现楚州几乎是一座空城。他率众很快增筑加固城墙,各要害处设观察哨和烽火台,并加宽浚深护城河。针对楚州东北方地势平坦、难以布防的特点,动员军民开凿管家湖,设置斗门水闸,使湖荡回环相连,平地变为天险。后守东广,力战金兵,城破而死。

［10］至正:元惠宗第三个年号,1341—1370年。

［11］正德:明武宗朱厚照年号,1506—1521年。

［12］丛兰(1456—1523):字廷秀,号丰山,山东文登人。弘治三年(1490)进士,授户科给事中,进兵科右给事中,迁通政司参议、左通政。正德四年(1509)冬,出理延、绥屯田。擢通政使。正德七年奉命巡视居庸、龙泉诸关。正德十年夏,改督漕运,兼抚江北。正德十五年,迁南京兵部尚书。嘉靖元年(1522)致仕,次年卒。赠太子少保。

［13］王宗沐(1524—1592):字新甫,号敬所,临海(今属浙江)人。明嘉靖二十三年(1544)进士,授刑部主事。隆庆元年(1567),起为山东左布政使。后升右副都御史,总督漕运兼抚凤阳,任内提高淮河防洪能力。著有《海运详考》《海运志》《敬所文集》等。

［14］曹于汴(1558—1634):字自梁,一字贞予,号真予,解州安邑(今山西运城)人。万历二十年(1592)进士。以淮安推官征授刑科左、右给事中,转吏科给事中,遇事敢言。擢太常少卿。光宗时,转大理少卿,迁左佥都御史,进吏部右侍郎。力扶善类,为魏忠贤所斥。崇祯初,拜左都御史。平生制行高洁,风节凛然。有《仰节堂集》等。

［15］姚铉:生卒年不详,字元声,祖籍冠县,后至聊城(今属山东)。万历十七年(1589)进士。任商丘、永宁县令,迁和州判官、山东按察副使等。

［16］宋统殷(1582—1634):《即墨县志》载:宋统殷,字献征,号瀛渚。举进士,由户部郎出守淮安。白莲教猖徐、沛。监军淮海,指授方略,旬月而寇平。迁冀北左辖,后抚山西。罢归。

［17］朱大典(1581—1646):字延之,号未孩,浙江金华人。崇祯五年(1632),升右佥都御史、山东巡抚,以功升右副都御史。八年二月,诏大典总督漕运兼巡抚庐、凤、淮、扬四府。十四年,总督江北及河南湖广军务,仍坐镇凤阳。后以不能举廉被劾,诏命革职候审。清兵大举南下,福王被擒,遂率军还乡,据府城固守。城陷后,清兵屠城三日,死者不可胜数。大典举家殉

国。乾隆四十二年(1777),谥烈愍。

[18]康熙:清圣祖玄烨年号,1662—1723 年。

[19]林起龙(? —1667):字北海,顺天大兴(今属北京)人,原籍福建福清。顺治进士。授史科给事中,疏请严饬守令,重处贪庸,以清吏治。又主张严禁民间"邪教"。顺治四年(1647),被诬夺官。十年复原官,转刑科,加大理寺寺丞衔。重申州县官员之遴选、升擢、管理、惩治之法,多为采纳。后累迁漕运总督,迭疏请免滨海移民田地赋额,浚运河,筑堤闸。

[20]邵甘:生卒年不详。满洲正黄旗人。居官不谨,党附索额图,被禁锢。

[21]董讷(? —1689):字兹重,山东平原人。康熙六年(1667)一甲三名进士,授编修。累擢至江南总督。为政持大体,有惠于民。左迁去,江南民为立生祠。二十八年,上南巡,民执香跪诉生祠前,求复官讷江南。上还跸,笑谓讷曰:"汝官江南惠及民,民为汝建小庙。"旋以侍读学士复出为漕运总督。

[22]乾隆元年:1736 年。

[23]金秉祚:生卒年不详,字琢章,号漳山,湖北钟祥人。

[24]嘉庆二年:1797 年。

[25]道光十五年:1835 年。

[26]周天爵(1772—1853):字敬修,东阿(今山东阳谷)人。嘉庆十六年(1811)进士。累官濮阳知县、泸州知府、江西按察使、陕西布政使、漕运总督、河南巡抚、湖广总督等。道光二十年(1840),其子代人说情,周天爵偏听而无准,犯庇护罪,被革职,遣伊犁。次年英国侵犯广东,奉命赴广东鸦片战争前线,听候差遣。道光二十二年(1842),以"任劳任怨"被免罪,参与抗英事务。因抗英有功,同年被赏二品顶戴,起任漕运总督,兼河南河道总督。次年,因失察漕书窃镌漕督关防,降四级留任,后请求免职,以二品顶戴致仕。又因镇压太平天国起事,任兵部侍郎衔。后死于军营。追赠尚书衔,谥文忠。

[27]同治十二年:1873 年。文彬:生卒年不详,字质夫,满洲正白旗人。咸丰二年(1852)进士,授户部主事。同治十年(1871),署巡抚,补漕运总督。光绪五年(1879),督漕北上,因请陛见,并与河督李鹤年、巡抚周恒祺会商运河事宜,通筹河道宽深,改设运口,导引卫河,设立堤坝,绘具图说以进。又尝偕两江总督吴元炳奏复淮流故道。未几,卒。有诏褒锡。两江总督刘坤一以文彬遗爱在民,请建专祠清江浦,允之。

[28]光绪七年:1881 年。谭钧培(1828—1894):字宾寅,别字序初,贵州镇远县人。同治元年(1862)进士,选庶吉士,授翰林院编修。历任江西道按察御史、江苏常州知府、代理徐州道尹、安徽凤颖六泗道尹、山东按察使、湖南按察使、江苏布政使、兼漕运总督、代理江苏巡抚兼管苏州织造、湖北巡抚、广东巡抚、云南巡抚和云南总督等。任上,刚毅严明,严禁浮冒,整肃弊端,严处贪官,赏罚分明,疏导淮河,筑堡垒、修工事以御外敌,政绩卓著。

[29]永乐二十一年:1423 年。

[30]正德二年:1507 年。郭鋐(1441—1509):字彦和,安徽合肥人。成化六年(1470)武探花。沉着果毅,有将略。镇广西充副总兵,后擢为漕运总督,凡军民利病多数陈奏于朝,故总督漕运十三年不易。

[31]陈文烛(1542—1609):字玉斋,号五岳山人,湖北沔阳人。嘉靖四十四年(1565)进士,授大理寺评事,历官淮安知府。累迁南京大理寺卿、四川提学副使、山东左参政、四川左参政、福建按察使,官至南京大理寺卿。博学工诗,著有《玉沙文集》《二酉园诗集》等,纂修《沔阳州志》。

[32]万历二十三年:1595 年。

[33] 戗:音 qiāng,填,支撑。

[34] 咸丰十年:1860 年。皖寇:即捻军。

[35] 嘉靖三十九年:1560 年。章焕:生卒年不详,字懋宪,明朝吴县人。嘉靖进士,历官都御史,抚治郧阳及襄阳。政事文章俱为当时推重。

[36] 李戴:生卒年不详,字仁夫,号对泉,河南延津人。隆庆二年(1568)进士。初任兴化县知县,因政绩突出,擢户科给事中,迁为礼科给事中,累官陕西右参政,按察使,升为右副都御史,任山东巡抚、刑部侍郎,晋南京户部尚书,入京为工部尚书。万历二十六年(1592),拜吏部尚书。为政税赋宽缓;主持吏部六年。

[37] 枢机:谓该楼为南北际会之地,位置重要。

[38] 孙云锦(1821—1892):字质先,安徽桐城人。

[39] 惕息:谓心跳气喘。形容极其恐惧。

[40] 宋祖舜:生卒年月不详,山东东平人。天启三年(1628),任淮安知府。著有《淮安府志》《守城要览》等。安堵:犹安居。

[41] 崇祯四年:1631 年。李待问(1582—1642):号葵孺,广东南海人。万历三十二年(1604)进士,初授连城县令,后连升礼部主事、吏部郎中、金都御史、应天巡抚等职。迁户部右侍郎,总督水运官粮之事。到任后,李整顿漕运工作制度不全、帐目混乱等弊端,并数度上疏要求疏通河道,修筑堤坝,赈恤灾民,减免税饷。一年后拜户部尚书,常入宫应帝问。殚精竭虑,终因心枯血竭,病瘘不能行。病卒,谥号忠定。

[42] 买坼:谓购买后拆除。

[43] 仓卒:亦作"仓猝"。匆忙急迫。

修筑广东省城炮台片

清·郭嵩焘

【提要】

本文选自《郭嵩焘奏稿》(岳麓书社 1983 年版)。

鸦片战争以来,广东的海防主要设施——炮台不断遭受重创。18 世纪末至 19 世纪初,英国将鸦片大量偷贩到中国。清朝内部坚决主张禁烟的大臣林则徐 1839 年抵广州,收缴鸦片 2 万多箱,计 2 376 000 多斤,从 6 月 3 日到 25 日在虎门滩上当众全部销毁。同时与关天培在东莞县虎门要塞积极布防,设置炮台 11 座,大炮 300 多门。但林则徐随即被撤职查办。

1841 年 1 月 7 日,英国驻华商务监督查理·义律派兵突然袭击珠江口大角、沙角炮台,守将陈连升等英勇牺牲。主张投降的清朝大臣琦善私下向义律求降,答应割让香港、开放广州、赔偿烟款。道光帝感到失地赔款,严重损害朝廷声威,下令对英宣战。义律 2 月 25 日率军舰 18 艘进攻虎门炮台,关天培身先士卒,率众死战,多次击退英军,但直至天黑,也等不到救兵。入夜,终因寡不敌众,关天培等 400 余名将士牺牲。

虎门炮台与天津大沽炮台、上海吴淞炮台、海口秀英炮台并称为中国古代四大炮台。虎门炮台位于广东珠江入海口处的穿鼻洋。此处有大虎山、小虎山列守珠江口,故被称为虎门。鸦片战争前夕,林则徐、将领邓廷桢整顿海防,在虎门两岸及江口附近岛峡修建炮台 11 座,共设置大炮 300 多门。以沙角、大角炮台为第一重门户;南山、横档、永安、威远、靖远、镇远、巩固等炮台为第二重门户;大虎炮台为第三重门户。在横档山、武山之间的水域中还设置了木排、铁链,阻截敌舰闯入。

由于不断地被入侵,广东沿海的炮台连续受重创。同治二年(1863)秋,升任广东巡抚的郭嵩焘提出修筑损毁的各炮台,"伏读圣谕,饬将省城内河及城北各地方炮台择要兴修"。按照皇帝的旨意,郭嵩焘选择省垣附近的紧要炮台进行修复:流沙、猎德的四处炮台、四方炮台、圆炮台、拱极炮台、保极炮台等等,要修筑的炮台"为数已巨"。

不仅如此,炮台还须水师各营派兵把守。随着形势的变化,郭嵩焘也提出了因应调整方案,请求"制军移咨,以相搘抵"。

"聊以此折一发鄙心之郁结而已",郭嵩焘在《自记》中意味深长地说,他在广东不到 3 年的时间内,与前后两任"制军(总督)"矛盾重重,加上厘金捐索榨收太急,终被解职。

再,户部尚书罗惇衍奏请修筑广东省城炮台[1],经前署督臣晏端书、前抚臣黄赞汤[2],勘明城北永康、耆定、保厘、保极、拱极五台,派员估修,劝捐筹办,奏奉谕旨允准在案。旋以捐款所收无几,各路军饷随时拨放,炮台工程需费甚巨,至今未能兴修。

伏查广东沿海各口,嘉庆年间设立炮台一百二十余座,道光以后添修至一百六十余座。由省河以达虎门,炮台林立,添修者为多,所以防洋船之出入也。道光二十一年,洋人攻毁虎门炮台,次年重修炮台十四座、内河炮台四座,用银四十一万有奇,制备炮值亦不下数十万。咸丰七年,洋人滋扰省城,大小炮台复遭平毁,无几存者。就广东海洋大势论之,西、北两江之水经省河合东江南流,汇为内洋,大虎山扼其冲,实踞全省形胜之地。而东、西江支流分注外洋,如顺德之龙江、新会之熊海,皆上受西江之水以注于海。故论粤海形势,以虎门为东江正流,以新会之厓门为西江正流,而香山之蕉门、涌口门、第一角海,新会之虎跳门等处,海船皆可出入。即虎门之大角、横档、水军寮、九宰山诸炮台,峙立大洋,四面皆通舟楫,港汊纷歧,在处绕越,独洋船入水最深,必经虎门,为能扼之。其实自古设险之地,亦因天时人事与为轻重。现今虎门之上,约百里为大洲,洋人于此修造船只;再上二十里为黄埔,洋船于此屯泊;附城沙面地方,亦属之洋人。所须防者,洋盗之驶入而已。虎门炮台局势雄阔,工程浩大,万无经费可以筹办,亦并非目前切要之举。

伏读圣谕,饬将省城内河及城北各地方炮台择要兴修,诚为扼要。臣等察看省河东、西两江,一水襟带,左右控扼。西路之大黄滘、沙腰炮台二座,经于咸丰十一年修复。东路之中流沙、猎德等处,向设炮台四座,亦应酌量修复。省城以北,陆路则白云山、马鞍山蜿蜒南趋,入城为越秀峰,城垣横跨山腹。其外冈阜罗列,永康炮台正当其北,俗谓之四方炮台。稍东曰耆定,俗谓之圆炮台,当白云山飞鹅岭之冲。又迤西曰拱极,曰保极,当三元里西村之冲,皆距城咫尺,次第修复,足资保障。又东北曰保厘,则距城较远,应从缓议修。

专就省垣附近紧要各台估计[3],为数已巨。值库款艰乏、捐输疲难之际,各路军饷随处搜括,欲兼筹修理炮台巨案,尤应通筹工料,有可移东补西者,不妨变通办理。因查内河炮台,基石全无,赴新安山中开采石料,颇属艰烦。虎门炮台十四座,加以两岸新涌、蕉门二座,大半倾毁,而基石存留尚多。其间镇远、横档、大角炮台三四座,为嘉庆年间基址,应酌量存留,以符旧制。其续经添造炮台,本图以壮观瞻,不尽扼要,其势万难修复,所有残废基石,亦无庸存留。现在议修城北中流沙炮台,需用石料,可否即将虎门炮台残废基石,移为内河各处工程之用,于费为省,于工为便。查虎门上至中流沙等处炮台,向归水师提标经管[4];城北等处及省河东西炮台,向归广州协标经管[5]。现因省河西炮台及虎门大角、大虎,并东岸内港之九宰、竹洲、新涌,西岸内港之蕉门各炮台,基址完全照旧,拨兵看守,支发口粮,亦应分别查勘是否地方均属扼要,应行照旧存留,统候谕旨准将虎门残废炮台基石移修内河炮台,再由臣会商水师提督酌量办理。

愚昧之见,是否有当,伏乞圣鉴训示。谨奏。

虎门等处及各海口炮台,原由水师各营派兵护守。道光二十二年,增修虎门以内炮台,无故添设额兵数百千名,以其时清查溢坦[6],岁得租课数万金[7],借此支销。咸丰七年以后[8],炮台全毁,而添设额兵支销饷银如故。鄙人以水陆额兵七万有奇,欠饷过多,欲以此款改充正饷。水师提督持之甚力,至请制军移咨[9],以相搪抵。聊以此折一发鄙心之郁结而已[10]。自记

【作者简介】

郭嵩焘(1818—1891),字伯琛,号筠仙,更号玉池老人,湖南湘阴人。道光二十七年(1847)中进士,咸丰三年(1853),随曾国藩组建"湘勇"。六年任南书房行走,同治二年(1863)署理广东巡抚,光绪元年(1875)初任福建按察使。三年起,任清政府驻英法公使。四年八月被清政府召回,从此闲居。他是洋务运动的积极倡导者,近代中国最早主张向西方学习的人物之一。有《养知书屋遗集》《玉池老人自叙》《史记札记》《礼记质疑》等。

【注释】

[1] 罗惇衍(1814—1874):字星斋,号椒生,广东顺德人。道光十五年(1834)进士,选庶吉士,授翰林编修。官至户部尚书,有《义轩咏史诗》。

[2] 晏端书(1803—1881):江苏仪征人。道光十八年(1838)进士,历任浙江巡抚、督办江北团练大臣、左副都御史、署两广总督。黄赞汤(1805—1869):字莘农,号征三,江西庐陵(今吉安)人。道光间进士。历官兵部右侍郎、河南巡抚、通政使、东河河道总督。1862年授广东巡抚,修建水陆炮台,加强战守。

[3] 省垣:省会,省城。

[4] 提标:清各省提督直辖部队称提标。清末广东水师,受两广总督节制。

[5] 协标:清军新军编制单位,每协4 038人,每协辖两标,每标2 005人。亦泛指部队。

[6] 溢坦:谓虚添冒领。

[7] 租课:犹经费。

[8] 咸丰七年:1857年。

[9] 制军:明清时总督的别称。又称"制台"。移咨:移送咨文。

[10] 郁结:滞塞,不舒畅。

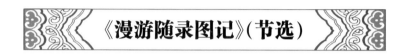

《漫游随录图记》(节选)

清·王　韬

【提要】

本文选自《漫游随录图记》(山东画报出版社2004年版)。

《漫游随录图记》,王韬著。清末思想家王韬1845年考取秀才。1849年应英国传教士麦都士之邀,到上海墨海书馆工作。1862年因化名黄畹上书太平天国被发现,清廷下令逮捕,在英国驻沪领事帮助下逃亡香港。应邀协助英华书院院长理雅各将十三经译为英文。1867年冬至1868年春漫游法、英、苏格兰等国,亲眼目睹西方现代文明。1868—1870年,王韬旅居苏格兰。1870年返香港。1874年在香港集资创办《循环日报》,评论时政,提倡维新变法,影响很大。1879年,王韬应日本文人邀请,前往日本进行为期4个月的考察。王韬考察了东京、大阪、神户、横滨等城市,写成《扶桑记游》。1884年,回到阔别20多年的上海。

定居上海后,王韬记录了他海外游历的见闻:巴黎胜概、英国伦敦的圣保罗教堂(作者称"保罗圣堂")、举办第一届世博会的水晶宫("玻璃巨室")、大英博物馆("博物大院")等,读之无不让人耳目一新。

巴 黎 胜 概

法京巴黎为欧洲一大都会,其人物之殷阗[1],宫室之壮丽,居处之繁华,园林之美胜,甲于一时,殆无与俪。居民百余万,防守陆兵三十万,按街巡视,鹄立道左,无不威仪严肃,寂静无哗,此外亦设巡丁,密同梭织。

寓舍宏敞,悉六七层,画栋雕甍,金碧辉耀。马达兰街、义大廉街加非馆星罗棋布[2],每日由戌初至丑正[3],男子咸来饮酌,妓女亦结队成群联翩入肆,游词嘲谑,亦所不拒,客意有属,即可问津,舍一金钱,不仅如吴市之看西施也。

道途坦洁,凡遇石块煤漆稍有不平,石匠随时修补,车声辚辚,彻夜不绝。

都中以宫殿最为巨丽,宫门外临街有楼翼然,其下可建十丈之旗,车马皆由此而过。入内,树木翕然郁茂,一望青葱。再进,环之以池,铁栏之内则为禁地,人不得入。如国王驻跸宫中,上悬一旗,出幸则否。凡欲游王宫者,俟王他出,先谒其国之驻扎公使,乞其名柬为先容[4],例得入而瞻仰焉。王宫左右,悉系大商巨铺,格局堂皇,酒楼食肆,亦复栉比,客至呼肴,咄嗟立办[5]。

市廛之中,大道广衢四通八达,每相距若干里,必有隙地间之,围以铁栏,广约百亩,尽栽树木,樾荫扶疏,游者亦得入而小憩,盖藉以疏通清淑之气,俾居人少疾病焉。

至于藏书之所、博物之院,咸甲于他国。法国最重读书,收藏之富,殆所未有,计凡藏书大库三十五所,名帙奇编,不可胜数,皆泰西文字也。惟波素拿书库则藏中国典籍三万册,经史子集略备,余友博士儒莲司其事[6]。儒莲足迹虽未至中土,而在其国中钻研文义,翻译儒释各经,风行于世,人皆仰之为宗师,奉为圭臬。博物院中分数门,曰生物,曰植物,曰制造,曰机器,曰宝玩,曰名画,广搜博采,务求其全。都中非止一所,尤著名者曰噜哇[7],栋宇巍峨,楼阁壮丽,殊耀外观。余至画苑,见有数女子入而临画、或调铅握椠[8],仅成粉本,或已施彩色,渲染生新,余近视之,真觉与之毕肖。有一女子年仅十五六,所画已得六七幅,皆山水也,悉著青绿色,浓淡远近,意趣天然。余偶赞之,女子与导余入者固相识,特持一幅以转赠余,殊可感也。

一夕,导者偕余观影戏,时不期而集者千数百人。余座颇近,观最明晰,所有山水人物、楼台屋宇,弹指即现,生新灵幻,不可思议。其中有各国京城,园亭绮丽,花木娟妍,以及沿海景象,苍茫毕肖,更有各国衙署,峥嵘耸峙,恍若身临。法京水晶宫殿尤为闳敞巨丽,光怪陆离,几于不可逼视,他若巍峨之楼观,华焕之亭台,明窗绮牖,纤毫透彻,咫尺如在目前。尤奇者为罗马国亚喇伯之古高山,层峦叠嶂,居天下之至峻,洵属大观。此外所影飞禽走兽,奇形诡状者,或生自上古,或产于异地,均莫能名。见之者,真不啻环行欧洲一周矣。

【作者简介】

王韬(1828—1897)原名利宾,易名瀚,字懒今;后改名韬,字仲弢,一字子潜,号紫铨,又号弢园,别署蘅华馆主、钓徒、天南遁叟等。江苏苏州人。长期游历归乡后,1885 年任上海格致书院院长,直至去世。1894 年为孙中山修改《上李鸿章书》。一生在哲学、教育、新闻、史学、文学等领域都有杰出成就,有《弢园文录外编》《弢园尺牍》《西学原始考》《淞滨琐话》《漫游随录图记》《淞隐漫录》等著述四十余种。

【注释】

[1]殷阗:众盛貌。

[2]加非:即咖啡。

[3]戌初:晚 7 时许。丑正:凌晨 1—3 时正。

[4]先容:语出《文选·于狱中上书自明》:"蟠木根柢,轮囷离奇,而为万乘器者,何也?以左右先为之容也。"李善注:"容谓雕饰。"本谓先加修饰,后引申为事先为人介绍、推荐或

关说。

　　[5] 咄嗟:音 duō jiē,霎时,迅速。

　　[6] 儒莲(1797—1873):又称儒理安。原名斯塔尼斯拉斯·朱利安。他是法国籍犹太汉学家、法兰西学院院士,法兰西学院汉学讲座第一任教授雷慕沙的得意门生,精通汉学。后在法兰西学院学习,1821 年任法兰西学院希腊语助教,1827 年任法兰西研究院(Institut de France)图书馆副馆长。在法兰西学院的教学中,儒莲放弃了用系统的方法来讲授汉语语法的做法,而更喜欢诠释文献,来归纳汉语语法结构准则,儒莲的教材使用和教学方法特色鲜明。主要著述有译著《孟子》《大唐西域记》《太上感应篇》《天工开物》《道德经》《赵氏孤儿》《西厢记》等。

　　[7] 噜哇:指卢浮宫。

　　[8] 铅椠:古代人书写文字的工具。铅:铅粉笔;椠:木板片。

保 罗 圣 堂

伦敦礼拜堂林立,新旧大小凡七百三十所,而以圣保罗会堂为最巨[1]。此堂落成于一千七百十年,经营缔构,前后凡阅三十五年,其工始竣。建堂模式,其图为多华玲所绘,固创作也。堂之东西,俱四百九十三尺,深二百四十六尺,两旁有楼,弯环若半月形,十字架由地至巅,高三百九十八尺,墙垣均用青石筑成,坚致精好。计用金钱七十四万七千九百五十四镑,合之中华银数凡二百六十五万六千七百三十三两,亦可谓时久而费巨矣。

余尝与理君雅各揽衣陟其巅[2],凭栏远眺,则都中宫殿楼台、园林景物历历在目,惜其日风力太猛,驻立稍出,身几为掣去。堂之顶有圆球,上置十字架,球空其中,可容三五人。继往半月楼小憩,余坐于东,理君雅各坐于西,两面遥对,约距五丈许,而出言问答犹在耳际,亦奇矣哉。堂之正中,其上有自鸣钟,式制甚巨,高约丈有二尺,钟声洪亮,响彻十余里。出入辟三门,以白石雕琢古贤哲像,镌刻工丽,非为美观,盖以铭功德而树仪表也。堂中多韶年童子咏歌诵诗[3],琴人奏乐以谐其声,和音雅节,清韵悠扬,听者忘倦。

此外礼拜堂,多至指不胜屈[4],大约每大街通衢各建一所,而推选一教师为之主持。其堂规模不一,类皆典丽乔皇,高华宏敞,垣庭栋宇,制作瑰奇。建堂之费,多由街民捐集。每逢礼拜安息日,街内居民群至堂中,祝祷如仪,凡婚娶喜丧等事亦至堂中,率循成例,盖通国崇教严敬,画一如此。圣保罗礼拜堂之外,即为冢墓,多葬昔年名将、名臣、名师。

其次曰绵式达,华丽称为都城巨擘,建造日月之久,凡经两王乃始葳事[5]。东院为显理第七所建,深三百五十五尺,广约一百九十二尺。英国王即位践阼,即于此堂受朝贺焉;既没,陵寝即在此堂之南,将相师儒亦多陪葬焉。

有圆室曰哥罗西雍,规制与礼拜堂相仿佛,层楼高耸,构造精华,四周垣墙,砌以白石,雕琢诸石像,刻画精致。最上一层于四壁绘画英都全图,宫室园囿,街衢城市,历历备载,其顶皆嵌玻璃,明净亮彻。堂中亦有童子讴歌作乐,风韵娱人。

通国士民,无论遐迩贫富,皆得入而纵观焉。

有地球亭,式制亦圆,中分三层,盘旋而登,外则垣墙四周浑圆如鸡卵,人入其中,即如置身地球之上。壁绘五大洲舆图,名山大川,雄城小岛,灿若列眉,诚为奇制伟观也。墙外多设市肆,贸易各物,有鬻小地球者[6],可以挈携细阅,亦极细致精巧。有绘图所,制亦如圆球,中分上下二层,登者必宛转曲折以升。上层绘古昔君王宫室园囿,山水树石,渲染流动。下层绘历代战伐之迹,殊功伟业,分列而备载焉。所以资考镜而垂无穷[7],非徒供游玩而已也。

国人多信奉耶稣,而辟天主教为谬,故以耶稣教为新教,而以天主教为旧教,然新教中亦分民教、国教。都中所有礼拜堂,大抵崇敬耶稣。向有古天主堂一所,千余年前旧物也,其高一百二十尺,四周皆石柱,穹窿数十仞[8],极为工细,惟阅岁既多,渐形剥蚀矣。古君主大臣皆葬其上,刻石肖其形,而立碑志纪勋伐焉[9]。

【注释】

[1]圣保罗会堂:即圣保罗大教堂。位于伦敦泰晤士河纽盖特街与纽钱吉街交角处,以其壮观的圆形屋顶而闻名,巴洛克风格建筑的代表作。

[2]理雅各(1815—1897):伦敦布道会传教士,英华书院校长,近代英国第一位著名汉学家。他是第一个系统研究、翻译中国古代经典的人,从1861年到1886年的25年间,将"四书""五经"等中国主要典籍全部译出,共计28卷。当他离开中国时,已是著作等身。理雅各的多卷本《中国经典》《法显行传》《中国的宗教:儒教、道教与基督教的对比》和《中国编年史》等著作在西方汉学界占有重要地位。他与法国学者顾赛芬、德国学者卫礼贤并称汉籍欧译三大师。

[3]韶年:美好的年代。多指幼童。

[4]指不胜屈:犹数不胜数。

[5]绵式达:即威斯敏斯特大教堂。蒇事:谓事情办理完成。蒇:音chǎn。

[6]小地球:指地球仪。

[7]考镜:参证借鉴。

[8]穹窿:中间隆起,四周下垂貌;高大貌。

[9]勋伐:功绩。

玻 璃 巨 室

余自香港启行,由新嘉坡而槟榔屿,而锡兰,而亚丁,而苏彝士,至此始觉景象一新,居民面色渐黄,天气亦稍寒,睛发俱黑,无异华人,士女亦多清秀,古称埃及为文明之国,洵不诬也[1]。复历基改罗,经亚勒山大,渡地中海,而泊墨西拿,惜未及登岸。其地多火山,产琉磺。既抵法埠马塞里,眼界顿开,几若别一世宙,若里昂,若巴黎,名胜之区几不胜纪。逮至伦敦,又似别一洞天,其为繁华之渊薮,游观之坛场,则未有若玻璃巨室者也。

谈者谓伦敦人民之盛,都城中三百万有奇,地形四面环海,陆兵十余万,水师不过六万人,足敷防守,若征调则一时数十万可集也。都会广四五十里,人烟稠密,楼宇整齐,多五六层,衢路坦洁,车毂击,人肩摩,为泰西极大都城。巡街弁兵,持仗鹄立道左,不惮风雨,率皆红衣黑裤,服饰新鲜。

玻璃巨室,土人亦呼为水晶宫,在伦敦之南二十有五里,乘轮车顷刻可至。地势高峻,望之巍然若冈阜,广厦崇旐建于其上[2],逶迤联属,雾阁云窗,缥缈天外,南北各峙一塔,高矗霄汉。北塔凡十一级,高四十丈,砖瓦榱桷[3],窗牖栏槛,悉玻璃也,日光注射,一片精莹。其中台观亭榭,园囿池沼,花卉草木,鸟兽禽虫,无不毕备。四周隙地数百亩,设肆鬻物者麇集[4],酒楼茗寮[5],随意所诣。有一乐院,其大可容数千人,弹琴唱歌,诸乐毕奏,几于响遏云而声裂帛。有一处鱼龙曼衍,百戏并作,凡一切缘绳击橦、吞刀吐火、舞盘穿梯、搬演变化,光怪陆离,奇幻不测,能令观者目眩神迷。

宫之中央有一观剧所最大,所演多英国古时事,战阵亦用甲胄刀矛,贵官出巡亦坐舆轿,仪从仿佛中华。最奇者,室宇可以霎时变易,洵如空中楼阁,弹指即现。有一女子,年仅十五六,短衣蔽膝,下缀金穗,上皆钻石,宝光璀璨,不可逼视,容色艳丽,一笑倾城,长于跳舞,应节合度,进退疾徐,无不有法。

有一楼多设珍奇之物,火齐木难,翡翠珊瑚,悉充牣焉,又储各国宝器,罩以玻璃。楼下有狮虎共争一羊,狮腹破而虎亦殒。楼梯旁有一印度女子,向西而立,手执连环,姿态绝美,云系古时王妃,聪慧异常,以非命死。有一石筑方室,高与楼齐,乃澳大利亚积年所掘之金已有此数。有一处悉造各国宫室、人物、禽兽,皆肖其国之象。登其楼,目及数十里外。

宫内游人虽众,无喧嚣杂沓之形,凡入者,畀银钱二。余游览四日,尚未能遍。每游必遇一男一女,晨去暮返,亦必先后同车,彼此相稔,疑其必系夫妇,询之,则曰非也,乃相悦而未成婚者,约同游一月后始告诸亲而合卺焉[6]。

都中屋宇鳞次而栉比,高至数层者,干霄入云,凭栏远眺,几疑为天际真人,可望而不可即。最下一层,入地数尺,开漏天一线以取光明,通接氤氲清淑之气,亦颇爽朗。每层四周围以栏杆,排列花卉盆玩,以娱观眺。数街中辄有小园,荫以花木,铸铁为椅,以便游者憩息,惜少亭榭可蔽骄阳。地由富室公建,特为居人晨夕往游。盖所居层楼叠阁,无空院,少呼吸通天气处,恐致郁而生疾,故辟此园,俾人散步舒怀,藉以宣畅其气焉。

【注释】

[1] 洵:诚实,实在。

[2] 旐:音 zhān,同"毡"。此指玻璃屋帷。

[3] 榱桷:屋椽。

[4] 麇集:聚集。麇:音 qún,聚集,成群。

[5] 茗寮:茶馆。

[6] 合卺:旧时结婚男女同杯饮酒之礼。后泛指结婚。卺:音 jǐn,古代结婚时用作酒器的一种瓢(一个弧瓜剖成两个,新郎新娘各执其一饮酒)。

博 物 大 院

伦敦都会称泰西巨擘,街衢宽广有至六七丈者,两旁砌以平石,街中或铺木柱,以便车毂往来,无辚辚隆隆之喧。每日清晨,有水车洒扫沙尘,纤垢不留,杂污务尽。地中亦设有长渠,以消污水。至于汲道,不事穿井,自然利便,各街地中皆范铅铁为筒,长短曲折,远近流通,互相接引。各家壁中咸有泉管,有塞以司启闭,用时喷流如注,不患不足,无穿凿绠汲之劳[1],亦无泛滥缺乏之虑。每夕灯火,不专假膏烛,亦以铁筒贯于各家壁内,收取煤气,由筒而管,吐达于室,以火引之即燃,朗耀光明,彻宵达曙,较灯烛之光十倍。晚游阛阓,几如不夜之天、长明之国。肆中各物[2],类皆精巧绝伦,列置玻璃窗中,表里透彻,历历如绘。市中必留隙地以相间隔,约宽百亩,辟为园囿,围以回栏,环植树木,气既疏通,荫亦清凉,无逼窄丛杂之虞。每日园丁洒扫灌溉,左右邻皆有管钥,出入自便。

都城所立公会,凡一百九十余所,类皆讲学行善者居多。余初至伦敦,往游密圣公会,即传教总所也。总司其事者为韦廉逊,其人蔼然可亲,导观各处,珍奇物玩罗列几案,大抵得自中华者居其半。所有前往四方播教者,悉由此处资遣。

午后,理君雅各至,同游博物院。院建于一千七百五十三年,其地广袤数百亩,构屋千楹,高敞巩固,铁作间架,铅代陶瓦,砖石为壁,皆以防火患也。院中藏书最富,所有五大洲舆图、古今历代书籍不下五十二万部,其地堂室相连,重阁叠架,自颠至址,节节皆书[3]。锦帙牙签,鳞次栉比。各国皆按槅架分列,不紊分毫。其司华书者为德格乐,能操华语,曾旅天津五年。其前为广堂,排列几椅,可坐数百人,几上笔墨俱备,四面环以铁阑。男女观书者日有百数十人,晨入暮归,书任检读,惟不令携去。

旁一所,储各国图画珍玩。历代玺印之式,玺圆如璧,金石为之,各肖其君貌于上,印以红蜡,周约五寸。由此逶迤前行,又数十楹,罗列古迹,零铜断瓦,杂沓兼收[4],其大者如石碑、石柱、石像、石棺,皆麦西、犹太、罗马、希腊诸国二千年前之物。石棺自土掘出,叩之渊渊作金石声,棺盖绘画人像,颜色未改。有棺之前后户俱脱者,窥其骸骨尚未朽坏,所衣布帛,纹缕犹可指数。

出此,降阶复升,重门洞达,衔接百数十楹,举凡天地间所有之鸟兽鳞介,草木谷果,山岳之精英,渊海之怪异,博物志所不及载,珍玩考所不及辨,格古论所不及详,莫不棋布星罗,各呈其本然之体质。有犀牛一,大异寻常,云是开辟初生之物。有一鲸鱼,其巨几蔽屋数十椽,长约二百余尺。动物则取已死者,存其骨殖[5],被以全体皮毛,实以纸棉药料,屹立无异于生。人之骸骨亦数十具,用铜线联缀焉。他如上古银钱,近今矿产,无不搜罗及之。再进,又十数楹,为古今天下各国日用器物与刀矛弓矢,而本国之新制继之。

此院各国皆有,英之为此,非徒令人炫奇好异、悦目怡情也。盖人限于方域,阻于时代,足迹不能遍历五洲,见闻不能追及千古,虽读书知有是物,究未得一睹形象,故有遇之于目而仍不知为何名者。今博采旁搜,综括万汇,悉备一庐,于礼拜一、三、五日启门,纵令士庶往观,所以佐读书之不逮,而广其识也,用意不亦深哉。

【注释】

[1] 绠汲:谓从井中打水。

[2] 肆中:店中。

[3] 庋:音 guǐ,置放,收藏。

[4] 杂沓:纷杂繁多貌。

[5] 骨殖:遗骨,尸骨。

清·李 圭

【提要】

选自《走向世界丛书》(湖南人民出版社 1980 年版)。

《环游地球新录》印行于清光绪四年(1878),善成堂刻本,作者为李圭,是中国第一本以亲历者身份记述世界(万国)博览会见闻的著作。书分 4 卷:卷一《美会纪略》(费城世博会见闻)、卷二《游览随笔》(美国见闻)、卷三《游览随笔》(英、法见闻及其他)、卷四《东行日记》(日本见闻及其他)。李鸿章特为作序。书由海关拨款印行 3 000 册,其中 500 册分送士宦,百册归作者,余则尽发书肆,随即一抢而空。

1851 年英国伦敦首届世界博览会后,各国参会都由其海关税务机关办理,而中国因海关税务概由外国人"代办",所以代表中国参加世博会的都是外国人。由于要参加 1876 年美国费城世博会,清政府觉得以往从主管到帮办都是外国人,于国体实在不雅,于是长期在海关任职的李圭,得以成为中国参展团的一员。

1876 年 5 月 13 日,李圭带着一名翻译,和中国馆的另一名聘来的工作人员美国人鼎达乘船离开上海取道日本,约一个月后到达美国旧金山,然后改乘火车抵达费城参加了世博会。李圭借这次参加费城世博会的机会,顺道参观了美国华盛顿和纽约,英国伦敦,法国巴黎、里昂、马赛,过地中海、红海、印度洋,最后返回上海,历时 9 个月,行程 8 万里。回国后于 1877 年写下了《环游地球新录》,介绍环游世界的情况,尤值一提的是翔实介绍了费城世博会的盛况,使中国人通过同胞的见闻实录,第一次比较真切地走近世博会。

《环游地球新录》记录了世博会的空前盛况以及展出物品的丰富多彩。书中,李圭详细描述了世博会设的总院、机器院、绘画石刻院、耕种院、花果草木院、美国公家各物院、女工院等。"会建于城西北隅飞莽园内,基广三千五百余亩。圈以木城,为门十七。内建陈物之院五所。"李圭笔下,博览会可谓是盛况空前、新奇无比。"北向建木质大牌楼一座,上面书'大清国'三字……两旁有东西辕门,上插黄地青龙旗,与官衙一式,极形严肃。"中国展区规模超出主办方的预计,"悉为他国游览官民目未经见,无不赞叹其美"。尤应指出的是,这次博览会上的中国馆木质大牌楼上的"大清国"三字为李圭拟定。不仅如此,门楼上的横额、对联均出自李圭之手,横额为"物华天宝",对联曰:"集十八省大观,天工可夺;庆一百年盛会,友谊斯敦。"中国参展物品共720箱,价值约20万两白银。其中各种土特产与手工艺品,包括丝、茶、瓷器、绸货、雕花器、景泰蓝等,在世博会上被推为第一。

"邮政局,亦以白石建筑,为楼四层,约五百间。"李圭游览费城世界博览会,还考察美国邮政。他介绍了美国邮政的文字洋洋八百言,对于邮政局的设置及诸项业务和实施办法,一一罗列;书中,他抓住国家邮政本质,"合公私而一之",亦即"国家专营,官民公用"。从这一立场出发,他列举了中国现行驿站之弊端等,提出了建立中国现代邮政,以利"裕国便民"等主张。李圭的见解深得李鸿章的赞许。1878年3月9日,总理衙门批准李鸿章建议,决定由赫德主持,指派天津海关税务司德璀琳以天津为中心,在北京、天津、烟台、牛庄(营口)、上海五处海关仿照欧洲办法,试办邮政。1896年3月20日,总理衙门以总税务司赫德所拟开办邮政章程入奏,议由海关现设邮政推广,开办国家邮政,同日光绪皇帝"依议",1897年2月20日,邮政官局正式对外开办。

不仅如此,李圭还考察了留美幼童的学习生活状况,留下珍贵的史料。李圭所见的正是第一批留美幼童,领队容闳"甚为西人敬服";中国"留美幼童"到达费城的两天之后,美国总统格兰特专门安排了时间接见,他和每一名幼童握手并寒暄数语。当地报纸称这些孩子个个聪明伶俐,举止端庄。幼童留美期间的1876年,正逢美国费城第一次举办世界博览会,这一年又是美国建国百年,孩子们自然要"组团"前去观赏博览会了。中国留学事务局组织留美幼童参观了费城世博会和其中的中国馆,李圭感慨:"西学所造,正未可量。"

回国后,李圭把途中所历闻见者,用一年时间,写出《环游地球新录》,此书得到李鸿章的赏识,李作序道:"途中所历,皆有记载。是役也,水路八万二千三百余里,往返凡八月有奇……圭之行,为不虚矣。"他还说:"有志之士,果能殚心考究,略其短而师其长。则为益于国家者,深远且大。"李圭的见闻和对新事物的论述,使当时的国人耳目一新。

百 年 大 会

光绪二年[1],为有国百年庆期[2](西国百年,与中国六十年为甲子一周、十二年为一纪之义同)。其官民先期聚议曰:"当华盛顿开国时,为省仅十有三,人民亦稀少。今则拓地日广,共有三十九省,人数多至四千万。此虽由外来入籍者众,而能骤增若此,亦正以见我国政治之善也。欧洲诸大国所以称雄者,以地大兵强,民安物阜耳[3],今我国岂出其下哉?且以大势观之,又安知将来不能驾乎其上耶?兹届庆期,宜举一极盛事以志不朽。"因择喷夕尔费尼阿省费里地费城[4],建屋设会,广致天下物产,互相比赛。美其名曰"百年大会",又曰"赛奇公会"焉。

【作者简介】

李圭(1842—1903),字小池,江苏江宁(今南京)人。1876年,受命赴美国费城参加美国建国 100 周年博览会,回国后写出《环游地球新录》,详细介绍展会盛况并详细记录了留美幼童、美国邮政等情形,并建议开办中国邮政。他还是中国"明信片"一词的发明者和设计者。

【注释】

[1]光绪二年:1876 年。

[2]有国:指美国。

[3]物阜:物产丰富。

[4]费城:所在州今译宾夕法尼亚。

会 院 总 略

光绪二年,即西历一千八百七十六年,美国费里地费城仿欧洲赛会例,创设大会。先期布告各国,广集天下宝物、古器、奇技、异材,互相比赛,以志其开国百年之庆。藉以敦好笃谊[1],奖才励能焉。

盛会空前古今无两

会建于城西北隅飞莽园内[2],基广三千五百余亩。圈以木城,为门十七。内建陈物之院五所:一为各物总院,一为机器院,一为绘画石刻院,一为耕种院,一为花果草木院。基址之广阔,营构之奇崛,局度之恢宏[3],陈物之美备,五大洲中,古今无两。五院计用洋钱四百五十万元。此外另造大小房屋一百五十余处,则有美国公家各物院、女工院、各式马车房、总理会务官公署、帮办公事房[4]。各国管理会务官公所,则各国预先定地自建者。会内税关、银行、电报局、书信馆、给照所(专给执照者)、巡捕房,与夫照相馆、酒楼、饭店,并各项店铺咸备。此皆赁与民间,设以便游客者。又建轮车铁路二条,长三十三里,专备会内游人所乘。

每人周历一遍,取资五分。各院另有人力小车,步履不便者坐之。晚燃煤气灯,列若繁星,无微不照。自来水亦由地内机管吸取,随处皆有,用之不竭。以上又共用洋钱四百万元。统计筑地建屋一切费用,共洋钱八百五十万元。除由国家动拨正帑一百五十万元及富商乐捐外[5],余仿商人纠股法,由商民购股给票凑足。待事后会内入款(即游人入院观览每人纳资五角,并会内各店铺地租等项),集有成数派还。人皆踊跃购股,总期事在必行,还款能否满数不计也。

三十七国前来赴会

西历一千八百七十四年七月初四日(是日为华盛顿有国首日)兴工,一千八百七十六年正月初一日告成。公举总理会务官一员,帮办三十二员。另选宏博之士二百人,考察各物优劣,就以别其才艺,会毕奖给宝星(即功牌)。巡捕八百名,专司巡察。至各处司阍、司事、工人,则难更仆数焉。每日俸薪、工食、杂费,另需洋钱约八千元。

送物赴会者计三十七国。管理会务官共四十六员(不计官之大小,英文皆称曰"企府格梅升纳")。此外仍有官绅二三百人(英文曰"格梅升纳"),选派赴会公干人员约二千人(英文曰"格梅升"),送物工商等约六万人(英文曰"哀克司西比得")。至各国动用帑金,我中国酌拨之数,已足敷用,毋庸赘述。如英、法等国,尚有用洋钱十数万、数十万者。赛会之物,几于无物不有,无美不具。逐件位置妥当,须六阅月工夫,始能齐备。游人欲尽览诸物,每日周历各处,曲折计算得五十六里,两日始遍。诚可谓萃万宝之精英,极天人之能事矣!

陈物之地,美国最大,约居十之五六;次则英;次则法、德、俄、奥;至小莫若智利、秘鲁。会例:凡送物来会,须于未开会之先,各将货物名目、件数、价值、编号报明会内税关,然后入院排列。欲就会售卖者,随时售卖,先给凭单,其物仍列原处。俟会期满日,各买主来会,持单付银,亦有先付定银者。其关税,或由物主,或由买主,赴关报纳。若未经卖出,原货带回者免。

各 物 总 院

院在会基之南,正门东向,而西、南、北三面亦建大门,各高八十尺。偏门差小,约三十处,遍插各国旗帜,五采夺目。

屋长一千八百八十尺,宽四百六十四尺,悉以精铁为梁柱,巨块玻璃为墙壁,高敞洁净,表里洞明。上起层楼杰阁十二座。居中四座,各高一百三十五尺。登临一览,各国之物,了然若指上螺纹。院内东西走道七,南北走道十有五。地面平铺木板。凿水池数处,或圆,或方,或八角,各尽其妙。中立铜柱,起重台,设机管。水由柱端泻入池,若喷珠溅雪,沁人心脾。走道空处多设长椅,休息游人。南北两门内设饭馆四处,可就近饮食。会院之大,斯为第一。南门外复添建平屋,基广六亩,共用洋钱一百六十万元。

所列之物,生成者为各种矿块、珠玉宝石、草木药料、男女骸骨、鸟兽虫鱼之质,以及海底各物,无所不有。人工所成者:古玩、五金器、石器、瓷器、木器、雕刻像、书画、图籍、呢、羽、丝、布,下至草履、竹筐,亦无所不有。某国之物,即用其国式样之屋宇、亭台、橱柜,分类排列,齐整可观。各有公事房,为就近办公之所。

各 国 区 划

游览者欲将各国陈物之地次第言之,当以正中纵横二大道为纲领焉。进南门至中道止,东首皆美国地;西首德、奥二国地最大,日本次之,日斯巴尼亚国、丹国、葡萄牙、埃及、土耳其、檀香山与中国及智利[6]、秘鲁又次之。进北门至中道止,东首法国地最大,瑞司、比利时、巴西、荷兰、墨西哥次之,余约四分之一又为美国地;西首英国地最大,约居十之六,俄国次之,瑞典、哪威、义大利又次之。

中国赴会之物,计七百二十箱,值银约二十万两。陈物之地,小于日本,颇不敷用。此非会内与地不均,盖我国原定仅八千正方尺,初不意来物若是之多也。地居院之西门内,左为智利、秘鲁,右为日本、埃及、土耳其,对面为义大利、哪威、瑞典等国。北向建木质大牌楼一座,上面大书"大清国"三字。横额曰:"物华天宝"。联曰:"集十八省大观,天工可夺;庆一百年盛会,友谊斯敦。"此为德君嘱圭所拟者[7]。两旁有东西辕门,上插黄地青龙旗,与官衙一式,极形严肃。

进牌楼,正中置橱柜数事,高八九尺,仿庙宇式,亦以木制涂金采[8],四面嵌大块玻璃,储各省绸缎、雕牙、玩物、银器及贵重之品。左列武林胡观察景泰窑器。右列粤省漆器、绣货,镜屏。后列各式乌木椅榻。再后为宁波雕木器,海关经办瓷器,及粤人何于臣各种古玩。再后临窗,则为公事房。地方虽形挨挤,而布置有法,愈觉华美可观。物件悉遵华式,专为手工制造,无一借力机器。即陈物之木架、橱柜,以及桌椅铺垫,公事房之陈设字画,亦无一外洋款式者,悉为他国游览官民目未经见,无不赞叹其美。且云:今而后,知华人之心思灵敏,甚有过于西人者矣!

南门外平屋,列各省丝、茶、六谷、药材,亦皆海关经办,由总院分列于此。药材不下七百种,丝、茶亦各种俱备。洋人谓深得赛会本意,愿以他物相易。盖皆为有用之品,可以增识见,得实益,非若玩好,仅图悦目者也。物产以丝、茶、瓷器、绸货、雕花器、景泰器,在各国中推为第一。铜器、漆器、银器、藤竹器次之。若玉石器,几无过问者。因忆从前法、奥之会,我国虽亦送物比赛,而未获贸易之益,以无华人往也。今则已得工商十余人,逐日在会,与西人相处,深知其爱憎。闻一、二年后,法国又兴大会[9]。则将来赴会者,置货必有把握,非若前时之凭空揣拟矣。

【注释】

[1]敦好:和睦友好。

[2]飞莽园:英文名 Fairmount Park,位于费城西北角。

[3]局度:格局,布局。犹规划。

[4]帮办:主管人员的助手。

[5]正帑:谓国库里的钱财。乐捐:谓自愿捐款。

[6]日斯巴尼亚:指西班牙。丹国:指丹麦。

[7]德君:即德璀琳(1842—1913),英籍德国人。1842 年出生于德国亚琛附近的尤利西(Jülich)小城的一个官僚贵族家庭。1864 年来到中国,服务于中国海关,任四等帮办。1876 年任烟台东海关税务司,1877 始,先后三次出任天津海关税务司,任期累计达 22 年(按规定,在一地任职不得超过两年)。1876 年,在中英烟台条约谈判中,他与清政府全权代表李鸿章相识,在此后的 25 年中,参与了中国许多外交事件。1878 年,德璀琳受命在天津英租界设立邮政总办事处,在天津、北京、烟台、牛庄、上海设立华洋书信馆,同时发行一套三枚以蟠龙为图案、上印"大清邮政"字样的邮票。这是近代中国邮政事业的肇始。1886 年 11 月 6 日,他还在天津创办一家在华英文报纸《中国时报》。

[8]金采:即金彩。

[9]法国兴会:1878 年,法国巴黎办了第三届巴黎世界博览会。

邮 政 局

邮政局,亦以白石建筑,为楼四层,约五百间。设邮政大臣,职与部臣等,故又称信部。各项总管数十人,司事不下千人,女多于男。国内各省、各城、各乡镇皆设局,复由局择冲要处与官府商民萃集所在,遍设邮筒。筒以铁为之,高尺许,方广六寸,谨锁其盖,盖开一缝。无论官民书简欲寄者,随时随地置筒内,每半时局内专人往取一次,即行分递,而皆以此局为主脑。凡信一封,重五铢以内者,送本省各城乡,取资一分;外省无论远近,取资五分。若重逾五铢,须加信资,有一定规制。其信资乃由局用机器刷印小票,方广七分许,使官民购买贴封面。收信后,局内登号簿,票上加盖图书,以杜复用原票之弊。

图书刊年、月、日、地名,倘递达迟误,可报局请查究。至寄带货包轻重大小,亦有定制,取资亦甚廉。应税之物,先交税银,由局代报。盖邮政局与税关同为国家公事,相辅而行也。若信中有汇票、银单者,则必须验明登册,另给收照,以保无虞[1],而取资稍厚,亦有定制[2]。大都事简而严,是以易行。

闻西国往昔,亦若我中华驿站之制,专递公文,不递民间书信。至乾隆初年,始议:以民为邦本,国无民不立。此制虽便于国,未便于民。各于通国地方,遍设邮局,派员经理,辖以大臣。无论公文、书信,一体传递,民大称便。积年来讲求办法,已归尽善。所得信资,用为各项经费,年终计算,颇有盈余解部,从无入不敷出之虞。诚以信资既廉,递送又速而无错误,人皆乐从之也。前数年各国议定,凡邮政一切办法,举地球各国,同为一制,互相驰递。东瀛日本,亦在列焉。夫邮驿为政治大端,历来讲求损益,代不胜数。独泰西于百年来,竟合公私而一之。其一切经制,有欲采而施诸中国,以为裕国便民计。或以为未可,而不知是诚可为也。盖其事本是省费而未尝省人,故夫役仍有所倚赖也。然则费省,恐多人仰事俯蓄有不足。曰:有民间信资以补之也。夫公文一角,人马并行,需费当若干?私信一函,由邮局汇寄,路仅百余里,费必数十文。是上下糜费,不亦太甚乎?使合而一之,可无是病,则裕国便民,已在其中。故以为未可,盖非宜也。

【注释】

[1]无虞:无忧。

[2]定制:谓规矩,准则。

幼童出洋总局

总局屋系租赁,为楼三层。进门右手为客厅,后为翻译房、饭室,左手为教读房,为幼童饭室,楼上为公事房、卧房,最上层为至圣殿,北向临窗为拜阙所[1]。屋甚狭小,不敷用。二十五日谒容公使闳时,区总办谔良、容教习致祥,值往费城观会。故与谈者,容公而外,邝翻译其照、刘教习其骏而已。容公甚为西人敬服,庆我国任得其人。嗣后岂惟华人在外者举有依赖,而中外交涉、通商诸务,益畅达悠久。此由容公洞悉西国政令、民俗、商情与夫山川、事物,罔弗了然。盖容公读西国书数十年,是以能臻此也。午后,容公偕往考联街,观新造屋。工匠正在兴作,约明年春间可告成。高峻闳敞,颇极冠冕。为楼四层,大门南向,屋顶起亭,竖木杆备朔望悬旗。图样为容公手笔。计广二百尺,深三百尺,较现租之屋,大可三倍。诚非此不特不敷用,且不足彰中华体统也。

幼童现仅一百十三人。以二人一班,分住各绅士家,随其子弟就传习洋文[2]。每人房食、束脩,每年需银四百两。局内延中华教习二人,幼童以三个月一次来局习华文。每次十二人,十四日为满。逾期,则此十二人复归,再换十二人来。以次轮流,周而复始。每日卯时起身,亥正就寝。其读书、写字、讲解、作论,皆为一定课程。即各人写寄家信,亦有定期,每月两次。可见虽细端,亦极周至矣。尝观其寓西人绅士家,颇得群居切磋之乐,彼此若水乳交融,则必交相有成。是中西幼童,皆受其益也。况吾华幼童,仍兼读中国书,而不参混。使其专心致力,无此得彼失之虞,是其法之良善者也。他年期满学成,体用兼备,翊赞国家[3],宏图丕烈[4],斯不负圣朝作人之盛意也欤。

【注释】

[1] 拜阙:向皇帝居住的宫阙叩拜。表示对皇上尊敬。

[2] 传习:谓学习。

[3] 翊赞:辅助,辅佐。

[4] 丕烈:大功业。

南通师范学校始建记

清·张 謇

【提要】

本文选自《清文观止》(岳麓书社 2004 年版)。

南通师范学校是清末甲午科状元、近代著名政治活动家、实业家、教育家张謇在清光绪二十八年(1902)开始创建的我国第一所独立设置的中等师范学校。"校地因千佛寺",张謇开篇述说其地赓续演变,就在前一年(1901)"寺前殿毁于火"。于是,二十八年正月里,张謇邀请通、如、泰、海士绅议设师范,遭顽固官僚反对,但心思发动的张謇从其所办实业中抽出资金,并合亲友贤绅捐助的善款,自行建办师范学校。二月,两江总督刘坤一正式行文批准,五月奠基建造。

建设历时整整三年,"并文昌阁所有木石瓴甓之材,经营改作,担土填河,拓地万方"，在 41 亩的土地上"建屋一百零四间，楼一百七十二间，廊庑一百十六间"，"息寝、盥溲、听视、吸嘘、量光度气"等一应俱全，蔚成一所新式学校。边建边办学，1903 年 4 月 27 日（农历四月初一）学校正式开学上课，张謇在校内揭示《总理开校演说词》，内有"愿诸君开拓胸襟，立定志愿，求人之长，成己之用；不妄自菲薄，自然不妄自尊大，忠实不欺，坚苦自立，成我通州之学风"。后张謇将"坚苦自立、忠实不欺"作为校训，校名称"通州民立师范学校"，后改称"私立通州师范学校"，张謇亲自书写"师范学校"四字镶在校门。其时一般学校皆称"学堂"，张謇率先称"学校"，足见其远见卓识。

师范学校最初设三年、四年本科，两年的简易科和一年的讲习科等学制，聘请国内知名人士如王国维、陈师曾任教职，并聘请日籍教师木造高俊、西谷虎二等 7 人来校执教物理、化学、生物、心理等课程。

随后的两年里，张謇又不断"改作扩张"。1905 年在校河西设博物苑，供学校博物教学之用。博物苑后来与学校分立，成为全国第一个博物馆。1906 年在校内西北楼设附属小学，供学生实习。1906 年秋于校西南辟农场，并将农课定为必修课，另附设测绘科、农科、土木工科、蚕科，建校 10 年共毕业学生 542 人。十年创校共用资 44 万余元。

张謇办学动机缘于"教育救国"。1840 年鸦片战争以后，我国沦为半封建、半殖民地社会，内忧外患日渐深重，一些先进的知识分子发出了"实业救国""教育救国"等呼声，张謇亦为其中佼佼者。他在 1902 年即大生纱场创建 5 年后就着手办教育，最先办师范，因为"欲教育普及国民而不求师，则无导。故立学须从小学始，尤须从师范始"，所以"师范为教育之母"（参见南通教育局网站之"百年老校"）。

1904 年，清廷在正式颁布《奏定学堂章程》里，将师范教育从初拟附设于中学堂内，改为独立系统，此距张謇办师范学校晚了两年。

校地因古千佛寺，与文昌阁南北相负，颓废久矣。《州志》志寺万历中建，语至略；而文昌阁建自万历二十四年冬，有秣陵[1] 余梦麟、太原王稷、登州顾养谦三碑志其事。志寺缘始者，赖州人包壮行《募修寺疏》[2]——壮行，明崇祯十六年癸未进士，官工部主事。癸未会试在八月。据壮行他文，甲申由天津南归，梦见顺公——顺公者，燕僧顺庵，建千佛寺者也。壮行之归，至早亦正二月，或者三月。三月，明社屋矣。《疏》述：寺建于万历二十七年己亥[3]；至顺治四年戊子[4]，顺庵弟子卓然，丐壮行为疏，募金重修。考其岁月，阁寺之建，直同时后先相赓续也。寺杂祀天神、地祇、人鬼，不尽合释氏言。道光朝，寺钟款识名三教禅院[5]，樊然羼寺阁所祀者而一之[6]，又不若明人各自为名之尚有说矣。

悲夫，周之将亡，而政教之衰也，学校不修，《子衿》刺作[7]。及秦荡周制，举孔、孟所守五帝三王之道，沦胥坠地[8]。汉世经生籍师说为利禄，学校之质，存已几微。过是以往，门第科举之说迭兴，教不阶塾庠序学而成，才不第德事言艺而进[9]，仕求速化，人怀倖心；实无可凭，则竞于虚叩。由是鬼神祸福之说，一切得而荧之[10]。宋、元以降，其流滋滥，妖祠淫祀[11]，充牣大宇[12]。稽其名号，明白二氏之书者[13]，且羞称之。而世儒崇戴之不已[14]，甚至天子、宰相为之前旌[15]。有明一代,嘉靖为甚。由是毁书院,僇党人,抉根揠萌,唯恐不殊[16]。逮至崇祯甲申,才百年耳。《孟子》有言:"上无礼,下无学,贼民兴,丧亡日矣。"其不炯然龟鉴也与[17]!

今上辛丑回銮[18],惩于拳匪之祸[19],明诏天下州县敬教劝学,许借寺观以为校舍,盖汉、唐令辟未有之盛举也[20]。謇惟教不可无师,师之道备于《学记》。后世科举之师,《学记》所谓"呻其占毕,多其讯言,及于数进而不顾其安……施之悖而求之佛"者也[21]。闻之欧美之觇人国也,以其国学校之多寡为强弱文野之别;其多者校以七八万计,生徒以七八百万计,校师以十数万计。师必出于师范,师范之教授管理,其法往往可以证通《学记》。乃白督部刘公[22],请就千佛寺所自立师范学校。

先是一年,寺前殿毁于火,因并文昌阁所有木石瓴甓之材,经营改作,担土填河,拓地万方,凡为地四十一亩有奇。先后建屋一百零四间,楼一百七十二间,廊庑一百十六间,适其地势,以为深广,凡容生徒上下三百余人。息寝、盥溲、听视、吸嘘、量光度气[23],惟善是的,罔敢臆造。经始于光绪二十八年五月,告成于三十一年四月;改作扩张,又历两载。凡附属工科室一、小学校一。校河之西,营博物苑、测候所、休疗室[24],凡为地三十九亩。又于其南营农场、农学教室、贫民半日小学,凡为地二十亩。其创始及经久之资,謇所任筹,亦惟叔兄詧、沈君燮均,及二三好义君子,赞襄是赖[25]。

世变亟矣!不民胡国,不知胡民,不学胡知,不师胡学,务民义而远鬼神,策富教以维众庶,广之万国以求其同,还之三代以存其独,是则孔、孟之教矣,宁假彼二氏张皇祸福之言哉[26]?

抑闻之史学家,沿革建置,一方之掌故也。城濠东南水口,静海城故址在焉[27]。即址为阁,阁之东为书院。征之《州志》,南唐尝立静海都镇制置院[28],周升为军,寻改通州。城则周显德五年筑[29],曾无更易。然则地或当为都镇院故址。所谓阁之东书院者何名,碑缺不详,志又不载,或尚有故记遗闻,若壮行后出者乎? 姑记而俟之[30]。

【作者简介】

张謇(1853—1926),字季直,号啬庵,清光绪甲午科(1894)状元。出身农家,苦读成才。提倡实业救国、棉铁主义、村落主义,名驰中外。农林渔牧、水利、气象、教育诸方面多有建树,多开风气之先,尤以垦荒植棉、兴修水利、发展教育最有成效。张謇一生兴办各种中、小学校,高等商业、农业、医学、师范、土木、测绘、蚕业、刺绣、聋哑、纺织等专门学校,养老院、残废院、育婴堂、博物院、图书馆等,凡欧美各国应有之事业,他全部创办。

【注释】

[1]秣陵:今南京。

[2]赖州:在今四川茂县地。

[3]万历二十七年己亥:1599 年。

[4]顺治四年戊子:1647 年。按:顺治四年为丁亥年。

[5]款识:古代钟鼎彝器上铸刻的文字。

[6]樊然:纷杂貌。羼:音 chàn,群羊杂居,搀杂。

[7]《子衿》:《诗·郑风》篇名,刺学校衰废。

[8]沦坠:埋没丧亡。

[9]德事言艺:孔门四科名。德:德行。事:政事。言:言语。艺:犹文学。

[10]荧:眼光迷乱,迷惑。

[11]袄祠:邪神之祠。

[12]充牣:谓充满,充盈。

[13]二氏:指释、道二教。

[14]崇戴:崇敬爱戴。

[15]前旌:帝王官吏仪仗中前行的旗帜。

[16]劖:音 lù,通"戮",杀戮。抉根揭萌:犹斩草除根。殊:绝。

[17]龟鉴:谓借以警戒。龟可以卜吉凶,镜可以比美丑。故喻借镜鉴前事。

[18]辛丑回銮:因八国联军入侵北京,慈禧与光绪帝逃至西安。光绪二十六年(1900),回北京。

[19]惩:苦于。

[20]令辟:贤明的帝王。

[21]呻:诵读。占毕:竹简。占,同"笘"。讯:告知。及:急于,追求。数:同"速"。安:适应。佛:同"拂",违背。郑玄注:言今之师自不晓经之义,但吟诵所视简之文,多其难问也。"施之悖"句:原文作"其施之也悖,其求之也佛",犹言教错了,学讹了。

[22]刘公:指刘坤一(1830—1902)。时任两江总督。

[23]盥溲:指洗漱间、厕所。吸嘘:呼吸。此指实验设备。

[24]测候所:气象站。

[25]赞襄:辅助,协助。

[26]张皇:夸大,显耀。

[27]静海:即今南通。五代时置静海军于此。

[28]制置院:唐设官署。掌经划边鄙军队之事。宋沿置。

[29]显德:后周太祖郭威始用的年号,后周世宗柴荣、恭帝柴宗训续用,954—960 年。

[30]俟:音 sì,等候。

灌县重修安澜桥记

清·吴之英

【提要】

本文选自《寿栎庐厄言和天》(1920 年刻本)。

"灌西有绳桥",即安澜桥,是我国五大古桥之一。安澜桥是名播中外的古索桥,位于都江堰鱼嘴分水堤之上,横跨内外两江,今桥长 500 米。安澜桥的修建年代已无考,但《华阳国志·蜀志》记载李冰"能笮",《水经注·江水》亦载"涪江有笮桥”,证明安澜桥的修建,不会晚于修筑都江堰的年代。“笮”意为竹索,这是川西古代索桥的主要建筑材料,故安澜索桥又被称为竹桥、绳桥、竹藤桥等。宋代,改称“评事桥”。明末毁于战火。

清嘉庆八年(1803),何先德夫妇倡议修建竹索桥,“邑侯钱塘吴公乃与邑人捐建。桥长九十四丈,高七丈,宽八尺。纬索十余系两岸,旁翼以阑”(《新建安澜桥碑》)。木板铺桥、旁设扶栏的索桥成,两岸行人狂澜安渡,故更名“安澜桥”。民间为纪念何氏夫妇,又称之为“夫妻桥”。

以后,安澜桥屡毁屡建,道光、光绪间成为常事。安澜桥大多毁于水,但光绪二十年(1894)因“野庐漫火”,索桥被毁,知县范万选重建,“胜其股,丰其臂,壮其觳”,最终完成了重建工程。

茅以升在《介绍五座古桥》一文中,对安澜索桥作了详尽的描述:“以竹丝编成竹缆,粗如碗口,陆续接长,横跨全江。其两端绕系于横卧大木碾,转动木碾时拉紧竹绳,以免下垂过度。大木碾安置于木笼内,木笼位于两岸石岩中所凿的石室。竹缆十根平列,上铺木板为桥面,可以行人。两旁各有较细竹缆六根作为栏杆。由于桥底竹缆太长,下面用木排架八座及石墩一座承托,将桥分为九孔,全长320米,一孔最大跨度达61米。每座木排架用大木五根打入江底,中用横木连接,下有石块砌堆。其两边木桩较长,形成斜柱。石墩一座,位于江堰的鱼嘴上。内有石室,亦有大木碾,可以拉紧竹缆,其作用与两岸的大木碾相同。”

1959年兴建鱼嘴电站,遂将索桥外江段四孔缩减两孔,改修电站溢洪道。1962年鱼嘴电站工程停建,改10根竹底绳为6根钢缆绳,改扶栏竹绳为铁丝绳,外用竹缆包裹。1964年7月山洪暴发,全桥被毁。重建时,改木桥桩为混凝土桥桩,扶栏绳仍以竹缆包缠。1974年兴建外江闸,经国务院批准,将索桥下移100米。改平房式桥头堡为大屋顶双层桥头堡,改单层金刚亭为藻井挑檐六角亭,增建沙黑河亭。安澜桥远看如飞虹挂空,又像渔人晒网,形式十分别致。

1982年5月,安澜桥被列为国家级文物保护单位。

灌西有绳桥,碧岸而质[1],剖筡为繘[2];设旁帷,横江裁之,牵面齐氐[3],裁若股,牵若觳[4],氐若臂;加衡木其间,尺树柱二列,有楔疏楗布[5];干周氐属[6],干帷裁属[7],柱钩系之;正中柴栵[8],以庋于彼[9],是厥耑咫堂尔[10]。

范君万选莅灌之二年,野庐漫火毁焉[11],帷为燋,裁为燎,氐为灰,柱楔柴栵,炭焉质之。巩者殒[12],砾者硋[13],磊砢纵横离然[14],为丹为粉,则谓曰:“是桥通道西南,不可以弗治也。”乃壁岸新宕之[15],胜其股,丰其臂,壮其觳,求柱楔以乡心而远根者,傅柴栵以直理而闿明者[16]。土有工,石有工,竹有工,金有工,木有工,陶埴有工[17],杂以会错[18]。然而李穹梁既,亢堂厥遒[19],而乡父老执事请曰:“斯役也,材拙而用完,工块而制坚,业在述而伟巆倍乎前[20],盍系言焉[21]?”君曰:“不然,水涸成梁,时之令也。茀夷道路,官之职也。营因旧规,未敢信其有加也。特以吾民乐输其力,忠之属也,是则可以志也。”直英在灌学间巡劳焉[22],志之曰:

蜀道般纡,山蹇川矜[23]。旧史所称,有栈有绳。岷精络井,江华初迸。

有桥编竹,衡跨其颈。作鳞动鬣,蜿蜿延延[24]。仰欱素沫[25],渍为清湍[26]。

　　大火西流,祝融戒驾。竟蜕皮骨,一朝神化。乃度故止,斫石削崖。
名材新枲,丽构重开。密织老筤[27],截空排挈[28]。邓林之薇,渭川之笭[29]。
工师献技,成绪嵯峨[30]。沏寒写翠,渺渺深波[31]。经计何力?子来帅
谊。慎告后人,毋荒葺治。

【作者简介】

　　吴之英(1857—1918),字伯朅,号蒙阳渔者,四川雅安人。曾任资州艺风书院及简州通材
书院讲席、灌县训导、成都尊经书院都讲、锦江书院襄校、国学院院正。曾响应"康梁变法",组
织"蜀学会",创办《蜀学报》,并自任主笔。戊戌维新失败,愤然回乡隐居,研究学问,专心著述,
有《寿栎庐丛书》72 卷。

【注释】

　　[1]碞岸:谓石岸。
　　[2]筡:音 tú,竹子。繘:音 jú,绳索。
　　[3]氐:根、底。
　　[4]觳:音 hú,谓摇晃(人行其上,觳觫移步,摇晃倍之)。
　　[5]楔:此指插在索桥两边围护竹绳上的短木棍,以提高竹绳护栏的安全性。楗:竖插在
门闩上使门拨不开的木根。
　　[6]干:关连,涉及。周氐:谓周围脚下(安全)。
　　[7]帷裁:谓围障绳股。
　　[8]柴枥:此指杂树木柱固定在悬索上形成的队列。
　　[9]庋:音 guǐ,放器物的架子。
　　[10]"是厥"句:句谓这样的索桥看起来就如一小小的厅堂。
　　[11]野庐:田野间房舍。
　　[12]巩:坚固、牢固。
　　[13]硈:音 shì,《说文》:碎石隤声。
　　[14]磊砢:众多委积貌。离然:空旷貌。
　　[15]宕:谓洞而搁置。
　　[16]闿明:开阔明朗。
　　[17]陶埴:烧制砖瓦。
　　[18]会错:即"绘错"。涂绘镶错。
　　[19]"然而"句:谓索桥修通,桥屋告竣。
　　[20]伟嶻:雄伟峻峭。
　　[21]盍:何不。
　　[22]直:通"值"。
　　[23]般纡:亦作"盘纡"。盘旋曲折。蹇矜:指山逼水仄。
　　[24]蝡蝡:音 rú,同"蠕蠕"。谓像虫子般前后蠕动身体。形容慢慢移动的样子。
　　[25]欱:音 hē,吸吮。
　　[26]湓:音 pēn,涌起的高浪。
　　[27]筤:音 mǐn,竹子的表皮,可劈成篾条(以编织绳索)。

[28]排軏:犹牛轭。谓其形状。軏:义同轭,旧时驾车时搁在牛马颈上的曲木。

[29]薇、荡:俱竹名。荡:大竹。

[30]成绪:成绩。嵯峨:此谓卓著。

[31]洌寒:此谓桥下之水翠碧清洌。

过昌平城望居庸关

清·康有为

【提要】

本文选自《中国旅游名胜古代题咏诗词选释》(中国新闻出版社 1986 年版)。

康有为光绪十四年(1888)夏历五月赴北京应顺天乡试,极目远望居庸关"城堞逶迤万柳红,西山岩岫霁明虹。"两句写尽长城的雄伟气势;"云垂大野鹰盘势,地展平原骏走风。"再两句写尽长城的环境:以上是"望"。

"永夜驼铃传塞上,极天树影递关东。时平堡堠生青草,欲出军都吊鬼雄。"由望而想:永夜驼铃、守关英灵,长城与他们紧紧连在一起。

雄浑壮阔的景色,慷慨清冷的联想:少年壮志不言愁。

城堞逶迤万柳红,西山岩岫霁明虹[1]。

云垂大野鹰盘势[2],地展平原骏走风。

永夜驼铃传塞上[3],极天树影递关东。

时平堡堠生青草,欲出军都吊鬼雄[4]。

【作者简介】

康有为(1858—1927),又名祖诒,字广厦,号长素、明夷、更牲、西樵山人、游存叟、天游化人,晚年别署天游化人,广东南海人,人称"康南海"。清光绪间进士,授工部主事。他信奉孔子的儒家学说,并致力于将儒家学说改造为可以适应现代社会的国教,曾担任孔教会会长。在光绪帝的支持下,领导了清末的戊戌变法,从政治、经济、文化教育等几方面系统地提出了自己的见解并亲身践行。失败后逃往日本。主要著作有《康子篇》《新学伪经考》《春秋董氏学》《孔子改制考》《大同书》《欧洲十一国游记》《广艺舟双楫》等。

【注释】

[1]城堞:谓长城上的齿状矮墙。逶迤:蜿蜒曲折,拐来拐去。岩岫:音 tiáo dì,同"迢递"。遥远貌。

[2]大野:原野。鹰盘势:指苍鹰盘旋。

[3]永夜:长夜,整夜。

[4]堡堠:碉堡。堠:音hòu,古代瞭望敌情的土堡。军都:居庸关古名军都关。鬼雄:指为国捐躯的战士英灵。

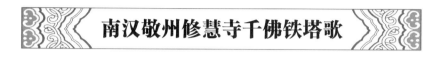

南汉敬州修慧寺千佛铁塔歌

清·丘逢甲

【提要】

本诗选自《岭云海日楼诗钞》(上海古籍出版社1982年版)。

"有铁不遣铸五兵,又不铸器资民生。峨峨两塔奉敕造,民间观者如风倾。"在丘逢甲看来,铁铸之塔依然会"寺荒塔坏",所以"铁"不用来打造兵器、资奉民生便是"铁之辱"。庚子(1900)年,丘逢甲参加了康有为领导的勤王运动,正怀"睡狮一吼"的王霸之气,"神力永镇阎浮提,何须四万八千塔"。

风云激荡时代的丘逢甲有铁当铸兵资民之叹,情在理中,但他歌咏的铁塔却为神州一奇观。千佛塔坐落于今广东梅州市东郊大东岩山顶。

清光绪《嘉应州志》载,铁塔为南汉王刘鋹建于大宝八年(965),距今已有一千多年历史。铁塔7层,高4.2米,呈四方形,塔底边长1.6米,生铁铸成,塔身铸有千佛,故名千佛塔。原塔建于修慧寺,因寺毁,清代州官又将其迁于齐州寺中(两古寺早已湮没)。

历经沧桑的铁塔终于在1993年得到妥善安置。1990年,在政府支持和海内外热心人士捐款资助下,由千佛塔寺住持释明慧主持,在大东岩山顶建造九层石塔。3年后,石塔落成,经批准,将"南汉千佛铁塔"补铸完善后移置于新千佛塔底层,统称为"千佛宝塔"。

庚子秋游梅口镇,温柳介同年示以黄公度京卿所寄南汉敬州修慧寺《千佛铁塔铭》拓本[1],矜为创获。及冬抵州谒京卿,得见塔残铁。其第七层一方即铭文,三方缺,故不知铸者、铭者姓名。四层及六、七层之半俱佛像,以所得约之,知塔有千佛。惜缺者无从觅,不能见其全矣。塔盖南汉刘鋹时州民募建以祝福者,与光孝寺东西铁塔奉敕造者先后同时[2],计大宝八年乙丑岁建。而始毁于同治四年乙丑[3],阅岁乙丑者已十有五。铭文词近《尔雅》,书亦具体颜平原[4]。州中之金,此为最古。惜省志、州志俱未载。吴石华先生《南汉金石志》搜罗甚广,亦失之眉睫。致久郁而不显,浸至残毁,无过问者。今京卿得焉,不可谓非此塔此铁之遭也。塔址在一小山上,梅江绕其下,去人境庐不半里,登璇楼可望见。惟修慧寺今不知何所。或云康熙间塔自齐州寺移建今址,然无可考证,亦第故老相传云尔[5]。京卿已属柳介载入今州志,复作歌属予和焉。吊古慨今,遂有斯作。

  五金之用铁为广,惜或竟付降王长。上供铸柱下铸床,更铸贪痴佞佛想[6]。
有铁不遣铸五兵[7],又不铸器资民生。峨峨两塔奉敕造,民间观者如风倾。
梅水东来避灾地,上有先朝修慧寺。眼中突兀窣堵波,不惜乌金铸文字。
谁软铭者工祝词,贤劫千佛森威仪[8]。皇图欲仗佛力固,安知天降香孩儿[9]。
一铁山围一世界,劫火中烧万法坏。巍然此塔九百年,相轮夜转罡风快[10]。
岂惟牛角难长延,眼看宋蹶元明颠。敬州遗事共谁说,塔端铃语缺不圆。
塔铸何时岁乙丑,有大力者负以走。十五乙丑塔乃倾,敢信佛缘能不朽。
自从象教嗟中衰,中分净土参耶回[11]。竞假天堂地狱说,乘虚与佛争东来。
东来明星张国钺,炮雨枪云铁飞舰。天经喥罢万灵嗫,海旂飐处千官诣[12]。
与之抗者谈真空,白莲万朵开魔风。谁云此獠有佛性,妖腾怪踔巾何红[13]。
此亦当今一张角[14],满地黄花乱曾作。国成谁秉邪召邪,聚铁群惊铸此错。
黄金台边铁血殷,六龙西幸趋函关[15]。麻鞋何日见天子,小臣足茧哀荒山。
梅山苍苍梅水碧,雄心陶写付金石[16]。眼骇残铁南汉年,古锈斑斓铁花积。
当时铸者知何人? 寺荒塔坏朝屡新。小南强花空供养[17],即今诸佛无完身。
铁不得用铁之辱,海风夜啸蛟涎浊。神州莽莽将陆沉[18],诸天应下金仙哭。
谓佛不灵佛傥灵,睡狮一吼狞而醒。破敌神兵退六甲,开山力士驱五丁[19]。
五岭雄奇积煤铁,矿政未修民曷殖[20]。地不爱宝资中兴,会须富国兼强国。
吾国平等存佛心,纷纷种教休交侵[21]。行看手铸新世界,采山有诏需南金[22]。
人天同庆回末劫[23],王气宁容霸气杂。神力永镇阎浮提[24],何须四万八千塔。

【作者简介】

  丘逢甲(1864—1912),字仙根,又字吉甫,号蛰庵、仲阏、华严子。辛亥革命后以仓海为名。祖籍嘉应(今属广东),生于台湾彰化。光绪十五年(1889)进士,授任工部主事。但他无意仕途,返回台湾,任衡文书院主讲,后又办新学。甲午战后,清廷割让台湾,丘逢甲组织义军反抗。见局势不可为,携带家眷内渡广东嘉应州。写下诗句:"春愁难遣强看山,往事惊心泪欲潸。四百万人同一哭,去年今日割台湾。"后参加孙中山组建的临时政府。

【注释】

  [1]黄公度:即黄遵宪(1848—1905)。字公度,别号人境庐主人,广东梅州人。晚清诗人,外交家,政治家,教育家。光绪二年(1876)举人,历充使日参赞、旧金山总领事、驻英参赞、新加坡总领事。戊戌变法期间署湖南按察使,助巡抚陈宝箴推行新政。工诗,喜以新事物熔铸入诗,有"诗界革新导师"之称。有《人境庐诗草》《日本国志》《日本杂事诗》等。

  [2]光孝寺:寺为广州年代最古、规模最大的佛寺。光孝寺铁塔中,西铁塔建于五代南汉大宝六年(963),东铁塔铸于大宝十年。

  [3]同治四年:1865年。

  [4]颜平原:指唐代书法家颜真卿,颜真卿曾任平原太守,故称。

[5]故老:年高而见识多的人。

[6]贪痴:佛教语。谓贪欲与痴愚。

[7]五兵:泛指各种兵器。

[8]贤劫:佛教语。指有释迦佛等千佛出世的现在劫。与过去壮严劫、未来星宿劫并称为三大劫,为佛教的宏观时间观念。

[9]香孩儿:指赵匡胤。传说赵匡胤出生时,气味香馥,故小名叫香孩儿。南汉为赵匡胤所灭。

[10]罡风:指强烈的风。

[11]像教:即像法。亦泛指佛法。耶、回:即基督教、伊斯兰教。

[12]飐:音zhǎn,风吹颤动。

[13]踔:音chuō,跳、跳跃。

[14]张角(？—184):钜鹿(治今河北平乡)人。东汉末"黄巾军"领袖,太平道创始人。他利用宗教观念,组织群众,秘密串联。中平元年(184),张角以"苍天已死,黄天当立。岁在甲子,天下大吉"为号,自称"天公将军",率领群众发动起义,史称"黄巾起义"。丘逢甲时,义和团、白莲教等风起云涌,故称。

[15]六龙西幸:1900年,慈禧对八国联军宣战。英、法、德、俄等十一国军随即攻克北京。慈禧、光绪帝弃城西逃,一直逃至西安,史称"庚子西狩"。六龙:天子车驾的代称。

[16]陶写:谓怡悦情性,消愁解闷。

[17]小南强:茉莉花的别称。五代周世宗遣使至南汉,南汉主刘晟赠使者茉莉花,美其名曰"小南强"。其后,宋平南汉,执晟子铱至洛阳,铱不识牡丹,人谓此花名"大北胜",以报"小南强"之语。

[18]陆沉:陆地沉没。此喻指国土沦丧。

[19]五丁:神话传说中的五个力士。扬雄《蜀王本纪》:天为蜀王生五丁力士,能献山。

[20]曷:音hé,怎么。殖:孳生,繁衍。

[21]种教:种族和宗教。

[22]南金:南方出产的铜。梅州铜矿藏量丰富。

[23]末劫:佛教语。谓末法之劫。

[24]阎浮提:梵文音译。洲之意。此洲为须弥山四大洲之南洲。诗中借指中国南方。

按:诗后原注:"白莲万朵开魔风"以下十句,时清廷信拳排外,八国联军入京,两宫逃西安也。

题 村 外 壁

清·丘逢甲

【提要】

本诗选自《柏庄诗草》(中国友谊出版公司1986年版)。

这是一幅世外桃源图:万竿青竹围着的农家茅苫屋,竹阴缺处就是进屋的柴门。土坯墙面上坑洼而光滑的地方就是牛写下的文字,围栏里鸭子们嘎嘎对言,热闹非凡。看,谁家在办喜宴,乡亲们纷纷前来贺喜欢聚。

在丘逢甲看来,能留给子孙的就是这"稻田蔬圃茅苫屋"了。

万竹青围郭外村,竹阴缺处小柴门。
康成墙剥牛书字,鲁望栏喧鸭对言[1]。
婚嫁朱陈多聚族,去来王谢少争墩[2]。
稻田蔬圃茅苫屋[3],故业能留与子孙。

【注释】

[1]"康成"句:似为郑玄典故。郑玄(127—200),字康成,北海高密(今山东高密)人。绝意仕途,一心向学。40岁从马融处学成回乡后,他已成为全国著名的精通今古文经学的大师了,于百家之学无所不通。于是远近有数百上千人投到他的门下,"客耕东莱(今山东即墨县东南不其城南山下)",种田维持生计,授徒传播道业。

[2]朱陈:古村名。白居易《朱陈村》:徐州古丰县,有村曰朱陈……一村唯两姓,世世为婚姻。苏轼亦有"何年顾陆丹青手,画作朱陈嫁娶图。"后用为两姓联姻的代称。王谢:指东晋的王导、谢安,均为重臣。王、谢两家均住建康乌衣巷。刘禹锡有"旧时王谢堂前燕,飞入寻常百姓家"。

[3]茅苫:谓用茅草覆盖。苫:音 shān,草帘子,草垫子。

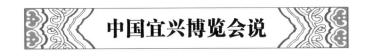

中国宜兴博览会说

佚 名

【提要】

本文选自《清经世文统编》(清光绪二十七年上海宝善斋石印本)。

1851年,伦敦海德公园的玻璃大屋内,举办了后来被称为"世界博览会"的展会,广东商人徐荣村的"荣记湖丝"最终赶上了展会,并脱颖而出,独得金、银大奖。但获奖情形并不广为国人所知。中国政府第一次以国家名义派代表参加的世界博览会是1876年的费城世界博览会,唯一的中国籍代表名叫李圭。他在《环游地球新录》中记录了1876年的费城世界博览会盛况。那时,国人称之为炫奇会、赛奇会、赛珍会、赛公会、聚宝会、劝业会、陈列会、博物会、雅物会、考工会、劝工会、物产会,等等,一般统称为赛会。

1860年代起,国人就有关于博览会的言论、描述,较为鲜明地反映了晚清社会对近代博览会的观念认知。"炫奇""邦交""商利""劝业""文明""启智"都是其中热门的词汇,这些词汇反映了晚清社会对世界博览会认识的演变历程:由疑惧到接受,由炫奇到商战(竞争),由邦谊到商利。

李圭在费城博览会观感中指出:"仆初观美国之创是会,似乎徒费。今而知志在联交谊,奖人才,广物产,并借以通有无。"参观博览会的中国人看到中国展品与西国展品的差距后,对中国利权丧失表示了深深忧虑。李圭、陈琪无不如此。陈琪1904年游览美国圣刘易斯博览会时,长叹中国展品:"几与印度、波兰、犹太等置之可有可亡之列,能无付诸长叹乎?"(《记哈佛幼童观会事》载1876年11月8日《申报》)

参观而生忧虑,忧虑自然深思,思而求自救之法。中国参加费城博览会就是国内洋务派劝导的结果。洋务派主张通过博览会认识、采购代表先进技艺的机器,然后予以仿造,别出心裁,促使中国工艺日渐发达。"推广其法,妙出新裁,则我华人材技自能蒸蒸日上,不使堂堂数千年大国而贻讥于远人,岂不盛哉!"(公桓氏《奉劝士商百工宜赴美国赛奇公会游览俾广见识论》载1875年2月1日《申报》)甚至有人认为:"群知求国之富强,必在工商之发达,而欲求工商之发达,则必自设立赛会始。"(《论派员至美赛会之宜慎》载1903年8月9日《中外日报》)

博览会盛行于泰西各国,其制始于英京伦敦。继之者为法京巴黎,斯由是而奥京维也呐、美国斐刺铁斐城、日本东京。三十余年来踵事增华[1],无美不备。英、法、奥未知其详细,美则创于西历一千八百七十六年,即我圣清同治二年。

先是华盛顿于乾隆乙未年创立[2]美邦,至此已历百年,故设会以志庆。卒预期拟就章程二十五则,传布各国,请将各项人工物巧邮致会中,品其等伦[3],交相比赛。其意一为敦好笃谊[4],二为鼓励才能,三为国与国相亲,民与民相睦,各臻富强之业,永息觊觎之风[5]。

是役也,入会者计麦西哥、土耳其、瑞典、哪喊、日本、俄罗斯、比利时、日斯巴尼雅、奥斯地利雅、英属格罗巴、美之旧金山、英属新金山、英吉利、法兰西、义大利、瑞士、德意志、巴西、丹墨、巴尔多格、埃及、美属火奴鲁罗、智利、卑鲁、荷兰、墨西哥,各输货物以襄盛事[6]。而我中国亦派江海新关李君小池航海而往[7],所赍之货为雕漆嵌金银丝象牙螺钿屏风、扇子、花瓶、顾绣、刻丝、木器,要皆穷工极巧,刻意讲求,为诸西人所未见者。会事既毕,李君襟披而归[8],撮其大略情形,著为《环游地球新录》,具意谓会建于城西北隅飞莽园内[9],基广三千五百余亩,陈物之院五。一各物总院、一机器院、一绘画石刻院、一耕种院、一花果草木院,约计每日游历五十六里,须两月始游遍。斯真可谓萃万宝之菁华,极天人之能事矣。

日本博览会自维新以后已三次开赛,第一次为彼国明治十年,即我中国光绪三年[10]。越四年重复举行,至明治二十三年又举行第三次[11],承副总裁农商务大五岩村君以海外招往券邮赠,又得友人岸田氏具赍秣资,乃得附船而往,一纵奇观。曾设于东京之上野,所陈者皆国内之产,故谓之内国劝业博览会。计为本馆者七,为美术馆、水产馆、农林馆、机械馆者各一。此外,又有牛马舍、家禽舍、参考馆,共占地四万三千九百五十坪。会中执事官,除总摄之亲王及农商务大臣外,多至一百七十七员,合通国二十九县及北海道厅之物产,一一胪列其间[12]。入观者,每日每人征钱七十文,礼拜六减收三十文,礼拜日增收一百五十文。总而计之,每日有一万人入观。虽其费不赀,而但计游赀已可日得钱七百千之谱。况诸物一经入会,即有人预期购定,约以闭会日携回会外。更商店如林,五色陆离[13],任人选购。此其生财之道,不亦超越寻常与!

虽然,予尝闻之西友矣,各国之设博览会,非以收游赀为务,亦非特乎货物畅销,诚以农商百工之流,囿于一隅,平日见闻不广,自以为是,则不肯刻意求工;自以为非,则或且怠于振作,故必使之入会,比较优劣,显呈优者可获赏牌,劣者竞遭屏弃。而后精神各奋,工益求工,互相观摩以臻夫善。且货弃于地,人或未知,自经博览会之品评而后知。园廛漆林、山邱坟衍[14],无一处不蕴美质,即无一处不可扩利源用能,使智慧日开,权利日辟。他日者兵强国富,无不于此会基矣。善夫!

李君之言曰:“仆初观美国之创是会,似乎徒费。今而知志在联交谊,奖人材,广物产,并藉以通有无。盖一家所需,非仅左右前后所能备,而况一国乎? 是会也,举天下之奇技异能与夫万物之有益于国计民生者,毕萃于是。举数十国之交谊好尚、人材之众寡、物产之美恶,瞭然于前,然后益求其交谊何以敦而固,人材何以用而效,物产何以聚而备,并己国之人材亦因以淬砺,物产亦因以富庶。然则,博览会之设非谋国之要图乎? 至于日本,则尝与执政者互相咨询,佥言“初设博览会时,器物类多粗窳[15],未免贻笑于外邦。洎第二次时,粗者渐以精,窳者渐以美。第三次而尽美尽善,外邦人皆赞叹而称扬矣。”然则,博览会固岂徒侈美观哉! 亦商务中所必不可少者耳。

中国自与泰西通道,一切制作往往效法泰西,开矿也,行船也,制造枪炮军舰也,凡泰西之所恃为长技者,中国皆能仿而行之。虽未能与之并驾齐驱,而得其皮毛,亦足以稍免外人之侮。所惜者,西人日以洋货运至中土,大而军器,小而食物,凡百奇技淫巧,皆所以耗我赀财,每年银钱之流出外洋者,无可胜数。我中国地大物博,各省土产取之不穷,而出洋者惟以丝、茶二者为大宗。近且日本、锡兰皆产茶[16],法、义诸国皆产丝[17],而丝茶乃日渐疲敝。此外如磁器、药材、草帽、边鸡鸭毛之类,虽有西人购之回国者,然出口之货还不敌进口之货,以致漏卮难塞[18],国日以贫。有心人蒿目时艰[19],盖不胜江河日下之叹矣。

愚以为欲期商务振兴,当自开设博览会始。且不必开设万国博览会,惟须效日本之内国劝业博览会。何则? 万国博览会所以望各国之货源源而来,俾工商效其所长,乘其所短。中土则瑰奇之货来自各邦者,耳目之前早已五光十色。我既不能如日本之用心仿造,转贩出洋,徒令人厌故喜新。踊跃购取,是非以富国,反以耗财矣。惟是将各省内地之菁华,陈列会中,使泰西人之见者,知我中国百货云集,精粗毕具,而又坚栗耐久[20],突过泰西。庶几日后将合用者,遂渐购归,商路从此旁通曲畅,则向之银钱流出者数年、数十年之后,不可一一收回乎! 且西人既喜购土货以归,则凡制货之人见其中有利可图,自必细心研究。此既求其精巧,彼更欲其坚牢,斗角钩心,无微不至。而贾者勤于贾,农者勤于农,不特通国无弃材,亦且通国无游民。然则,博览会之获益岂浅鲜哉!或谓与其土货使之出洋,曷若我之仿造洋货,举外洋之珍奇瑰异,一一自我而造之,亦可以浚利源而阜国计,不知日本惟土产寥寥无几,故欲仿洋货以遏来源。我中国山川之精英,虽千万年而不竭,但能地不爱宝,已足裕富。国之良国,必欲舍本计而取资于他人,已落禅家所谓"第二义",则何若扩张物产,使斯民各有恒业之为佳哉!因论博览会而纵言及之。不识衮衮诸公,其以鲰生为迂还而不切事理否也[21]?

【注释】

[1]踵事增华:继承前人的作为而使之更美好。

[2]华盛顿(1789—1797):美国首任总统,被尊为国父。其领导的美国建国时间为1776年,而非乾隆乙未(1775)。

[3]等伦:同等或同类。

[4]敦好:和睦友好。

[5]谗慝:邪恶奸佞。慝:音 tè。

[6]日斯巴尼亚:即西班牙。丹墨:即丹麦。卑鲁:即秘鲁。

[7]李圭(1842—1903),字小池,江苏江宁(今南京)人。23岁受聘任宁波海关副税务司霍博逊的秘书。1876年他受派前往美国费城,参加费城世博会,李圭回国后将其在美期间的见闻写成《环游地球新录》一书。参见本书《环游地球新录》(节选)。

[8]襟披:亦作"披襟"。敞开衣襟。多喻舒畅心怀。

[9]飞莽园:Fairmount Park 的音译。

[10]光绪三年:1877年。

[11]明治二十三年:1890年。

[12]胪列:犹陈列。

[13]陆离:形容色彩绚丽繁茂。

[14]园廛:园圃与廛里。坟衍:指水边和低下平坦的土地。

[15]粗窳:粗劣。窳:音 yǔ,粗劣。

[16]锡兰:即斯里兰卡。

[17]法、义:指法国、意大利。

[18]漏卮:古时指有漏洞的盛酒器,此处引申为对外贸易逆差。

[19]蒿目:极目远望。蒿:音 hāo。时艰:艰难的时局。形容对时局忧虑不安。

[20]坚栗:犹坚固。

[21]衮衮诸公:旧指身居高位而无所作为的官僚们。衮衮:相继不绝。鲰生:犹小生。自谦词。鲰:音 zōu。

拟办铁路说帖

清·盛宣怀 等

【提要】

本文选自《清经世文统编》(清光绪二十七年上海宝善斋石印本)。

"奏为统筹南北铁路,拟请设立总公司以一事权,而便展拓。"光绪二十二年(1896)九月,上谕:"王文韶、张之洞会奏请设铁路总公司,并保盛宣怀奉命入京办理卢汉(京汉、平汉)铁路事宜。"

鸦片战争前后,铁路知识传入中国,林则徐、魏源、徐继畬等人先后著书介绍,特别是太平天国洪仁玕的《资政新篇》涉及尤多。但那时的清廷对铁路的疑虑极为深重,即使如曾国藩、沈葆桢等重臣亦持消极甚至反对态度。但也有赞成者,如李鸿章。1867年,尽管李对铁路、电线仍然心存疑虑,但他明确向朝廷报告:"凡事穷则变,变则通。将来通商各口,洋商私设电线,在所不免。但由此口至彼口,官不允行,总做不到……然与其任洋人在内地开设铁路电线,又不若中国自行仿办,权自我操,彼亦无可置喙耳。"(《中国近代铁路史资料》第一册)

终于1889年5月5日,清政府发布一道"上谕":铁路"此事为自强要策,必应通筹天下全局……但冀有益于国,无损于民,定一至当不易之策,即可毅然兴办,毋庸筑室道谋"(同上引)。从此兴建铁路成为官方政策,二十多年的争论结束。

中国铁路,早在实际建设还未展开之际就有了宏大的规划。1863年春,英国铁路工程师斯蒂文森爵士(Sir R. M. Stephenson 1809-1896)来到中国,在广泛听取在华外国人和中国商人的意见后,他建议:"一开始就决定一个综合的铁路系统计划,使所有的铁路都按照这个系统建造,这样,就可避免中国人由于缺乏这种铁路系统而发生的祸害。"还提出以汉口为中心,用铁路干线把天津、上海、广州四大商业中心联结,并连接宁波、苏州、福州、佛山等地,经过四川、云南直达印度的路网计划。他提出,这些计划应由清政府自行办理。首先建筑从北京至天津、上海至苏州、广州至佛山三条最有利可图的线路(同上引)。此外还有孙中山,他曾经计划利用外资60亿元,10年内修筑20万里铁路,并说"今日修筑铁路,实为目前唯一之急务,民国之生死存亡,系于此举"(《孙中山全集》第二卷,中华书局1982年版)。他还兴致勃勃地制定了四通八达的全国铁路规划图。

清廷甫许开建铁路,甲午至辛亥短短十年里,中国就新建了9254公里铁路,里程占近代中国所修铁路的近40%。京汉铁路就是这一时期的产物。

京汉铁路,原称卢汉铁路,是甲午中日战争后,清政府准备自己修筑的第一条铁路。当时国库空虚,为了修筑卢汉铁路,湖广总督张之洞1889年向清政府提出每年拨款200万两银子备修路之用,获得允诺。随后,为生产卢汉铁路所需要的钢轨,张之洞开始筹办汉阳铁厂等一系列重型工厂。但每年200万两银子,对这样庞大的工程无疑是杯水车薪,并且仅仅拨款一年,就因东北局势紧张,清政府下令"移卢汉路款先办关东铁路"。

1895年底,清政府决议兴建卢汉线,原来打算铁路实行"官督商办",由各省富商集股修建。但当时华商"各怀观望",无人问津,因为大家对政府没有信心。清廷不得已只好举借外债。1896年10月,直隶总督王文韶、湖广总督张之洞奏请设立铁路总公司,以大官僚买办、天津关道盛宣怀为督办大臣,统筹卢汉铁路的修建。

"由公司先借官款一千万两,借洋款二千万两。五年之后,分作二十五年归还。"借款筑路的消息一经传出,美、英、法、比等国的公司派代表蜂拥来华,竞相兜揽。张之洞选中了比利时:一因其是小国,再者该国钢铁资源丰富,铁路技术成熟。经过谈判,清政府最终与比利时人达成了协议,向比利时公司借款450万英镑(年息5厘,9折付款,期限30年)。合同规定,筑路工程由比利时公司派人监造;所需材料除汉阳铁工厂可以供应外,都归比利时公司承办,并享受免税待遇。在借款期限30年间,一切行车管理权均归比利时公司掌握。

卢汉线终于可以大举兴建了。光绪二十四年,清政府又以同样的条件,向比利时借款1250万法郎。1898年底,该铁路南北两端同时开工。比利时公司为了加速工程进度,节省费用,偷工减料,造成铁路质量极低。像黄河铁路大桥,由比利时人设计的这座大桥总长3010.2米,共102孔,是卢汉线上最长的桥梁。但比利时公司为了减轻投资负担,加快施工进度,基桩深度不够,施工期间就有8个桥墩被洪水冲毁。桥建成后,保固期只有15年,行车时速仅为10—15公里,历年洪水期内均需要抛掷大量蛮石。

光绪二十二年(1906)四月,全长1214.49公里(含支线在内,全长1311.4公里)的宏大铁路干线——卢汉铁路正式全线通车运行,湖广总督张之洞与直隶总督袁世凯共同主持验收。

全线通车时,全部工程投资4349.8787万两白银,平均每公里造价为35813两白银。该线路上包括漯河(郾城)在内共建有长度20米以上大中桥127座(包括黄河特大桥)。全路初设车站70个,后陆续增加至125个。

谨将盛宣怀拟办铁路说帖敬缮清单恭呈御览。

窃为芦汉为南北一大干路,于拱卫京师大有益,于转运商货在其次。此中利弊,谨缕晰陈之[1]。

或曰:"官本官办,直捷痛快,无如巨款难筹。"尤恐将来督抚志趣各殊,办理纷歧,因噎废食。如福建船政创办之初[2],左宗棠、沈葆桢言之何其郑重[3],卒至虚糜公费,不能推广造船。在人以为利器,在我以为漏卮。以彼例此,势必相同,此筹官办之难也。

或曰:"商本商办,便宜干净。无如华商眼光极近,魄力极微,求利又极奢。"问路工何日可成,答以四五年;问路本实需若干,答以四千余万;问路息岁获若干,答以四五年。全工未竣,无利可给,闻者无不爽然而去[4]。夫华商本无远识,绅富则暗置恒产,有钱惟恐人知。商贾则挟赀营运,一日不能无利。此集华股之难也。

或曰:"并合洋股,款足易成。无如洋人合股之公司,事权全属洋人。"此路原为征调而设[5],苟遇紧急之秋,彼守局外之例,不准运兵馈饷。适与造路本意相左,恐这一路予人以开各执利益同沾之例,相与要求,必将路路被人占造。今日路属何国,即他日地属何国。此合洋股之难也。

或曰:"借用洋债事半功倍,无如国债,向以海关实款质抵,故各国趋之若鹜。"傥由公司出名,商借商还,只能以铁路抵押,而路未造成之际,本利全属蹈空[6]。洋人以操为纵势,必多方要挟,仍须国家批准保其本利有着而后可行。此借洋债之难也。

又查芦汉地当上游,东南各省之货客、江浙两省之漕粮,由沪至津与由沪至汉,轮船运货日期相埒[7],万无轮船由沪运汉之后,再转轮车之理。是车运仅有云贵川湘之货客,路长而费繁,本重而利轻,华商热筹已久。况路经鄂、豫、直三省,无甚富商大贾,故欲专指芦汉而招股,恐直无人过问。盖洋务、商务,惟粤、沪风气先开,乃居粤、沪之商人而视芦汉之公司,以为远矣。此铁路专指芦汉而招股尤难也。

又查,此项干路据德国工师锡乐巴云[8],由信阳州形似弓弦约二千八百里,由襄樊形似弓背,约三千二百里,照津芦二百十六里,估价二百四十余万两,约平路每里将及一万二千两。加之黄河大桥,并凿山填湖,共估四千万两左右。勘路绘图,分头开造,至连必须四五年。似此艰难旷远之巨工,付诸位卑望浅之外史,士夫读书稽古,必诧为旷代未有之奇。不解公司条例,银钱俱属股商公举之,总董经手,或仍误会;利权操于一人,稍不遂欲,谤议横生[9]。能使功成而后退,成败自有定论,若竟堕半途,一身不足惜,其如大局何?此铁路委诸宣怀而任事,尤难也。

以上情形,宣怀在津、在鄂,业已据实禀明。兹奉饬传到京,仰蒙谘询所及,遵当直抒所见,以备采择。

一、请特设铁路总公司。先造芦汉干路,其余苏沪粤汉等处,亦准该公司次第议请展造,不再另设公司。似此,西北造路,东南商股[10],方能号召。且可泯各国窥伺之心,断却无数葛藤。即使各国来议,或可援照电线,饬交公司查照公法理论,亦可稍助公家之力,隐消萌芽不少[11]。

谨查,直督湖督会奏,苏沪铁路归并芦汉公司,不再另设,系恐南北两路同时并举,商力愈难,更恐南商专力南路,转致北路落后,莫如通力合作,庶可先成北路。及八月初四日,调回新加坡领事张振勋到沪[12],面称南洋各埠及粤港华商,均以芦汉不愿入股,无法招徕,如准其带广东铁路,粤人方愿入股等语。查许应锵招股章程内本有"续由汉口至广东,以期筋节贯通"之语,拟请先立公司,不以芦汉限制,并非迹涉恢张[13],实系注重干路。

一、请由铁路总公司招集商股四十万股,每股银百两,共总收齐计银四千万两,自开工日起,至工竣日止。拟先收商股七百万为公司根基,并请暂入官股三百万两为天下倡。率官股亦照商股掣发,公司股票申送户部存储。俟大工告成之日,官商股分一律收利,将来或永远列作官股,或俟商股充足,随时归还,悉听官便。

谨查南洋请办吴淞至金陵铁路,原奏内称"估计七百万两为度,所借瑞记洋款尚余二百五十万两[14]。体察两年后,两淮盐务尚有再筹一百万两,共计可得三百五十万两,足敷成本之半,其余一半,概招商股。先令造吴淞至苏州一路,再令造苏州至镇江一路,以达金陵"等语,令会奏,请将苏沪铁路归并芦汉,合一公司所有。各存苏沪造路官款二百五十万两,可否照原奏,拨作铁路总公司之官股。至两淮盐务之一百万两,恐不可靠,拟请将直隶所收海防税款,拨银五十万两,共成官股三百万两之数目。前拟先造吴淞至上海一路,将来续造上海至苏州一路,俱无庸再请官本。

一、请由公司先借官款一千万两,续借洋款二千万两。五年之后,分作二十五年归还,每年应还官债本银四十万两、洋债本银八十万两。按商股四十万股,每股每年仅须缴付本银三两,中国商民不富而庶,零星积攒,轻而易举。照西例,买票后有需钱用者,股票听具售与他人。但执票者不准不依限续缴,如不缴,即作废纸。约至十余年后,各人已执有股票五十两,以六厘利息计之,即可将利缴本矣。公司忠信为主,揣度此案似可通行。

谨查,商股必在路成之日有利可收,方能招集。洋债亦须俟工将及半,有路可指,方能抵借。所以,除官商股分千万之外,必须先借官债千万,赶紧造轨,分道开工。俟造成轨道一段,再向洋商贷借一款,拟以实抵,不作空久。先与该洋商订定合同,庶不至受其要挟。至公司请借官款,官亦无非将所借之洋款挪拨。一俟路工告成,即当与公司洋债一律按期缴息,分限归本。惟路工未完之先,暂免缴利,仍俟将来余利充足,如数补缴,并拟定公司股分得利在一分五厘之外,酌提余利一半归官,籍伸报效。

一、请铁路悉照公司章程办理。应遴选各省公正殷实、声望素养之体面绅商,举充总董十二员。又选身家殷实、熟悉商务之帮董二十四人。公同招股,再由三十六人公举。银钱总管、工程总管、参督监察诸执事,俱按西国规模,尽除官场习气。如有丝毫弊窦[15],准由有股商人指实究办,并由户部及直、湖两督,随时派员,到工查察。如果查出员董有弊,即可随时指发究办,一面由铁路督办另议撤换。

谨查,铁路必先遴选头等工程洋师勘路绘图,谋定后动。否则毫厘千里之谬,难以半途更改。拟借何国之款,即募何国之匠。美国未贷官债,并于中国无所觊觎,铁路工程尤精,如借美债,用美匠,各国忌心稍迟。中国于铁路工程,尚无专门之学,驾驭洋匠,教习华徒,考求工料,研究地形,随在俱缺。紧要而用人理财,尤非精神贯注,不能取精用宏,风清弊绝。宣怀管窥蠡测[16],略责所知,断难驱策群材,肩斯重任。惟乞另简贤能[17],早成要举,大局幸甚!

【作者简介】

盛宣怀(1844—1916),江苏武进人,字杏荪、幼勖,号次沂、补楼。1879 年,署天津河间兵备道。同年,署天津海关道。1885 年,任招商局督办。1886 年,任山东登莱青兵备道道台兼东海关监督。次年,在烟台独资经营客货海运。1891 年春,在烟台设立胶东第一广仁堂慈善机构。次年,任直隶津海关道兼直隶津海关监督。1895 奏设北洋大学堂于天津(现天津大学)。1896 年,任铁路公司督办,接办汉阳铁厂、大冶铁矿,奏设南洋公学于上海。1902 年,任正二品工部左侍郎。有《愚斋存稿》《盛宣怀未刊信稿》《常州先哲遗书》《经世文续集》等。

【注释】

[1] 缕晰:详尽而清楚。

[2] 福建船政:1866 年 12 月,清廷在福州马尾设立"总理船政事务衙门"。该衙门的设立是闽浙总督左宗棠提出来的。当年 6 月,左宗棠上奏朝廷主张在福建福州马尾创办船政。同年 7 月,同治皇帝准奏。10 月,任命在家丁忧的江西巡抚沈葆桢为船政大臣;11 月开设求是堂艺局,即船政学堂;12 月,船政工程动工兴建,并对外招生 105 名。

福建船政是清末自强运动的先驱与典范。鸦片战争后,在激烈的中西文化冲撞中,林则徐等先贤认识到开眼看世界的重要,提出了"师夷长技以制夷"的主张。随后,魏源受其委托编写了《海国图志》,诠释了他的主张,提出了置造船械等战略设想。闽浙总督左宗棠实践"师夷制夷",创办了船政。福建船政造船制炮、培养人才、整顿水师,都围绕着海权做文章。

福建船政从 1868 年制造"万年清"号开始,到 1907 年止,共造船 40 艘,总吨位 47 350 吨,占全国总产量的 82.5%。造船技术也不断更新,从木壳船到铁胁船,到铁甲船,建立了当时中国近代最大的船舶工业基地。1917 年,福建船政还设立了飞机制造工程处。1919 年 8 月造出了首架双桴双翼水上飞机,共生产飞机 17 架,开创了中国航空工业新纪元。

福建船政学堂,引进西方教育模式,建立了与工业化和海军建设相适应的教育模式和留学制度,成为各地纷纷效仿的样板,成为科技和海军人才的摇篮,被李鸿章誉为"开山之祖"。从船政学堂走出的近代著名人物有启蒙思想家严复,"铁路之父"詹天佑,外交家陈季同、罗丰禄,造船专家魏瀚、郑清濂,矿务专家林应升、林日章,轮机专家陈兆翱、杨廉臣,天文学家高鲁、王绥琯等等。《清史稿》记载:"船政学堂成就之人才,实为中国海军人才之嚆矢。"福建船政培养了海军军官和军事技术人才 1 100 多名,占中国近代海军同类人员的 60%。福建船政引进了西方的科学技术,高起点嫁接,迅速地提高了中国造船、航海、飞机、枪炮、鱼雷、矿冶、机械、无线电、天文等科技和工艺水平。

[3] 左宗棠(1812—1885):字季高,一字朴存,号湘上农人。晚清重臣,军事家、政治家、著名湘军将领,洋务派首领。官至东阁大学士、军机大臣,封二等恪靖侯。一生经历了湘军平定太平天国运动、洋务运动、镇压陕甘回变和收复新疆等。1865 年,任闽浙总督。第二年,上疏奏请设局监造轮船,获准试行,即于福州马尾择址办船厂,派员出国购买机器、船槽,并创办求是堂艺局(又称船政学堂),培养造船技术和海军人才。旋改任陕甘总督,推荐原江西巡抚沈葆桢任总理船政大臣。一年后,福州船政局(又称马尾船政局)正式开工,成为中国第一个新式造船厂。沈葆桢(1820—1879):字幼丹,又字翰宇,福建侯官(今福州)人。台湾近代化之路的倡导者。道光二十七年(1847)进士,选庶吉士,授编修,升监察御史。1867 年接替左宗棠任福建船政大臣。一上任即建船坞及机器厂,并附设艺童学堂。光绪元年(1875),升任江西总督兼南洋通商大臣,督办南洋海防,扩充南洋水师,并参与经营轮船招商局,派船政学堂学生赴英法留学。

[4] 爽然:消失貌。

[5] 征调:政府征集和调用人才、物资。

[6] 蹈空:谓没有根据。

[7] 坰:音 liè,等,同。

[8] 锡乐巴:即海因里希·锡乐巴(1855—1925)。德国铁路设计师。1886 年,德国首相俾斯麦派遣 4 名铁路工程师到北京,学习中国语言,以备日后中国政府准许他国建造铁路之

需,锡乐巴是其中之一。很快,在中国的锡乐巴得到指令,建造一条从上海到吴淞的铁路。但这条中国最早的营运铁路在建成后不久,因朝中反对声强烈,最终被拆毁了。1892—1898年,锡乐巴为湖广总督张之洞设计铁路,他设计建造了从汉阳到湖北大冶铁矿的铁路。1895年7月,张之洞先后向总理衙门提议修建上海到南京的沪宁铁路,同时派锡乐巴勘测线路。后来,锡乐巴又设计了京汉、汉渝等铁路方案。但锡乐巴所有预先做过勘测和设计的铁路,没有一条最后交由德国公司建造。1898年,朝廷任命盛宣怀来领导中国的铁路建设,锡乐巴随之成为其技术顾问。1898年3月6日,清政府与德国签订青岛租借条约,根据这份条约,清廷允许德国修筑一条从青岛到济南的铁路线。锡乐巴受德国银行集团委派,来山东设计、建造该铁路。1899年6月,由德国十四家银行共同出资5400万马克组建的联合体山东铁路公司成立,锡乐巴被任命为公司经理和首席工程师。1904年6月1日,青岛至济南铁路全线贯通,山东巡抚和德国胶州总督都参加典礼。1910年,锡乐巴被铁路大臣盛宣怀再次召回中国。

[9] 谤议:非议。

[10] 商股:旧时官商共营的股份公司中,商人投资的股份称商股。

[11] 隐消:无形中消失。

[12] 张振勋(1840—1916):字弼士,号肇燮,大埔人(今广东大埔县),近代华侨资本家。小时家境贫寒,只读过3年书,15岁到印尼的巴达维亚(雅加达)谋生,被邻居一位姓温的老板招为女婿。后来涉足酒业、种植业、药材业、采锡业、船运业,生意做到新加坡、马来亚、泰国、越南、菲律宾,成为当时东南亚的首富。1892年后历任清政府驻槟榔屿首任领事、新加坡总领事、中国通商银行总董、粤汉铁路总办、佛山铁路总办。1894年后在国内投资兴办烟台张裕葡萄酿酒公司、广厦铁路公司、广西三岔银矿、惠州福兴玻璃厂、雷州垦牧公司等。1903年获赏侍郎衔,三品京堂候补。主张抵制洋货,以商战收回利权。1905年,赏头品顶戴,补授太仆寺正卿,继任商部考察外埠商务大臣、督办铁路大臣。1910年任全国商会联合会会长。1912年后,任袁世凯总统府顾问、工商部高等顾问、南洋宣慰使、华侨联合会名誉会长等。1915年发起组织赴美实业考察团,筹办中美银行。

[13] 恢张:张扬。

[14] 瑞记:指德商瑞记洋行(Arnhold Karberg & Co.)。这是一家历史悠久的德国籍犹太人公司,为中国清末民初最著名的洋行之一。1854年,德籍犹太人安诺德兄弟等在上海合资设立了德商瑞记洋行。随后在天津、汉口设立分行,在长沙、常德、沙市、宜昌、万县等地设立支行。主要从事军火、五金交电以及土产进出口贸易。瑞记洋行的业务广泛,相继在上海开办了瑞记纱厂和瑞镕机器造船厂,开辟了中国公共汽车的第一条营业线路:外滩—静安寺,以后线路陆续增加到12条。瑞记洋行的汉口分行在汉口德租界中地位举足轻重,占有该租界的中段,南到江岸街(今沿江大道)、东到寿街(今四唯路)、北到汉中街(今胜利街)的地块,以及禄街(今三阳路)、汉中街交会处等地,分行大楼则位于中街、寿街转角处。

[15] 弊窦:指弊病,弊端;亦指作奸犯科的事。

[16] 管窥蠡测:从竹管里看天,用瓢测量海水。比喻对事物的观察和了解很狭窄,很片面。管:竹管。蠡:音 lí,贝壳做的瓢。

[17] 简:选择。

请设铁路总公司折

清·户 部

奏为统筹南北铁路,拟请设立总公司以一事权而便展拓,恭折仰祈圣鉴事。

光绪二十二年八月初九日[1],直隶督臣王文韶[2]、湖广督臣张之洞,复陈芦汉铁路另筹办法各折片。奉旨:王文韶、张之洞会奏请设铁路公司,并保盛宣怀督办一折。直隶津海关道盛宣怀着即饬令来京,以备谘询。钦此。当经臣衙门恭录电寄王文韶、张之洞,钦遵办理,并准军机处钞交王文韶、张之洞折片。

八月十六日,盛宣怀亲赍谘文来署,臣等公同接晤,遵旨谘询并据盛宣怀呈递说帖所论官办之难、商办之难、合洋股之难、借洋债之难,均确有见地。所拟招股四千万两,先借用部款一千万两,由南北洋拨官款三百万两,招集商股七百万两,借洋债二千万两,洋债则拟借诸美国,此其大略也。

部款一千万两,臣等自当如数筹济,以彰国家维持铁路公司之盛意。南北洋之三百万两,系现成存款,亦不难就近拨用。至该道所拟,先启商股七百万两,事权有属,当可招徕。即拟借洋债二千万两,亦归该道自行筹办,由公司订借,商借商还,条理亦甚明晰。核之王文韶、张之洞原奏,大致吻合,自应妥速定议,毋为道旁筑室之谋。

臣等以为铁路亟宜兴办,官款不吝通融。惟事期有成,总当前后贯澈。臣等拟就英德款内,提存银一千万两备拨,俟该道将商股招足,洋债借定,即行应付,以符王文韶、张之洞原奏"一面招商,一面借款"之意。庶几官商维系,成兹巨工。惟此,公司自必合南北统筹,始能展拓苏沪、粤汉,亦当次第举办督办之员[3],亦必隆以事权体制,然后呼应始灵。王文韶、张之洞所奏,诚不易之理也。

臣等更有请者,中国拟办铁路,规画逾年。既定以芦汉为干路,各国观听所属,非双轨不足为各路之倡。双轨加费,亦复有限。况湖北铁厂钢轨精良[4],则双轨之工更不宜惜。此外,测量道里、制造工需与夫设栈用人,一切未尽事宜,条绪纷繁,应由王文韶、张之洞与盛宣怀逐一详议奏明,办理所有。臣等统筹南北铁路,请设总公司缘由,理合恭折具陈;并将盛宣怀所递说帖[5],一并钞呈。御览伏乞皇上圣鉴训示。谨奏。

【注释】

[1] 光绪二十二年:1896 年。

[2] 王文韶(1830—1908):字夔石,号耕娱、庚虞,又号退圃,浙江仁和(今杭州)人。咸丰二年(1862)进士,入仕权户部主事。同治间任湖南巡抚,光绪间权兵部侍郎,直军机,后任云贵总督、直隶总督兼北洋大臣。任上,奏设北洋大学堂、铁路学堂等,旋以户部尚书协办大学士,官至政务大臣、武英殿大学士。

[3] 次第:谓编次选定。

[4] 湖北铁厂:即汉阳铁厂。中国近代最早的官办钢铁企业,是当时中国第一家,也是最

大的钢铁联合企业。

　　[5] 说帖：此指条陈、建议书一类的文书。

庐山租借地案汇考（节选）

清·吴宗慈

【提要】

　　本文选自《庐山志》（中国仿古印书局 1934 年版）。

　　庐山，避暑胜地；庐山，还拥有"万国建筑博物馆"的称号。

　　庐山，曾拥有过亚、欧、美及中西合璧各种风格别墅 600 余幢，形成独特的别墅区，成为世界上拥有山地别墅最多的风景名胜区之一。相关资料载：庐山别墅建筑起源于 1870 年，1935 年以前建造的别墅有 324 幢，其中中式 259 幢、美式 185 幢、英式 125 幢、德式 17 幢、瑞典式 12 幢、日本式 11 幢、法式 7 幢、芬兰式 3 幢、挪威式 3 幢，还有丹麦、加拿大、俄罗斯、葡萄牙、澳大利亚、瑞士和国际式（多种建筑风格融合）别墅。

　　庐山何以建造了如此众多的别墅？这主要与一个名叫"李德立"的人有关。

　　虽然叫"李德立"，却是英国人。

　　1886 年，22 岁的李德立以传教士的身份来到中国，随后一直活动在武汉、九江一带，火炉似的城市让他酷热难当，听说庐山是清凉之地，他想寻一块地方以度来年的夏季。于是，1886 年冬日的一天，他与向导——一名叫戴鹄臣的中国传教士一起登上了庐山。李德立上山的目的明确，过天池寺、黄龙寺直抵牯牛岭女儿城。站在女儿城的最高处，李德立放眼四望，进入他眼中的正是岭下长冲谷陂陀迤逦、满目苍翠的林地，从此庐山改变了前进的轨迹。

　　庐山现代意义的别墅兴建始于 1870 年，法国传教士在庐山北麓莲花洞建成第一幢别墅。1884 年，俄国东正教传教士与九峰寺僧订立了租借园地四十余亩的契约，兴建别墅，庐山成规模的别墅建设活动开始。闻讯而来的李德立也想步俄人后尘，但此时九峰寺已换了住持，价格上没能谈拢。李德立在山下购地失败，只好舍此别图，转到山上。就在那个朔风横吹的冬日，他发现了地势平坦、林木茂盛的牯牛岭东谷即长冲一带。

　　兴奋的李德立当即与地方官交涉购地事宜。初始，德化知县以为李德立是中国人，应允此请，待李德立前去交契税时，知县发现买地的原来是个洋人，便断然拒绝其要求。一个外国人，怎样才能搞到这片土地呢？李德立买通了当地的一个中国举人万和赓，又找到并贿赂（英国产电铃、银杯各一）九江道台衙门佐官童芝。在九江道台的施压下，李德立找了万和赓代理，承租长冲谷 4 500 亩土地，准备以避暑别墅的概念向西方人推销"旅游地产"。不曾想，一天夜晚，当地百姓以开发会破坏龙脉为由，举着火把，出现在了李德立位于汉口峡的住处，愤怒的百姓一把火烧了他的别墅。

一晃就是十年,就在李德立对他的别墅梦感到绝望时,转机出现了。1894年,甲午海战清廷败北,李德立乘机请英国政府再次施加压力,焦头烂额、自顾不暇的清朝政府终于屈服了。1895年11月29日,英国驻九江领事与浔阳道台签订协议,了结了这场十年未决的土地租借纠纷案。根据协议,李德立以低廉的价格租得长冲谷一带共约4 500亩土地,租期999年。李德立给它取了一个英文名,Cooling,也就是凉爽的意思。"法律意识"颇强的他将契约在英国领事馆进行了注册,这为他后来解决纷争起到了很大的作用。

李德立请来教会的英国工程师甘约翰主持制定庐山别墅规划,请来德国工程师李博德负责别墅建设工程。高手的加入,使庐山别墅的开发工程,从一开始就呈现并引领着世界建筑潮流——建筑与自然巧妙结合,他们将建筑不露声色地镶嵌在景物之中,从而实现人居与自然环境天衣无缝的融合。

不过李德立的牯岭开发之路并不顺畅。为了能让富人们上山,李德立开始重修山路,在此期间他与沿途百姓发生了激烈的冲突,但他最终都化险为夷。李德立在牯岭开发中显示出了不凡的管理和运作水平,他成立了牯岭公司,将规划好的土地编号出售,在报刊上大作广告,极力称赞庐山的美丽纯静与清凉。其旅游地产开发的水平即使在今天仍可谓模式先进、立于潮头。

不仅如此,李德立租借的庐山所谓"英租界"(庐山是私人而非政府租地,因此只能算是"租借地"而非"租界",租借地是没有地方行政权的)1896年便成立了它的最高权力机构:大英执事会。七名英国传教士加两名美国传教士成为委员,主席是李德立。1899年,庐山又成立了管理机构:牯岭市政议会,即董事会。于每年的8月8日讨论公司的一系列重大问题,主席仍是李德立。这样,整个牯岭都有一套自治的机构,完全按西方人认定的民主来建设和治理,而大权就在李德立掌握之中。

李德立等依山势修建路网、点缀园林,规定在每号3.7亩面积上只准盖一幢别墅——这样他就可以把建筑密度控制在15%以下。更为重要的是,李德立管理上并不强求别墅的风格,而是任由建造者自行选择、自由发挥,庐山的别墅因此而成为了中国建筑史上的近代建筑博物馆。

李德立把自己的这段经历写成了《牯岭开辟记》(直译应为《牯岭的故事》)。近年有论者称,李德立很可能是一名披着传教士外衣的地产商,牯岭开发让李德立成了名人,企业经营、南北议和都活跃着他的身影。1921年,李德立被英国委派到澳洲进行商务活动。1928年后,他将自己在庐山的别墅卖给了一个叫李品求的香港人,从此再没有回过庐山。他把主要活动地转向了新西兰,在那里开辟新的旅游胜地,继续着其"旅游地产商"生涯。1939年,75岁的李德立逝于新西兰。

1935年12月31日,庐山"英租界"被正式收回。

李德立与庐山开发的历史值得深入研究。

(一) 长冲租借地交涉案

长冲租地始末,自当以官文书为准。第官文书失之简[1],因旁稽博访,庶几于租地起因及当时轶事[2],均能明了。且根据官文书订证他书,纪载不合者,免以讹传讹之弊,汇述如下:

庐山之牯牛岭、长冲、高冲、女儿城、大小校场、讲经台等处公地,因前清德化县举人万和赓等立契,盗卖与英商李德立造屋。地方绅耆查知[3],控阻饬缓兴造,不听,以致地方人民折毁木篷等物。经前清饶九道督饬县委劝令退还[4],一面拘盗卖之人讯办。旋接总理衙门来电,英使催办速结,李德立欲留长冲一处,并索偿被毁损失。饬县督同绅士履勘长冲,无关风水泉源樵采,由德化县于光绪二十一年十一月十六日立约,租与李德立建屋避暑,每年出租钱十二千文,并由公家赔偿英洋四千一百十五元。牯牛岭、女儿城、大小校场、高冲、讲经台一概退还,立碑永禁租卖。在押之万启勋等,从宽释放。其长冲四至,丈尺列下:

(一)长冲东北山垠下大黑石旁界石起,直量至西头山口内界石,计长三百八十七丈,合英尺四百五十六丈;

(一)长冲东北山垠下大黑石旁两边山脚界石,横量计宽二十三丈一尺,合英尺二十七丈二尺;

(一)长冲北山口路边左右界石,横量计宽八尺七寸,合英尺一丈三尺;

(一)长冲西口内左右界石,横量计宽七十九丈七尺,合英尺九十三丈八尺;

(一)长冲东南角城门下左右界石,横量计宽八丈三尺,合英尺九丈八尺;

(一)城门下余基起,至第二界石止,一齐以山腰为界,其余均以山脚界石为界。(庐山管理局档案《庐山等处租地说略》,以下简称《租地说略》)

光绪二十七年(1901)十二月初五日准,江西巡抚咨称:十二年冬间,英教士李德立私租庐山之牯牛岭、长冲等处,经该处绅士呈控[5],将契内有名之万启勋等查拘到案,勒令缴清价银,并与驻浔英领事雷夏伯议定,将长冲一处明定界址,租与该教士李德立管业[6],每年认缴地租钱文,其私租之牯牛岭等处,概令退还,于二十二年冬间立约完案。(光绪二十七年十二月十八日《外务部致英公使萨道义照会》)

清光绪十二年间,美以美会教士李德立由沙河上山,经天池至黄龙寺,因至女儿城,望长冲地势平坦,下至其处勘查,水流萦绕,地势极佳,合建屋避暑之用,托由戴鹄臣(戴,湖北人,陪李德立来山者,教会中人也)辗转介绍,由德化举人万和赓出立契据,为永远租借长冲荒山一片。字样写契人为万启勋。李德立以此契据向德化县税契,县拒之。时九江同知盛富怀兼洋务局委员[7],李托盛饬县用印。当时万和赓得地价洋百元,印契后补给四百元,李并赠盛银器皿等值洋二百余元为酬。次年,建筑板屋,雇工修路。所修路为由剪刀峡至莲花洞之路,即所谓旧路,非今上山通行之新路也。李既建屋修路,九江人知其事,控。由江西巡抚派大员尽拘当事人,在九江考棚开特别堂讯。风潮急时,盛二府吞金自尽,卒无结果。李在山仍继续进行其建屋避暑之计划,划地分号,登报出售,招集多人来山避暑。九江人愤,乃于西人上山避暑者拦路殴击之,并烧毁临时建筑木屋。于是交涉范围扩大,辗转数年。适福建亦有相等之教案交涉,总理衙门电知速结,此案始得解决。(据戴鹄臣口述)

同寓蔡君广田,湖北籍,曾任牯牛岭租界(注:租界二字,误)公事房职员二年,今为九江耶教牧师,于庐山租界历史知之最详。蔡君云:"三十年前,有英国牧师李德立,即今上海卜内门大班,今年往沪上组织南北调和会,欲排解中国之纷争者也

(注:此事殊无所闻)。昔年任牧师时游历庐山,知牯牛岭为避暑最适宜之地,因偕华人戴鹄臣,联络当地秀才罗姓,以银二百元购地一方,不立界址,向德化县纳税。官厅误以为华人李姓德立名也,既给印契[8],知为外国人,甚悔之,亟与交涉,无效,乃捕卖地者。卖者惧祸潜逃,案搁不问,外人仍续续购地,面积愈广。满清末造,始禁卖地于外人,而外人则改卖为租,推广如故。民国二年,始下租卖并禁之令,立石划界,而租界之界定焉。然所推广之租地不立年限,与购无异,仅岁纳租金千余元(注:千余元,误)于吾国官吏而已。(杨恭甫《民七匡庐避暑日记》,见《古今游记丛钞》,中华书局编。《庐山导游》载略同,想系根据杨记者。)

牯牛岭为庐山之一部,南界女儿城,北界牯牛岭山及大林寺前之大路,东至莲谷,西及芦林,广可三里,长约四里许。当清光绪乙未、丙申,有英教士李德立避暑来此,以山林之胜,气候之佳,欲尽占庐山而有之。乡人某利其财,以百六十金定议而未划界也。地方官吏初不知李为英产,给契与之。既察知,欲悔约,李坚不允,而交涉以起。官吏捕售者下诸狱,乡人火李之居以报之。九江英领事以事诉诸公使,由英使直接向我国总理各国事务衙门交涉。会中日战后,政府慑于邻威,不欲开罪友邦,饬地方官和平了结,卒以牯岭之地与之(注:此语误),作为九十九年之租借地(注:此语误),年纳租金极微,是以乡人皆以租界称也。(《庐山指南》)

庐山租借地之历史,以讹传讹,以蔡广田之说为最甚。《庐山指南》次之,戴鹄臣之言近实,然与李德立自述《牯岭开辟记》语又略异。兹逐一证误如次,并摘述李德立所自述者,用为参证:

万和赓立契盗租时期,据赣抚咨外部文,为光绪十二年冬间,按之戴鹄臣、蔡广田所述载,大致相同。戴述税契被县所拒,蔡与《指南》均作官厅不知李为英产,给与印契,此说似以戴述为当。蔡谓售地者为罗姓,不立界址,《指南》谓乡人某云云,皆调查未确,传讹之辞。戴述所立契据,为永租长冲荒山一片。夫租约似无投县税契必要,想当时实为卖契,戴特据后交涉结果,为言长冲荒山一片之语,自属可信。不然,不至交涉时竟包括女儿城、芦林、讲经台各处均在内。蔡谓案搁不问,外人仍续续购地,清末造始禁卖地外人,民国二年始下租卖并禁令。各语皆凭空臆度,按之官文书,均不符。《指南》所载牯牛岭四界,与初租长冲时界址不合。其所述者,乃扩充租借地四区后界址。阅后,扩充租借地四区交涉始末,即可明了。《指南》不知初允租者,只长冲一块地。统言牯牛岭,是其误之大者。又九十九年(按:误。当为999年)之租借地,亦无据,实际上乃为永租借。今国人在长冲等处购外人屋地书,与我之约据,亦为租借,其期限九百九十九年。某君云:英国法律,以土地属国家所有,民间买卖,故有不满千年之期用,表示土地权根本属国有意义云。某君之言确否,待考。

【作者简介】

吴宗慈(1879—1951),字蔼林,号哀灵子,江西南丰县人。1897年举人,1905年毕业于广东饶平师范学堂。1910年赴北京殿试,名列文科第二。随后,亦商亦政,出入讲坛厂矿,主持起草宪法。他是我国著名的方志学家、史学家、社会活动家。其代表作有《江西通志》(稿本)、

《庐山志》《续庐山志》《中华民国宪法史》等。其中,《中华民国宪法史》是近现代中国的第一部宪法史。

【注释】

　　[1]第:但。

　　[2]庶几:差不多。

　　[3]绅耆:旧称地方上的绅士和年老有声望的人。

　　[4]饶九道:道,清地方行政级别之一。布政使、按察使等长官均称道员。饶:上饶;九:九江。

　　[5]呈控:上告。

　　[6]管业:管理产业,管理事务。

　　[7]同知:官名。称副职。

　　[8]印契:官府盖印认可的田宅契据。

(二) 扩充租借地四区交涉案

　　扩充租借地,为光绪三十年间所议定[1],其地点则为草地坡、下冲、猴子岭、大林寺冲四区。其手续则先租草地坡、下冲二区,后租猴子岭、大林寺冲二区。兹为明了其扩充原由与经过及其界址,将该四区分段说略录于前,江西巡抚咨外交部正式公文及租地合约汇录于后:

　　(甲)草地坡说略　庐山草地坡与下冲、猴子岭、大林寺冲共计四区。因英领事请永租与牯岭公司盖屋避暑,经前清赣抚委员勘明,饬由九江道与英领事会议,先租草地坡、下冲两区,共地一百三十二号,每号租洋二百元,岁租洋三元,先交地租洋二万六千四百元,年纳岁租三百九十六元。其猴子岭、大林寺冲两区限至五年以内清租,于前清光绪三十八年八月订立租约。条款约载,草地坡在长冲旧租界之东北,牯牛岭之下。南界山坡,直长一千四百十英尺;东界高山,斜阔一千六百英尺;北界自高山而下,向西偏南,直长二百五十英尺,又向西偏北,直长四百九十英尺;又自东南斜向西北,横阔四百英尺;又自东向西,直长一千英尺;西界向南,横阔四百英尺,即与长冲旧界毗连;向东四百英尺,向南一千四百八十英尺,均与旧界毗连;又向南二百英尺,与山坡禁地种树界毗连。共划地七十九号,计钉界二十一块。

　　(乙)下冲说略　庐山下冲,自前清光绪三十年,汇同草地坡等地立约,永租与牯岭公司盖屋避暑(原始见前《草地坡说略》内)。所有下冲约载,在长冲旧租界之西南,北界一千英尺,上起山腰,下至溪边路口,均与长冲旧租界毗连;东界一千六百英尺,北起山腰,南至分水岭山腰止;南界一千三百五十英尺,自东分水岭山腰起,至西溪边止;西界一千七百英尺,均至溪边为界。共钉界石十三块,又西南隅溪边磨崖凿界一块,共划地五十三号。

　　(丙)猴子岭说略　庐山猴子岭租地,原始见前,于光绪三十三年,牯岭公司付交承租猴子岭十二号,租价洋二千四百元,经前九江道核收,未经给照。民国元年,饬由庐山测量员查明丈量,并由前九江交涉局补给印照。内载牯岭公司承租猴子岭山地区内共十二号,每号计长二百五十英尺,宽一百二十五英尺,积中尺每号得三亩七分,号外不得越占。

（丁）大林寺冲说略 庐山大林寺冲租地,原始见前,嗣于宣统元年十二月,牯岭公司付交承租大林寺冲,租价洋二万元。经前九江道核收,未经给照。民国元年,饬由庐山测量员查明丈量,并由前九江交涉局补给印照。内载牯岭公司承租大林寺冲山地区内共一百号,每号计长二百五十英尺,宽一百二十五英尺,积中尺每号得地三亩七分,号外不得越占（以上均《租地说略》）。

【注释】

［1］光绪三十年:1904年。

按:原注:此项《说略》并连同《星洲、医生凸、医生洼、狗头石等地说略》,于民国时戚扬省长任内,将绘就各租借地图说三份,每份十四张,共四十二张,总图三份,每份二张,共六张,并咨送外交部存案。

附:牯岭开辟始末

（节译英教士李德立撰《牯岭的故事》及牯岭公事房之《报告书》。按《牯岭的故事》有中文译本,曰《牯岭开辟记》。"牯岭公事房",民十五后改称"牯岭公司办事处"。）

旅居九江之外人,因夏日炎热,乃觅得庐山为避暑胜境。初来山者,有美以美会、汉口圣公会、九江税务司、俄国人以及九江外人团体,于山麓建别墅五椽。时购地极为困难,外人每以巨金向寺僧购得之。李德立初欲在狮子庵(注:在九江马尾水之附近)购地建屋,久无成议,旋有九峰寺僧(注:"九峰寺"亦马尾水附近)以地出售。尚未税契,九江绅士闻之,呈请官厅禁止,并捕售地者及中人下于狱。李德立乃由山麓直至山巅勘察,见为一片荒郊,只有一二烧野山者寄居,又有占破庙一所,遂与地方官厅交涉,拟购得为建造避暑别墅之用。德化知县拒之,乃商请驻九江英领事与浔阳道交涉,允其购地之请,但声明官厅不能直接给予卖地契约,须自向绅士方面接洽,得一契约,经过调查,而认为合法,官厅可予税契。当时有万和赓者,即为之负责立契,向官厅投税,并声明山巅之地如能购妥,即将九峰购地之契约取消,以为交换。当时有九江二府承浔阳道之命,将盖印之契约交付,李将契约送领事阅过,并在领事府注册,系一永久租约。约内载明该地由英国人李德立承租云云。

牯岭者,原名牯牛岭,其谷名为长谷(长冲),李德立易此名者,乃用英译KULING,取COOLING清凉之意,同时又不失汉文音义也。

地购得后,即从事路线采择。旧有之路,仅有烧炭樵采所经行小道。于是遍历山区,从事择定,一面筑路,一面售地,即以售地之款为筑路经费。筑路时感受之困难,一为包工者索价极昂,一为附近村坊争为承包,势同械斗,屡起争端。始议定石门涧人筑中段,是为马鞍岭之第一谷直至和尚坟。又十八湾之一段石岭,从棺材石起,施工至难,其时凿炸之石工,本地无有,须由别处雇觅,然本地人又百般反对也。

交涉怒潮激起,乃由李名玉其人约合城内缙绅,遍贴传单,反对购地。官厅允缙绅之请,乃向李交涉,追还契约,李拒绝。缙绅等呈请上级官厅,于是凡与此案有关系者,皆被捕系。其时牯岭建筑工作,最初为苏革兰圣经会所建之临时木房。李亦起造砖窑,自行烧砖,备建筑用。讵风潮所激荡,乡人暴动,烧去其屋,并纠众拦路殴击。李乃将房屋等损失报告英领事,由领事电达英公使康诺,要求惩凶与赔偿损失,而成重大之交涉。

初,外人在牯岭购地,乃由李出立契约。其每号地皮大小,照租界之划分法,每号为三万一千方尺。其契约并未载明地界,不过承认购地有一定之土地权而已。其契约程式,亦照英国租界之售地法规定,所卖地为九十九年之租借,旋又改为无限期。至托事部成立后,又恢复原定程式,而将期限由九十九年改为九百九十九年。

中日战后,清廷谕令全国,加意保护外人。于是交涉进行极为迅速,于一八九五年终,遂告结束,由领事与浔阳道签字。其解决之法,系牯岭公司以土地一大部份交还中国,中国付给一千元作为交换代价。从前契约,当领事与浔阳道面前焚毁,另订一新约,立界石十四块,并于约内声明,在租借地内,道路作为公众之用云。

李设立牯岭公司后,即组织一托事部(义译),以管理建设工作与土地权,直接对地主负责。所谓地主,即李所划分其地为若干号,每号售二百元,出此代价者也。惟教士则加优待,让地价四分之一。地主如自愿对公司之地产权负责,同时托事部认为时机已成熟,则可另组织市政会议,自一八九六年托事部任职以来,数年之间,其管理之土地已分号售罄,建筑迅速,道路开辟。于是地主自动选派代表,组织市政会议。托事部将关于道路桥梁之修理,公共建筑之保管,及关于市政改良一切事权,尽数移交。(以上节译《牯岭的故事》)

市政会议者,亦简称地主大会,略似一种最高议决机关。牯岭公司房则为执行机关,市政会议每年八月定期开会。牯岭公事房即将一年度所执行之事,详细报告于大会,次年度应执行之事,亦同时议决之。市政会议之组织,系公举十二人为董事,故亦名董事会。每年改选三分之一,当选者无性别(之区别),为名誉职,有主席、副主席、会计员、书记等名义。牯岭公事房之组织为秘书、会议等名义,采有给制。其所办之事,为管理土地、雇工守屋、保护树木、管理卫生、经收款项及一切公益公用及保管契约等事。(以上节译《公事房报告书》)

注:初,租界地内,本国人无地主权,故不能参预市政会议。近年,本国人购买房产不少,有同等之地主权。但有此权者常放弃,故参预市政会议者甚为少数。夫本国人既放弃权利,而外人具深心者则购产日多,权力扩大,有以预防。当一九二九年八月九日第三十三次业主会议,李德立特提议修改《牯岭避暑地约法》。约

法者,为居牯岭各国西人公共议定与遵守之法律也。其提议修改之条文,大旨如下:(一)表决修改案时,须用书面投票法,由投票人在票上签名,并注明其国籍;(二)必须(甲)投票人三分二之多数通过,(乙)检查所投之票,其赞成人数中之属于同一国籍者,不在三分之一以上,该修正案得成立施行。按:上之修正,其用意即预防中国人地主权增多,其表决将有不利于西人也。惟此提议,当时声明于明年(一九三〇)八月八日下届年会时提出讨论。今已数年矣,曾否讨论与通过,尚无所闻。

庐山草地坡等处议订租地条款

(光绪卅年八月廿六日订)

大清钦命广饶九南道督理九江关税务办理通商事宜瑞、大英钦命驻九江管理本国通商事宜领事官乐,为推广租地订立合约事。案查九江府德化县属庐山基地,前经英教士李德立承租长冲山地一块,于光绪二十二年辗转租与牯岭公司,分别出租盖屋避暑,其余毗连原租长冲地方之草地坡、下冲、猴子岭、大林寺冲四处,现由牯岭公司推广永远承租,议定次序、年限、区数、价值,开列条款于后:

(一) 先租草地坡、下冲两区。查草地坡在长冲旧租界之东北,牯牛岭之下。该地共划七十九号,南界山坡,直长一千四百十英尺;东界高山,斜阔一千六百英尺;北界自高山而下向西偏南,直长二百五十英尺;又向西偏北,直长四百九十英尺;又自东南斜向西北,横阔四百英尺;又自东向西,直长一千英尺;西界向南,横阔四百英尺,即与长冲旧界毗连;向东四百英尺,向南一千四百八十英尺,均与旧界毗连;又向南二百英尺,与山坡禁地种树界毗连。共钉界石廿一块。其下冲在长冲旧租界之西南,该地共划五十三号,北界一千英尺,上起山腰,下至溪边路口,均与长冲旧租界毗连;东界一千六百英尺,北起山腰,南至分水岭山腰止;南界一千三百五十英尺,自东分水岭山腰起,至西溪边止;西界一千七百英尺,均至溪边为界。共钉界石十三块,又西南隔溪边磨崖凿界一块。

(一) 猴子岭、大林寺冲,此两区议限至光绪三十五年清租,至租时再行丈量号数。

(一) 以上四处,按可造屋之地丈量。每号长二百五十英尺,宽一百二十五英尺。租界道路,号内自除。如有大石、深沟、陡山不能用之地,虽在租界内,亦应照除不丈。公司议定,现先租草地坡、下冲两区,按号交价。其余两区,按照议定次序承租。其未经交价之猴子岭、大林寺冲,如逾光绪三十五年之外,任凭中国地方官,或另租他人,或自立租界招租,两无异言。每号租价英光二百元,每号岁租英光三元。议明岁租于立约之日先付五十号,随同草地坡、下冲两区全数租价一并交清,余俟公司租出若干号,即付若干号岁租。

(一) 猴子岭、大林寺冲两区租价,议定承租时,由公司按照该处若干号数,照数付交,由官发给印照为凭。如未交清租价,未经执有承租印照,公司不得将该地转租造屋。其公司交价承租该地,仍照前款,统不得逾光绪卅五年之限。

(一)山地岁租,公司按租出号数,于华历十二月初一日,将一年应付之数送交领事官,由领事官备文转送九江道查收,以备公用。公司不得多租少报,如有隐瞒查出,请领事官议罚。

(一)女儿城泉源,由地方官禁止糟蹋醍醐,以免碍人汲饮。该女儿城地方,民人不得修造房屋、耕种田亩。地方官亦不得将女儿城、大小校场租与中外国人。

(一)长冲、大林寺冲等处,为山泉发源之所,山下田亩赖此灌溉,公司不得截留水道,致碍农田。

(一)女儿城、大小校场,即高冲,均为庐山名胜,一概划出界外,作为永远官山,嗣后不得在该处凿石,西人亦不得在该处承租、栽树、搭盖凉亭。

(一)草地坡租界,南面从女儿城城门口,直下旧租界第三十三号止。该处系通星子山路,所有紧靠山路之峭立山坡与草地坡,租界上下斜宽三四百英尺不等。该山有小树数十株,即留作护水以固山麓,永禁民人樵采,西人亦不得于该处租界外侵占尺土。

(一)西人造屋砌墙,如欲以承租界外采石,须先报明租地局。如局未设立之前,即报地方官查勘。或官地,或民地,再行察看,能否采取,议价购买,并须声明除攻石之外,其地面与西人无涉。

(一)租界以外,附近各处,皆属官山,民人前往樵采耕种,公司不得藉口阻拦。又九江府城至庐山租界桥路,均属中国官地,道旁田地亦属民业。除桥已由官集款兴修工竣外,自莲花洞至租界道路,业经公司修筑,而莲花洞以下至九江府城未经修筑道路,以后或公司或中国修筑,仍为永远官地,均不得加宽,占及民基,亦不得禁阻行人,抽收路捐,以昭公允。

(一)女儿城及草地坡,均系通行星子县姑塘山路;又下冲西南,系通行黄龙寺;又大林寺冲西南路口,通行德化、沙河。以上各处,无论中外,均不得禁止行人。

(一)查大林寺冲有庙基三处,均应圈在租界以外,以留名区胜迹。每处约留基地一号,所留方尺,任凭日后中国官绅兴造公所、寺庙。又西南尾口所有古墓,亦应圈出界外,任便该墓后人登山祭扫,西人不得毁损阻拦。

(一)租界以外附近山地,日后中国官绅租地造屋,均由租地局或地方官经管,公司不得过问。中国街市民房,务须设法清洁,以免秽气有碍卫生。

(一)此次勘定界限之后,即从此截止,公司不得再议扩充,亦不得稍有占越。

光绪三十年八月廿八日　西历一千九百四年十月七号(以上外交部档案)

大林寺冲修路划界始末

(计民国八年九月江西省长戚《咨外交部公文》,九江县知事袁延阆《大林寺冲划界碑文》各一件。划界碑现立上大林寺门首)

江西省长戚《咨外交部文》云:窃照前据九江关监督兼通商交涉事宜景启呈

准驻浔英领事歌尔克函称,牯岭公司在牯岭大林寺冲租有地一百段,现拟建筑房屋,而山上大路边界石,有少数被人窃去,又有华人界石靠近公司房界石,应请地方官于该处修路一条,宽廿尺,并修水沟,以免流入租界,兼使华洋界石有所分辨等语。当以修路、开沟,关系划清界址,且事关公益,又在中国管辖区内,果属需费无多,自应从速办理,以免外人"路政不修"之讥等,因指令浔阳道尹派员前往勘明界址,估计确数,呈候核办,如有侵占,令其退还。

嗣准省议会咨,据议员余嗣骏提出质问,以报载大林寺冲租地,有侵占体仁堂公产百余号情事;又经令据九江傅道尹景监督电称,今据九江县袁知事、庐山清丈员会同实地测量,该地原租百号,实溢出十一号,再三与牯岭公司董事等交涉,仅允东首划还三号,尚有八号应由西首划还。因与租地猴子岭毗连,若划华管,建筑不便,万难交出。依约力争,方允以八号照原价加租等情经核以加租。眼前修路开沟,费无从出,尚可藉资应付,但有违反原约之嫌。电饬再行磋议,将溢出之十一号移向东首,一并划还,以符原约。万一不能就范,即将交涉情形,电复核夺。并经先将酌拟办法,于七月漾日,快邮详晰,电达大部核复在案。旋据九江县袁知事电称,遵即会同庐山文所长,前向该公司房与该董事等据约力争,再四磋商,始允将溢出之十一号照数划还。因东首已修造房屋,限于地势,不能再让,仍照原议划还三号,并议明界线,由中国出资砌矮墙为界;又由西首划还四号,该处议归公司出资,在界内砌矮墙为界;又在南首划还四号,以现议新修路为界,共划还十一号。核与溢出之数相符。至该处建筑行路,牯岭公司董事等要求甚力,如一月之内不能动工兴修,该董事等声称,为公共行路便利起见,不得不代为建筑,彼即出资兴修等语。该路主权所系自应由中国修筑,若稍事迁延,该公司等势必出为修理,将来恐多交涉。当经答复,即日请示兴修,以杜日后纠葛。

惟访查该处修路价值,普通路六尺宽者,须洋六元,该路拟增宽为廿英尺,合华尺一丈八尺,共需洋六千元等情,并九江关监督浔阳道尹呈同前由,又经电令该知事,查明能否照普通六尺宽修筑,减少工费一半。昨据复称此次议修之路,为中外人往来大道,即以租地界上首新筑之马路比例照筑,至少需十六英尺,约计可省千元之谱。若以普通六尺修筑,则过于窄小,外人必不满意,将来必生异议。兹续据该知事呈称,查大林寺冲一带,修路廿英尺宽,曾经英领事要求,明知筹款匪易,若过于窄狭,转使有所藉口,业经酌定,至少以十六英尺宽为度,先行呈明在案。兹经传匠刘宗馀再三核实估计,已议定每丈连桥费匀派在内,实价一十元,自土巴岭甲字起,至丙字,至丁字止,计长五百丈,共需经费洋五千元。

伏查该路原议定一月内修筑,转瞬期满,自应赶紧请款,即日开工,以符原议,理合照抄议立包单一纸,绘具图说,出具印领,呈请迅速如数核发下县,以便兴工。

并据浔阳道尹呈请,训令财政厅拨款各等情前来,本省长复查大林寺冲租地一百号,既经该知事会同清丈员测量,实仅止溢出十一号,业经议明如数划还。彼止砌墙为界,以杜日后侵占,办理甚妥。

至修路开沟,既已允许于前,事关土地主权,划清界址,实逼处此势,不能不从速兴筑,以免外人越俎,转多交涉。惟所需经费五千元,为七年度预算所无,自应酌盈剂虚,筹款应付。查七年度处置敌侨预算案内,第四次移居经费,尚有余款,堪资腾挪。因兴工在即,除训令财政厅在于处置敌侨移居经费项下动拨洋五千元,令发九江县袁知事具领,给匠兴工建筑,并指令浔阳道尹派委庐山警察所长。并清丈员就近监工,务令工坚料实,不准草率偷减,工竣,报请委员验收暨饬汇案造报外,相应照录包工清单、照绘图说,咨送大部,敬请查核立案,并祈见复。此咨。(外交部档案)

收回特区警察行政权交涉案

特区者,即长冲、下冲、草地坡、猴子岭、大林寺冲、医生凸、医生洼各租借地之总名也。该租借地本统括名之曰"牯岭",外人避暑地收回警察行政权后,乃名之曰"特区"。兹将关于该特区警察行政权放弃与收回之公牍一件摘录并述现状如次:

江西省政府令九江市政府文十六年八月

据外交部特派驻浔交涉员林祖烈俭代电称,查九江牯岭外人避暑地,原系私人租借,与租界性质迥不相同。只因从前官厅放弃责任,对于该地一切事宜不闻不问,于是该地外人组织机关,有所谓牯岭公事房者,起而设置巡警,维持公安,并办理卫生运输一切事宜,俨然与租界相同,一般人亦呼该地为租界,遂致中国官厅不能过问,妨害主权,莫此为甚。

本年一月间,汉浔租界开始收回,牯岭公事房、董事会自知此项不合法机关难以存在,即经函请庐山警察署前往接收。当时该署置之不理,并未具报。历任交涉员复未注意。及职接任后,久欲收回牯岭行政事宜,乃于本月上旬赴牯岭调查,发现董事会原函比经电奉国民政府外交部电令接收管理等因,遵即会同外交部陈处长丕士,委派职署总务科长涂道恺前往接收;并令其组织管理牯岭特区临时办事处,暂时管理该地一切事宜;并由职令饬九江公安局,转饬庐山警察署,将牯岭公事房原有巡警归并该署,以期统一警权。

去后,旋据该科长及公安局长先后呈复,业经于本月十六日分别遵照办竣等情。职查外人牯岭避暑地非租界可比,究竟应否设立特区正式管理机关,现在大部尚未决定。但因该地甫经收回,则为慎重外交起见,不得不设立临时办事处,以便随时就近应付。至于警政,关系地方治安,最为重要。现既归并庐山警察署,拟请钧会令饬九江市政厅公安局,督饬认真办理,以专责成所有接收牯岭公事房,及恳请令饬九江公安局,负责办理牯岭特区巡警各缘由,理合电请鉴核等情,据此,合行令仰转饬遵照,随时认真督察,以重外交而一警权云云。

前项特区警察权虽经收回,然在特区内一切内务行政及财务行政,尚归牯岭公司(即"牯岭公事房"之改称)处理。大致言之,即特区警饷归其担认,每月计二百六十七元,依租借地之合约,照缴地租及岁捐于中国官厅,其馀一切内务、财务上之自治、行政及房租杂项收入,均由其征收,而公益卫生等事,亦为牯岭公司对于该地住民唯一之义务也。

《庐山志》序

《庐山志》自康熙时毛德琦编纂后,距今二百余年矣,其间天时人事之推荡,与夫盛衰存废之迹不可胜原。而牯牛岭一隅,为海客赁为避暑地,屋宇骈列,万众辐辏,寝成一都会,尤庐山系世变沿革之大者,不可不综始末,备掌故也。

岁庚午(1930),余与南丰吴君霭林同居牯牛岭。霭林有感于此,慨然以续《毛志》为己任,余亟赞之。于是霭林再三躬历山南北,穷探博采,目验心解,所获綦多,然后援据群籍,购求秘本,孜孜铅椠,昕夕不辍,逾两岁而书成,汇为若干卷。其义例约立七纲以骇群目,曰地域,曰山川胜迹,曰山政,曰物产,曰人物,曰艺文,曰杂识。大抵于旧志略沿袭,侈特创。既佐以图表,复参以后起专门之新技术,务在纠阙误,辟矫诬,归于详实而资利用,此古今山志所未有也。独是霭林凭一己之发愤,就瑰异之盛业,其精勤诚过人远矣。余以笃老,卧疴累岁,于网罗旧闻、整齐文字,无涓滴之助,非徒有负名山,抑亦愧对霭林者已。

癸酉(1933)三月　义宁陈三立　年八十有一

明定国是诏

清·光 绪

【提要】

本文选自《清实录》(中华书局 1985 年版)。

1898 年 6 月 11 日,光绪帝颁布明定国是上谕,表达开展戊戌变法的决心。

1875 年 2 月 25 日,4 岁的载湉被其姨妈慈禧立为皇帝。1888 年,17 岁的光绪帝亲政。清朝自 1860 年开始向西方学习,以曾国藩等为首的大臣们开始洋务新政。经过 30 年较为和平的发展,清朝此时的国力有了较大的提升,于是,清廷内部的激进大臣不愿日本图谋朝鲜、不愿东北亚陷入乱局的情绪又开始升温。1895 年,甲午战争爆发,大清国一败涂地,原本要开辟的一个大清新世界,结果又陷入了泥潭,《马关条约》的诸多条款,如中国从朝鲜半岛撤军并承认朝鲜的"自主独立",中国不再是朝鲜之宗主国;中国割让台湾岛及所有附属各岛屿、澎湖列岛和辽东半岛给日本;中国赔偿日本军费 2 亿两(二万万两);日本享受片面最惠国待遇等等。

《马关条约》签订后，一股新的变革思潮在国内酝酿，中国开始由先前 30 年间的向欧美等西方学习，变成了向日本学习，学习日本的明治维新，以图洗心革面、从头再来。维新改变着中国的面貌，但两年后，战争的硝烟散去，经济开始恢复，社会渐渐稳定，改革的动力又开始衰减，直至 1897 年底德国人出兵占领胶州湾，李鸿章引狼入室向俄国人求救，俄国人趁机占领旅顺和大连湾，空前的外交危机刺激了中国人，一股更为强烈的变革情绪到了 1898 年春天已经无法遏制，小皇帝光绪的变革热情空前高涨。

恰巧此时，掣肘的恭亲王奕䜣病逝。奕䜣是道光皇帝第六子，慈禧太后小叔子，光绪亲大伯。奕䜣是这一时期清廷的当家人，他几十年里竭力推动向西方学习，被史家称为近代中国第一次现代化运动的引领者。他认为中国的发展必须坚守自己的文化立场，即张之洞的"中学为体，西学为用"，始终不认同日本的明治维新。1898 年 5 月 29 日，奕䜣病逝，光绪帝终于可以按照自己的意愿行事。于是，就有了这份并不起眼但确实很重要的《明定国是诏》。

诏书说："数年以来，中外臣工讲求时务，多主变法自强……惟是风气尚未大开，论说莫衷一是，或托于老成忧国，以为旧章必应墨守，新法必当摈除，众喙哓哓，空言无补……朕惟国是不定，则号令不行，极其流弊。"诏书中，光绪帝有意刷新政治，渴求人才，希望中外大小诸臣，自王公以及士庶，各宜努力向上，发愤以圣贤义理之学，植其根本，博采西学之切于时务者，实力讲求，以救宋明理学空谈性命义理之弊。其中最有实质性内容的就是设立京师大学堂。

号角吹响后的随后几天里，光绪帝连续发布一系列改革政令。但《明定国是诏》发布后的第四天，起草者翁同龢被革职，因为慈禧再也看不下去了。

1898 年光绪皇帝下诏后，戊戌变法中，京师大学堂在孙家鼐的主持下在北京创立，最初校址在北京市景山东街（原马神庙）和沙滩（故宫东北）、红楼（现北京五四大街 29 号）等处。"京师大学堂"的名字从 1898 年使用到 1912 年，后改名为北京大学。

梁启超在《戊戌政变记》中评价说，其目的是"以变法为号令之宗旨，以西学为臣民之讲求，著为国是，以定众向，然后变法之事乃决，人心乃一，趋向乃定"。颁布《明定国是诏》的 1898 年，光绪帝不过 27 岁。诏书发布至今虽已一百多年，我们犹能感受到年轻的光绪皇帝变法图强的意志之坚定，情绪之高涨。

数年以来，中外臣工讲求时务，多主变法自强。迩者诏书数下[1]，如开特科[2]，裁冗兵，改武科制度，立大小学堂，皆经再三审定，筹之至熟，甫议施行。惟是风气未大开，论说莫衷一是，或托于老成忧国[3]，以为旧章必应墨守，新法必当摈除，众喙哓哓[4]，空言无补。试问今日时局如此，国势如此，若仍以不练之兵，有限之饷，士无实学，工无良师，强弱相形，贫富悬绝，岂真能制梃以挞坚甲利兵乎[5]？

朕惟国是不定，则号令不行，极其流弊，必至门户纷争，互相水火，徒蹈宋明积习，于时政毫无裨益。即以中国大经大法而论，五帝三王不相沿袭，譬之冬裘夏葛，势不两存用。特明白宣示，嗣后中外大小诸臣，自王公以及士庶，各宜努力向上，发愤为雄。以圣贤义理之学，植其根本，又须博采西学之切于时务者，实力讲求，以救空疏迂谬之弊[6]。专心致志，精益求精，毋徒袭其皮毛，毋竞腾其口说。总期化无用为有用，以成通经济变之才。

京师大学堂为各行省之倡,尤应首先举办,着军机大臣、总理各国事务王大臣会同妥速议奏。所有翰林院编检、各部院司员、大内侍卫、候补候选道府州县以下官、大员子弟、八旗世职、各省武职后裔,其愿入学堂者,均准其入学肄业[7],以期人才辈出,共济时艰,不得敷衍因循,徇私援引,致负朝廷谆谆告诫之至意。将此通谕知之。

方今各国交通,使才为当务之急。着各直省督抚于平日所知品学端正、通达时务、不染习气者,无论官职大小,酌保数员交总理各国事务衙门带领引见,以备朝廷任使。

【作者简介】

光绪:名爱新觉罗·载湉(1871—1908)。载湉4岁登基,由慈禧、慈安两宫太后垂帘听政至18岁。此后虽名义上归政于光绪帝,实际上大权仍掌握在慈禧太后手中。1894年甲午战争爆发,中国战败。1898年,光绪帝启用康有为、梁启超等进行"戊戌变法",但变法危及封建守旧势力的利益,受到以慈禧太后为首的保守派的反对。光绪帝打算依靠袁世凯囚禁慈禧,但被袁出卖,从此被慈禧幽禁在颐和园,历时103天的维新宣告结束,史称"百日维新"。光绪三十四年,光绪帝暴死,庙号德宗,葬于河北易县崇陵。

【注释】

[1] 迩者:近时,近来。
[2] 特科:旧时于常科外选拔人才的考试。
[3] 老成:老练成熟,阅历多而练达世事。
[4] 众喙:群鸟的嘴。借指各种议论。哓哓:音 xiāo,吵嚷,唠叨。
[5] 梃:木棒。
[6] 迂谬:迂腐荒谬。
[7] 肄业:在校学习。

近代上海掠影

清·黄协埙 等

【提要】

选自《淞南梦影录》(上海古籍出版社1989年版)、《文史知识》(中华书局2011年第七期),题目为编者加拟。

近代上海是个什么样子?已有很多学者针对鸦片战争以来上海建筑百年发展的进程,写出多部著作。毫无疑问,上海近代建筑是上海近代城市文化的一个重要组成部分,上海近代建筑在中国近代建筑史上亦占有极其重要的一页。

明代中叶(16 世纪),上海已成为全国棉纺织手工业中心。清康熙二十四年(1685),清政府在上海设立海关。19 世纪中叶,上海已成为商贾云集的繁华港口。鸦片战争以后,上海被殖民主义者辟为"通商口岸",上海逐渐发展成为远东最繁荣的港口和经济、金融中心,"近代亚洲唯一的国际化大都市"。当年,今上海市黄浦、静安以及虹口、杨浦四个区为公共租界(以英美为主)的主要区域,长宁区是公共租界的越界筑路区,卢湾、徐汇两区主要是法租界,日本人主要聚居在虹口区。

租界一旦划定,外国人就要在自己的地盘上造房子,于是,中西建筑迥然不同的特点就并峙等对。随着时间的推移,上海的西式建筑越来越多,亨利·雷士德、邬达克等纷纷在上海滩上创造地产神话、建筑设计神话。

那时的上海究竟是什么样子?"紫陌红楼满眼新","绘出春江万象新","沧田桑海倏惊心,华屋层层簇若林"……近代寓居、游历上海的文人墨客留下了许多诗句;"建造房屋,俱有匠头包揽""玻璃来自外洋""茶馆之轩敞宏大,莫有过于阆苑第一楼者""咸丰初年,英人建大桥于吴淞江上""地火之制已无奇辟""租界中自来水,创于壬午仲夏"……黄协埙等在《淞南梦影录》之类的书中详实记录了上海迈向远东大都市的个个脚印。

【选者简介】

黄协埙(1851—1924),字式权,原名本铨,号梦畹,别署鹤窠树人、海上梦畹生、畹香留梦室主,江苏南汇(今属上海市)人。早年博学工诗词,尤长于骈体文。光绪十年(1884)进入《申报》馆工作后,每日著论发表,声名大噪。光绪二十年(1894)冬,继任《申报》总编纂,主持《申报》笔政 20 年之久。因思想比较保守,致使《申报》销量江河日下,只得辞职回家。民国十二年(1923),姚民哀办《世界小报》,曾连载他四十年前写的《淞南梦影录》,署"黄梦畹遗著"。岂知他犹在人间,时年 73 岁。他寄给《世界小报》生讣诗 10 首,提出抗议。其著刊行的有《鹤窠树人初稿》《粉墨丛谈》《黄梦畹诗抄》等。

淞南梦影录题词(选三)

清·黄协埙 选

其 一

吴县管秋初斯骏

紫陌红楼满眼新,繁华如梦复如尘。
凭君一管生花笔,绘出春江万象春。

其 二

南汇叶紫仙秉枢

海滨一片地,浩劫几曾经[1]。
血染土花碧,燐粘烟草青。
楼台开异境,艅舶集穷溟[2]。
共翊升平运,蛮夷尽效灵。

【注释】

[1] 几曾经:指屡经浩劫。

[2] 穷溟:传说中的大海。

其　三

江宁黄瘦竹文瀚[1]

吾宗有客工文藻,胸罗二酉才渊浩[2]。

驰骋骚坛二十年,珠玑合箸名山稿[3]。

为遣余闲撰此编,恐教过眼等云烟。

闻闻见见多奇异,冶叶倡条倍可怜。

避兵忆我春江走,曩日春江犹朴厚。

一自红羊浩劫过[4],春江变作繁华薮。

胜地从前数北邙,每闻父老话沧桑。

即今马水车龙地,曾是青燐白骨场[5]。

帆樯浦内如林立,番舶舳舻蜂蚁集。

曾历蛟宫蜃窟来,烟波渺渺重洋涉。

金碧辉煌比五都,楼台鳞次接云衢。

木难火齐来荒域,异兽珍禽至远途。

漫天密布纵横线,不借飞鸿借流电。

弹指能传万里书,关山虽阻如谋面。

试马芳郊聚一隅,衣香鬓影遍平芜。

银纱障面西方美,锦鞲翻泥碧眼胡。

六街处处平如砥,马健车轻行若驶。

夹道浓阴映绿纱,香尘滚滚纷罗绮。

绣幕珠帘尽上钩,花枝娇娜柳枝柔。

剧怜堕溷飘茵者,只解欢娱不解愁。

情天欲海朝还暮,怜侬一曲劳君顾。

梨园北里擅新腔,粉黛南都夸艳遇。

繁星万点彻宵明,到此浑如不夜城。

隔院才听歌舞歇,比邻又起管弦声。

迷金醉纸开芳宴,豹舌熊蹯尝几遍。

莫笑何曾侈万钱,万钱一膳犹嫌贱。

纳凉古寺共扬镳,十里长堤柳舞腰。

自诩风流豪侠客,看花侧帽兴偏饶[6]。

芙蓉香煖真堪恋,雕甍画栋光华绚。

无数兰钉照并头[7],依依情话能忘倦。

最是时逢夕照斜,不因问宇也停车。

愁消李白千钟酒,渴解卢仝《七碗茶》[8]。

彼姝更有来东土,阔袖宽裳妆束古。

言语呕哑情亦浓[9],留髡强效吴音吐[10]。

野鸳飞处总成行,逐浪随波镇日忙[11]。

辈笑漫将西子拟,可知丰韵逊徐娘。

销金有窟无其右,世界烟花推领袖。

盛极应知必有衰,留心世道谁能救。

几人陆海叹沉沦,几辈腰缠化作尘[12]。

为语五陵游冶子[13],莫教误堕入迷津。

远道劳君索题首,展读挑灯佐斗酒。

笔墨虽因游戏成,海内传之名不朽。

我惭管秃不生花[14],故纸空钻只自嗟。

扯杂俚言赋长句,可嫌美玉著疵瑕。

【注释】

[1]黄文瀚:字瘦竹,寄籍江宁(今南京)。咸丰时至上海。工诗词,精刻印。有《揖竹词馆诗草》。

[2]二西:指大西山、小西山。《太平御览》卷四引《荆州记》:大、小西山(在今湖南沅陵县),"小西山上石穴中有书千卷,相传秦人于此学,因留之"。后因以形容读书多,学识渊博。

[3]名山:指可以传之不朽的藏书之所。借指著书立书。

[4]红羊:即红羊劫。指国难。古人以为丙午、丁未是国家发生灾祸的年份。丙丁为火,色红;未属羊,故称。

[5]青燐:亦作"青磷"。人和动物尸体腐烂时,会分解出磷化氢,常在夜间田野中自燃,发出青绿色的光焰,古称之。俗称鬼火。

[6]原注:静安寺去沪十余里,有泰西花园,游人如织,皆乘马车往。多有携妓者。

[7]兰釭:亦作"兰缸"。燃兰膏的灯。亦常用以指精致的灯具。

[8]卢仝(约795—835):唐代诗人,范阳(今属河北涿州)人。生于河南济源市,早年隐少室山,自号玉川子。博览经史,工诗精文。未满20岁便隐居嵩山少室山,不愿仕进。朝廷曾两度要起用他为谏议大夫,均不就。家境贫困,仅破屋数间,但家中图书满架,刻苦读书。是韩孟诗派重要人物之一。其《七碗茶歌》在洋洋大观的茶诗中,知名度最高。《七碗茶歌》又名《走笔谢孟谏议寄新茶》:日高丈五睡正浓,军将打门惊周公。口云谏议送书信,白绢斜封三道印。开缄宛见谏议面,手阅月团三百片。闻道新年入山里,蛰虫惊动春风起。天子须尝阳羡茶,百草不敢先开花。仁风暗结珠蓓蕾,先春抽出黄金芽。摘鲜焙芳旋封裹,至精至好且不奢。至尊之余合王公,何事便到山人家?柴门反关无俗客,纱帽龙头自煎吃。碧云引风吹不断,白花浮光凝碗面。一碗喉吻润。二碗破孤闷。三碗搜枯肠,唯有文字五千卷。四碗发轻汗,平生不平事尽向毛孔散。五碗肌骨清,六碗通仙灵。七碗吃不得也,唯觉两腋习习清风生。蓬莱山,在何处?玉川子乘此清风欲归去。山中群仙司下土,地位清高隔风雨。安得知百万亿苍生命,堕在颠崖受辛苦。便为谏议问苍生,到头合得苏息否?

[9]呕哑:象声词。喃喃若雏鸟。

[10]留髡:指留客。典出《史记·滑稽列传》。旧时亦指青楼留客。

[11]镇日:从早到晚,整天。

[12] 腰缠:语出梁朝殷芸《小说》:"腰缠十万贯,骑鹤上扬州。"后泛指拥有的财富。

[13] 五陵:西汉五个皇帝陵墓所在地,分别为长陵、安陵、阳陵、茂陵、平陵。地在长安附近。当时富豪之家和外戚都居住在五陵附近。因此,后世诗文常以五陵为富豪人家。游冶:游荡娱乐,寻欢作乐。

[14] 管秃:此指才情浅陋。

洋泾杂诗之一

清·孙 潏

桑田沧海倏惊心[1],华屋层层簇若林。
地下不知谁氏冢? 忍将白骨换黄金[2]。

按:选自《蘅华馆日记》。

【作者简介】

孙潏,生平不详。字次公,秀水(今属浙江嘉兴市)人。有《始有庐诗稿》。

【注释】

[1] 倏:音 shū,极快地,忽然。
[2] 作者注:"地本桑田,坟墓,今为西洋所买,悉已铲平。"

洋泾四咏·电线

清·芷汀氏

电气何由达[1]? 天机不易参。
纵横万里接,消息一时谙。
竟窃雷霆力,谁将线索探?
从今通咫尺,不值鲤鱼函[2]。

【注释】

[1] 电气:指电。
[2] 鲤鱼函:典出自汉乐府:"客从远方来,遗我双鲤鱼。呼儿烹鲤鱼,中有尺素书……"鲤鱼传书言长久思念之情。此谓送电之线。

上海鳞爪竹枝词

清·叶仲钧

公园设备固然新,不许花人去问津。

世界有何公理在,何称夺主是宣宾。

上海市景词

清·颐安主人

英人游憩有家园,不许华人阑入门。
绿树荫中工设座,洋婆间跳掣子孙。

淞南梦影录(选七)

法 租 界

沪上法租界在洋泾浜南,英租界在洋泾浜北,人烟稠密,街市喧闹。向时法界街道俱用砖屑填成[1],一经天雨,泥泞异常。近亦仿照英式,易以碎石,康庄大道,无虞泥泞沾濡矣[2]。计热闹之处,法以大马路为最,英以棋盘街四马路大马路为最。五、三、二诸马路,街道稍形狭窄,店铺亦不甚辉煌。六马路虽去年新建,然铺户寥寥,大半系小客寓清烟馆之类。美界在吴淞江北,俱系粤商及日本人住宅,其气象非特远逊英界,即较之法界,亦难免相形见绌焉。

【注释】

[1]向时:先前。
[2]沾濡:浸湿。

茶 馆

茶馆之轩敞宏大,莫有过于阆苑第一楼者。洋房三层,四面皆玻璃窗,青天白日,如坐水晶宫,真觉一空障翳[1]。计上中二层,可容千余人。别有邃室数楹,为呼吸烟霞之地[2]。下层则为弹子房,初开时,声名藉藉[3],远方之初至沪地者,无不趋之若鹜;近则包探捕役[4],娘姨拼头[5],以及偷鸡剪绺之类,错出其间。而裙屐少年,反舍此而麇集于华众会矣。

【注释】

[1]障翳:遮蔽。
[2]烟霞:指吸鸦片时喷出的烟团。
[3]藉藉:众口喧腾貌。
[5]包探:旧指在巡捕房中工作的侦探。
[5]拼头:指姘头。

建 造 房 屋

建造房屋,俱有匠头包揽。所谓匠头者,居必大厦,出必安车[1],俨然世家大族。而千百匠人,俱归其统属焉。顾其中亦各分门类,造华人屋宇者,谓之本帮;造洋房者,谓之红帮。判若鸿沟,不能逾越。倘以红帮而兜揽中国生意,本帮必群起攻之;反是,亦不肯相下,甚至蜂拥攒殴,视如仇敌,以致涉讼公堂。亦一恶习也。

【注释】

[1]安车:古代可以坐乘的小车。

英 人 建 大 桥

咸丰初年[1],英人建大桥于吴淞江上。高三丈许,长三十余丈。桥堍有人看守[2],过者必输青蚨二片[3],车轿倍之。人皆苦其烦苛,然亦无可奈何。此间系由英界至美界必由之路,自朝至暮,行人如织,日可得钱十余千。二十年来,获利无算。而桥主亦屡易矣。迨同治癸酉年[4],此桥经工部局买归。既又别建三桥,过客概不收钱。从此夕阳影里,徐度虹腰,无事榆钱慨掷。而道涂负载之流,大颂西董之德惠不置云。

【注释】

[1]咸丰初年:咸丰四年(1854),英国人威尔斯始在苏州河上建桥。

[2]桥堍:桥头。

[4]青蚨:指钱。

[4]同治癸酉:1873年。

玻 璃

玻璃来自外洋。云以沙泥及黑铅煎炼而成[1]。镶之窗槅屏风间,觉放大光明,一尘不染。比之文纱海月[2],实有天壤之殊。西人某见销售日广,大可从中牟利,因于浦东设厂制造,并纠集股分,以为永远之图。将来制成出售,较欧洲运至者,价值更可从廉,且五色相宣,尤觉新奇可爱。彼随园蔚蓝天一角,岂得专美于前哉。

【注释】

[1]原注:见《乘槎笔记》。

[2]海月:海生动物名。亦称窗贝。贝壳圆形,薄而透明,多用来嵌装门窗或房顶,以透光线。

地　火

地火之制已无奇辟[1]，行之数年，人皆称便。近有西人名立德者，在租界创设电气灯。其法以机器发电气，用铅丝遍通各处，用时将机括一开[2]，则放大光明，无殊白昼。

初行时当道者惑于谣诼之言，恐电发伤人，咨请西官禁止。后知其有利无害，其禁遂开。近日沿浦路旁，遍设电灯，以代地火之用。而戏园酒馆，烟室茗寮，更无不皎洁当空，清光璀璨。入其门者，但觉火凤擎云，普照长春之国；烛龙吐焰，恍游不夜之城。古称西域灯轮，谅不是过。吾友龙湫旧隐曾赋七古云："泰西奇巧真百变，能使空中捉飞电。电气化作琉璃灯，银海光摇目为眩。一枝火树高烛云，照灼不用蚖膏焚。近风不摇雨不灭，一气直欲通氤氲。忽如月生光，又如虹吐焰。朗若银粟辉，灿若红莲艳。申江今作不夜城，管弦达旦喧歌声。华堂琼筵照夜乐，不须烧烛红妆明。吁嗟乎！繁华至此亦已极，天机至此亦已泄。穷奢极巧恐不常，世事惊心若电掣。我欲别设千万灯，光明四射分星辰。不照高堂与华屋，常照贫家纺绩人。"

【注释】
　　[1]奇辟：奇特，异常。
　　[2]机括：犹机关。机械发动的部分。

租界中自来水

租界中自来水，创于壬午仲夏[1]，成于癸未新秋。其法于白大桥南堍，造一水塔。下用黄石铺筑，其上柱架辘轳等类，皆生铁铸成。高可十余丈，塔下广开深池，以机器吸浦水，将泥沙汰净，贯注于各处水管中。水管亦用铁铸，大可径尺。自静安寺起，至小东门止，遍地埋设，一气流通。又于沿街每十数步，竖一吸水铁桶，高四尺许，下面与水管联络，顶上置一小机括[2]，用时将机括拈开，水自激射而上。其经理之局，法界在二洋泾桥南首万安里，英界即在水塔之侧。居民需水者，可饬水夫送去，不论远近，每担钱十文。激浊扬清，人皆称便。今春海关道邵小村观察拟师其意，于城内设清水厂。后惑于某绅之言，其议遂息。有识者咸惜之。

【注释】
　　[1]壬午：1882年。杨树浦水厂始建于1881年，1883年（癸未）正式供水。
　　[2]机括：指水龙头。

张 涟 传

清·赵尔巽 柯劭忞 等

【提要】

本文选自《清史稿》列传二九二（中华书局 1977 年重印本）。

张涟(1587—1673)，字南垣，松江华亭(今属上海)人。早年居住在松江府城(今上海松江区)西林寺旁，后徙居嘉兴。少年习画，谒董其昌，师法倪云林、黄子久笔法，喜画人物，更通山水。以画家的眼光观察园林，说："世之聚危石作洞壑者，气象蹙促，由于不通画理。"他尝试用山水画法堆山叠石，"平冈小阪，陵阜陂陁，错之以石，就其奔注起伏之势，多得画意"。他所布置的园林，皆似宋、元山水名家画作，以画入园，观园如画。

不仅如此，张涟叠山还善于就地取材，因材施用，"点缀飞动，变化无穷"。造园过程中，他首先"踌躇四顾"，然后他便一边"高坐与客谈笑"，一边指挥役夫"树下某石置某处"，由于成竹在胸，最初的"乱石林立"很快就"不假斧凿而合"，并且"结构天然，奇正罔不入妙"。张涟的叠石技艺享誉江南，当时名流如董其昌、陈继儒、黄宗羲、吴伟业、钱谦益等也纷纷与之交往，黄宗羲甚至夸他"移山水画法为石工，比元刘元之塑人物像，同为绝技"。数十年间，重金聘请他去造园的地方很多，如松江城西的罗氏怡园、李逢申的横云山庄、嘉兴吴昌时的竹亭湖墅、朱茂时的鹤洲草堂、太仓王时敏的乐郊园、南园和西园、吴伟业的梅村、钱增天的藻园、常熟钱谦益的拂水山庄等。他还擅长盆景制作，盆景作品与叠石被时人推崇为"二绝"。

子张然、张熊也精叠石造园之术，成为著名的叠山世家——人称"山石张"，"世业百余年未替"。

张涟，字南垣，浙江秀水人，本籍江南华亭[1]。少学画，谒董其昌[2]，通其法，用以叠石堆土为假山。谓世之聚危石作洞壑者，气象蹙促，由于不通画理。

故涟所作，平冈小阪，陵阜陂陁[3]，错之以石，就其奔注起伏之势，多得画意；而石取易致，随地材足，点缀飞动，变化无穷。为之既久，土石草树，咸识其性情，各得其用。创手之始，乱石林立，踌躇四顾，默识在心。高坐与客谈笑，但呼役夫，某树下某石置某处，不假斧凿而合。及成，结构天然，奇正罔不入妙[4]。

以其术游江以南数十年，大家名园，多出其手。东至越，北至燕，多慕其名来请者，四子皆衣食其业。晚岁，大学士冯铨聘赴京师，以老辞，遣其仲子往[5]。康熙中，卒。后京师亦传其法，有称山石张者，世业百余作年未替。吴伟业、黄宗羲并为涟作传[6]，宗羲谓其"移山水画法为石工，比元刘元之塑人物像，同为绝技"云。

【作者简介】

赵尔巽(1844—1927)，字公镶，号次珊，又号无补，清末汉军正蓝旗人，祖籍奉天(今辽宁)铁岭。同治间进士，授翰林院编修。历任安徽、陕西各省按察使，又任甘肃、新疆、山西布政使，后又调任湖南巡抚、户部尚书、盛京将军、湖广总督、四川总督等职，宣统三年(1911)任东三省总督。辛亥革命后在奉天(今辽宁)成立保安会，阻止革命。民国成立，任奉天都督，旋辞职。1914年，任清史馆总裁，主编《清史稿》。袁世凯称帝时，被尊为"嵩山四友"之一。1925年段祺瑞执政期间，任善后会议议长、临时参议院议长。

柯劭忞(1848—1933)，字凤荪、凤笙，号蓼园，山东胶州人，近现代著名学者，尤擅长治史学。光绪十二年(1886)中进士，入翰林院为庶吉士，不久任编修。1901年，出任湖南省学正。回京后，先后担任国子监司业、贵胄学堂总教司和翰林院日讲起居注官等职。1906年，受命赴日本考察教育，随后多任职学界。1914年，袁世凯开设清史馆，赵尔巽为馆长，柯劭忞等为总纂。赵辞世后，柯劭忞代理清史馆馆长职务，同时兼任东方文化事业总委员会委员长。柯劭忞参与编修《清史稿》14年，负责总阅全稿。除《清史稿》外，他还独力编著《新元史》。

【注释】

[1] 华亭：今属上海。

[2] 董其昌(1555—1636)，字玄宰，号思白，又号香光居士，华亭(今上海松江)人。明万历十六年(1588)进士，仕途春风得意，青云直上。由编修、讲官，官至南京礼部尚书、太子太保等职。精于书画及其鉴赏，有《画禅室随笔》《容台集》《画旨》等。

[3] 陂陀：倾斜不平貌。陀，音 tuó。

[4] 奇正：本古代兵法用语。作战时以对阵交锋为正，设伏掩袭为奇。此谓凹凸张弛。

[5] 仲子：指张然。清第一座皇家园林畅春园的叠石工程就是其手笔。

[6] 吴伟业(1609—1672)，字骏公，号梅村，别署鹿樵生、灌隐主人、大云道人，江南太仓(今属江苏)人。事迹参见本书《海户曲》"作者简介"。

黄宗羲(1610—1695)，字太冲，号南雷，浙江余姚人，学者尊为梨洲先生。明末清初杰出思想家。父黄尊素为东林党人，因弹劾魏忠贤下狱，他击杀狱卒，哭祭于诏狱中门，崇祯帝叹称其为"忠臣孤子"。清军南下，他招募里中子弟数百人组成"世忠营"，抗清达数年之久，失败后漂泊海上，至顺治十年(1653)始返回故里，课徒授业，著述以终，至死不仕清廷。身历明清更迭，史学上，黄宗羲认为"国可灭，史不可灭"，他论史注重史法，强调征实可信；哲学上，认为气为本，无气则无理，理为气之理，但又认为"心即气"，"盈天地皆心也"；政治上，他从"民本"的立场深刻批判封建君主专制，提出君为天下之大害，不如无君，主张废除君主"一家之法"，建立万民的"天下之法"。他还提出以学校为议政机构的设想。黄宗羲还精于历法、地理、数学以及版本目录之学，并将其所得运用于治史实践、辨析史事真伪、订正史籍得失，影响及于整个清代。因此，他被誉为"中国思想启蒙之父""清初三大思想家""清初五大师"。黄宗羲一生著述多至50余种，300多卷，其代表作品有《明儒学案》《宋元学案》《明夷待访录》等。

附:张南垣传

清·黄宗羲

古今之事,后起之胜于前者多矣。故烹饪起于热石,玉辂基于推轮,即如画家,有人物,有山水,汉唐以来,梵天帝释、圣主名臣之像,皆以绘画。其后稍稍通之,而为塑土、范金转换。元刘元欲造岳庙侍臣像,心计久之,未措手也。适阅秘书图画,见唐魏征像,矍然曰:"得之矣!非若此莫称为相臣者。"遽走庙中,为之,即日成。以此知雕塑之出于画也。然画师之名者不胜载,而塑工之名者一二耳。

至于山水,能妙神逸笔墨之外,无所用长,未有如人物之变而为塑者,则自近日之张涟始。张涟号南垣,秀水人。学画于云间之某,尽得其笔法,久之而悟曰:"画之皴涩向背,独不可通之为叠石乎?画之起伏波折,独不可通之为堆土乎?今之为假山者,聚危石,架洞壑,带以飞梁,矗以高峰,据盆盎之智以笼岳渎,使入之者如鼠穴蚁垤,气象蹙促,此皆不通于画之故也。且人之好山水者,其会心正不在远。于是,为平冈小坂、陵阜陂陁,然后错之石,缭以短垣,翳以密篠。若是乎奇峰绝嶂,累累乎墙外。而人或见之也,其石脉之所奔注,伏而起,突而怒,犬牙错互,决林莽、犯轩楹而不去。若似乎处大山之麓,截溪断谷,私此数石者为吾有也。方塘石洫,易以曲岸回沙;邃阁雕楹,改为青扉白屋。树取其不凋者,石取其易致者,无地无材,随取随足。或者以平泉为多事,朱勔真笨伯矣。当其土山初立,顽石方驱,寻丈之间,多见其落落难合,而忽然以数石点缀,则全体飞动,若相翕和。荆浩之自然,关同之古淡,元章之变化,云林之萧疏,皆可身入其中也。"

涟为此技既久,土石草树咸能识其性情。每创手之日,乱石如林,或卧或立,涟踌躇四顾,王峰客脊,大宕小破,皆默识于心。及役夫受命,涟与客方谈笑,漫应之,曰:"某树下某石,可置某所。"目不转视,手不再指。若金在冶,不假斧凿,人以此服其精。

涟为人滑稽好举,委巷谐谑,以资抚掌。梅村,新朝起用士绅,馈之演传奇。至张石匠,伶人以涟在坐,改为李木匠。梅村故靳之,以扇确几,赞曰:"有窍。"开堂一笑,涟不答。及演至买臣妻认夫,买臣唱:"切莫题起朱字。"涟亦以扇确几曰:"无窍。"满堂为之愕耶,梅村不以为忤。"有窍","无窍",吴中方言也。

三吴大家名园皆出其手,其后,东至于越,北至于燕,请之者无虚日。涟有四子,皆衣食其业,而叔祥为最著。

按:本文选自《撰杖集》(四部丛刊本,1929年上海商务印书馆)。

后　记

　　树绿了又黄、黄了又绿,只有窗外的车水马龙年年依旧,还有窗前的我。

　　选定篇目、提要钩沉、校对文字、注释疑难……工作枯燥但静水之下有急流:明清时期长达五百余年,是中国古代建筑的大发展、大辉煌时期,无论城市营造、街坊布局、园林山水、桥梁水利及宫观庙塔都在前代的基础上有了长足的发展;边境贸易、社会福利事业、大理石的开发、守边塞与固海疆、园林营造的技术及意境追求,都在前代的基础上更为精细且灵动非常,其水平令人叹服。

　　明代三都城的营造:南京,形状奇特;凤阳,为何建而又停? 定都北京,给这个古老的民族究竟带来了怎样深刻的变化? 明清时代工部机构及工种设置的面貌究竟如何? 明清时代的金砖性能怎样,那时的砖作制度及对社会生活、民众心理的影响如何? 明清时期的寺庙建筑遗存众多,但个中奥妙的解读之路还很长,诸如琉璃塔、无梁殿。都说我们今天的城市建设只重视"面子",楼一栋比一栋高大,但是,雨稍大城市便成汪洋,那就去看看古人修的八卦沟、福寿沟吧,至今还在护佑百姓免为鱼鳖。民居就更多了,北京的四合院、南方的"一颗印",还有数不胜数、种类繁多的"封火山墙"、福建的土楼、傣寨的竹楼、豫陕晋的地坑院、窑洞……明清时期的大量建筑遗存和丰富的文字资料都表明:明清五百年,中国传统建筑艺术登上了辉煌的顶峰,在世界范围类可谓是无出其右者。

　　编写的过程是快乐的,尤其是当长久惦记、久谋而不得的篇章忽一日豁然眼前,那种快乐是无法用言语形容的,比如"庐山租借地"史料。庐山号称万国建筑博览会,庐山的旅游地产如何兴盛起来,进程如何,与当地居民的关系如何,与官府的关系又如何? 本书选择的史料较为翔实地展示了庐山别墅群成长的宏观背景——土地等如何一步步落入他人之手,又是如何收回的,有志于此者可继续深入探究;类似的篇章还有不少,如中国人眼里第一届世博会举办场所——水晶宫,还有法国巴黎的模样,上海的成长资料如外白渡桥、杨树浦水厂、电线……应该说,明清卷的选材,较为完整地反映了明代以来中国建筑演进的历程。

　　编写的过程更是学习的过程。在提要、注释的过程中,笔者仿佛进入沉沉的历史大幕后,感受着古人的慷慨陈词、据理力争、遁逃现实、养心澄性、自我解嘲……知道了很多原本不知道的史实,如社会救助、黄册库、坟茔风水等,知道了"造县"的不容易,知道了士大夫们的力谏与抗争,谏止造塔、抗疏藩王越制用琉璃,请求疏浚湖渠;知道了广济桥(湘子桥)还可以这样造,知道了那个时候海运还是漕运是个问题,知道了那个时候民间文化生活的一鳞半爪:中华民族从来都不缺少活力,从来都不缺少聪明智慧。

编写的过程是漫长而又缓慢的,常常因为才疏学浅而脑滞涩、手捶胸,一个字的读音,一个词的注释,一个掌故的寻索,虽然漫长的求证之后,这些问题基本都找到了答案,但需要指出的是,展现在读者面前的这本书中仍有尚待解决的问题、自己制造出来的新问题。虽然,常常自我安慰说尽力了,但读者的智慧是强大而无穷的,发现了,告诉我。谢谢!

掐指算来,从先秦至五代、宋辽金元到明、清卷,这套书的撰写前前后后已历经十个寒暑。读书时,宗福邦师提耳言之"思而不学则殆"(《论语·为政》),少不更事的我当时却并不以为然。可是,世事迁转多少年,我还是回到了"冷板凳"上,一坐就是十年,正应了那句"板凳须坐十年冷"的老话。十年里,人的性格变了,做事方式变了,人变得淡定、宽容起来,做事变得从容而条理起来,板凳也变得暖和起来:原来,一件事情深入做下去就这样不知不觉变成了自己的生活方式。现在,我坐在安静的桌前,听着屋外"嗒嗒"雨声、"呜呜"的风声,还有朗朗无声的阳光,与古人对话,进入先贤喜怒哀乐的世界,我知道了生活是什么、人生是什么,原来古人一遍又一遍地为我们上演过,于是我慢慢淡定,慢慢平和起来。

编写的日子里,妻子刘艳丽给了我强大的鼓励与支持,同济大学出版社两任社长郭超和支文军大力支持,封云研究员耳提面命、从不言歇,古建老专家路秉杰更是不辞年高事繁谆谆教诲,编辑曾广钧、张德胜、潘向蓁鼎力相助,好友们不吝嘉许、督促……是他们在我懈怠时敦促鼓励,迷茫时指引方向,由衷地谢谢他们!

虽然尽了最大努力,但笔者才疏学浅导致的各类错误肯定还很多。白纸黑字,责全在我,还望海内外方家不吝赐教!

写于"神八"与"天宫一号"对接之日
二○一一年良月
校于"神九"与"天宫一号"对接之时
二○一二年仲夏
再校于二○一二年冬月
二○一四年丹桂飘香时季修订